钛系列丛书

主编 莫畏

钛选矿

董天颂 编著

北京
冶金工业出版社
2014

内 容 简 介

本书是《钛系列丛书》中的一本。本书详细介绍钛资源和钛矿选矿，其中首先介绍钛铁矿和金红石矿的选矿概况，论述了原生矿和海滨砂矿的选矿工艺、国内外有关钛选矿厂的矿石性质和所采用的选矿工艺和部分钛矿的试验研究概况；然后介绍钛选矿所使用的设备，尤其是对近几年研制的新设备及新的浮选药剂进行了分析评估；最后对微细粒钛矿物选矿的新技术进行了介绍。

本书可作为钛厂职工的培训用书，也可供从事钛业的科技人员和管理人员使用，还可供大专院校相关专业师生参考。

图书在版编目(CIP)数据

钛选矿/董天颂编著. —北京：冶金工业出版社，2009.11(2014.3 重印)
(钛系列丛书)
ISBN 978-7-5024-5022-9

Ⅰ. 钛… Ⅱ. 董… Ⅲ. 钛矿床—选矿 Ⅳ. TD952.7

中国版本图书馆 CIP 数据核字(2009)第 164799 号

出 版 人 谭学余
地 址 北京北河沿大街嵩祝院北巷 39 号，邮编 100009
电 话 (010)64027926 电子信箱 yjcbs@cnmip.com.cn
责任编辑 尚海霞 美术编辑 李 新 版式设计 张 青 孙跃红
责任校对 王贺兰 责任印制 牛晓波
ISBN 978-7-5024-5022-9
冶金工业出版社出版发行；各地新华书店经销；北京百善印刷厂印刷
2009 年 11 月第 1 版，2014 年 3 月第 2 次印刷
850mm × 1168mm 1/32；9.375 印张；250 千字；286 页
32.00 元

冶金工业出版社投稿电话：(010)64027932 投稿信箱：tougao@cnmip.com.cn
冶金工业出版社发行部 电话：(010) 64044283 传真：(010)64027893
冶金书店 地址：北京东四西大街 46 号(100010) 电话：(010)65289081(兼传真)
(本书如有印装质量问题，本社发行部负责退换)

《钛系列丛书》编委会名单

《钛系列丛书》序

钛是一种新金属，钛及钛合金也是一种性能优异的新材料，它被誉为现代金属。

钛及钛合金具有密度小、比强度高、耐蚀性能好、耐热性能优良、无磁等一系列特性，获得了广泛的应用。钛的工业化仅有六十余年历史，但已获得了迅速发展。2008年，全世界钛材年产量已达近13万t。

随着国民经济持续、高速发展，我国对钛的需求量迅速增长。2006年我国海绵钛和钛材的年产量均超过万吨，已进入世界产钛大国的行列，且已形成持续发展的态势。2008年我国海绵钛和钛材年产量分别达到4.96万t和2.77万t，名列世界前茅，成为产钛大国。这是件喜忧参半的事，喜的是我国钛工业已经崛起；忧的是钛业的产能已过剩，会影响产品经济效益。它表明钛业市场风险很大，投资应该谨慎。

与美、日、俄等世界产钛强国相比，我国钛业的技术水平仍有差距。我国要成为世界产钛强国还有相当长的路要走。其中，一件重要的基础性的工作是必须提高我国钛业的科研和生产技术水平。

为此，根据钛业技术的发展要求，我们编撰了《钛系列丛书》。这套丛书共9册，是许多专家智慧的结晶，也是为了总结钛业技术发展情况和提高我国钛业国际竞争力，我们做出的力所能及的贡献。

在编写过程中力求理论与实践相结合，做到既有理论论述，也有工艺实践；以工艺实践为重点，保持适当的理论深度和广度，同时在论述中力求做到避虚务实。

该丛书在编写过程中得到了许多同行专家的大力支持，特别是北京有色金属研究总院及其领导给予了大力支持和赞助，在此一并表示谢意。

该丛书涉及的技术领域很宽，而我们的写作水平有限，丛书中难免有不足之处，恳请读者批评指正。

本书所附参考文献，为了精简整理，将旧文献条目，即1985年以前出版的删去，望读者见谅。

编者　莫畏

2009年7月于北京

前　言

钛具有独特的物理化学性质，因此在国民经济中占有重要地位，并且随着技术和经济的发展，钛的应用范围越来越广。

中国是钛的资源大国，但钛矿的大规模开发却比较晚，直到 20 世纪 80 年代对攀枝花地区的钒钛磁铁矿进行综合利用研究后，才使原生钛铁矿资源得到开发利用，钛精矿的产量才大幅度增长。虽然钛矿业发展很快，但钛的矿物原料供应仍满足不了国民经济对钛需求的增长要求。

本书介绍了有关钛铁矿和金红石矿的选矿概况，分别论述了原生矿和海滨砂矿的选矿工艺，介绍了国内外有关钛选矿厂，特别是攀枝花矿的矿石性质和所采用的选矿工艺，以及部分钛矿的试验研究概况。

本书还介绍了钛选矿所使用的设备以及近几年研制的新设备及新的浮选药剂，并通过基本选矿原理的论述，对这些新设备和新药剂的特性进行评估。

微细粒钛矿物的回收一直是世界级选矿难题，与其他矿物的微细泥选矿一样，微细泥的钛矿选矿也引起了世界各国选矿工作者的重视。尽管这些工作多数还处于实验室研究阶段，但可以使我们拓宽思路，开阔视野。为此本书对微细粒钛矿物的选矿技术发展也进行了介绍，以供参考。

在本书的编写中，梁冬云教授、刘进、张莉莉、李波工程师给予了大力帮助，在此深表感谢。本书中还参考其他同行的一些研究成果和数据，在此对他们一并表示感谢。

由于编者水平所限，书中若有不足之处，恳请广大读者批评指正。

编者　董天颂

2009年7月于广州

目　录

1 绪　论

钛是第二次世界大战后登上世界工业大舞台的优质轻型耐蚀结构材料、新型功能材料和重要的生物工程材料，被誉为仅次于铁、铝的正在崛起的现代金属。它具有储氢、超导、耐热、耐低温、形状记忆、弹性好和高阻等特殊功能，对国防、国民经济建设和社会发展具有极其重要的战略意义。世界各国的发展实践表明，先进的钛工业是综合国力的重要标志。

1.1 钛的基本性质和用途

1.1.1 钛的性质

钛在元素周期表中的序数为 22，原子核由 22 个质子和 20 ~ 32 个中子组成。钛的最高化学价为四价。

钛的熔点为 1668℃，比铁的熔点高 118℃，是轻金属中的高熔点金属。钛的密度为 4.51 g/cm^3，仅为铁的 57.4%。纯钛的电阻率和热导率与奥氏体不锈钢大致相当。钛的比容与奥氏体不锈钢相似，但由于密度小，则热容小，容易加热也容易冷却。

纯净的钛是银白色金属，具有银灰光泽。高纯钛具有良好的可塑性，但当有杂质时会变得脆而硬。

在室温时钛不与氯气、稀硫酸、稀盐酸和硝酸作用，但能被氢氟酸、磷酸、熔融碱侵蚀，很容易溶解于 HF 和 HCl 或 HF 和 H_2SO_4 的混合溶液中。

钛是一种非常活泼的金属，其平衡电位很低，在介质中的热力学腐蚀倾向大，但实际上钛在许多介质中很稳定，包括在氧化性、中性和弱还原性介质中。这是因为钛和氧的亲和力很大，在空气中或含氧介质中，钛表面生成一层致密的、附着力强、惰性大的氧化膜,保护钛基本不被腐蚀。该膜即使由于机械磨损也会很快自愈或再生。这表明了钛是具有强烈钝化倾向的金属。在315℃以下钛的氧化膜始终保持这一特性。钛最突出的性能是对海水的抗腐蚀性很强,其抗腐蚀性能甚至比白金还好。

虽然纯钛的强度较低,但钛合金的强度很高,如常用的钛合金Ti-6Al-4V的强度达到了一般高强度钢的水平。钛合金的密度小,因此钛合金的比强度高。

钛合金的弹性模量不高,但由于它同时具有弹性模量低和屈服强度高的特征,所以适合用作弹簧材料,在弹性相同的情况下,钛弹簧的质量仅为普通弹簧的28%,而且耐腐蚀。

钛合金的高温和低温性能优良。在高温下,钛合金仍能保持良好的力学性能,其耐热性远高于铝合金,且工作温度范围较宽,目前新型耐热钛合金的工作温度可达550~600℃。在低温下,钛合金的强度反而比在常温时增加,且具有良好的韧性。

钛是无磁性金属,在很强的磁环境中也不会被磁化。

钛具有形状记忆特性,钛镍合金是种很好的形状记忆材料。

钛具有吸氢特性。钛及钛铁合金是很好的储氢储能材料。

钛合金具有超导性能,钛镍合金是很好的低温超导材料。

钛具有低阻尼性,声波和振动在钛中衰减很慢。

1.1.2　钛及钛合金的应用

钛及其合金由于具有很多优点,因此被称为“太空金属”、“海洋金属”。又因其在20世纪50年代初才开始工业化,人们又把它称作“21世纪金属”、“新金属”。钛及其合金在国民经济各领域,特别是高技术领域已得到越来越广泛的应用。

在世界钛市场上,钛用于军事方面占16%、商用飞机占40%、一般工业占34%、消费品占10%左右。自美国“911”事件以来,尽管商用航空市场钛的用量有所下降,但在该领域中钛的用量仍占主导地位。

由于不同国家的工业基础不同,钛在各领域中所占比例也不同。如美国在航空领域中所用钛占总钛的50%以上,而日本在航空领域所用钛仅占5%,在电厂和热交换器方面所用钛则占44%左右。

经过60多年全世界各国不断地开拓钛的应用领域,已经在航天航空工业、军事武器工业、海洋工程、舰船、热能工程、化工和石化工业、冶金工业、汽车工业、建筑业、医疗及日常生活业等领域获得了广泛的应用。

而且,钛的许多特殊功能被开发,使钛成为有优异特性的功能材料。常见的钛的功能材料有耐腐蚀材料、形状记忆材料、超导材料、储氢材料等。

目前全世界海绵钛和钛材产量连年持续增长。但是,随着大型飞机订货量等因素不断变化,每年的需要量也随之变化。所以钛也是有风险的金属。

2008年,全世界年产海绵钛约17.3万t、钛材近13万t。我国已成为世界产钛大国,2008年我国年产海绵钛4.96万t(产能已达7.1万t)、钛材2.77万t。

1.1.3 钛的化合物及其应用

钛的重要化合物有:二氧化钛(TiO_2)、四氯化钛($TiCl_4$)、偏钛酸钡($BaTiO_3$)。

其中,二氧化钛是最重要的钛化合物,俗称"钛白"。它在油漆、塑料中有广泛的应用,是最好的白色颜料。但它属于化工产品。

四氯化钛是钛和钛白的中间产品,单独的用途很少。

偏钛酸钡是开发的钛化合物新的用途,它是陶瓷制品的重要原料。

在钛业中应用最多的是钛白,它占了约90%的钛矿资源;其次是金属钛,约占5%。因此,钛业中最重要的产品是钛白和钛,其他产品所占钛矿资源很少。

2005年世界钛白粉产量已达522万t。2007年我国钛白粉产量已达100万t。

1.2 我国钛矿业的发展

我国钛矿业的发展是伴随钛白和钛金属行业的发展而进行的。

海滨砂矿生产从1964年开始建设国营矿山。钛铁矿原生矿的选钛厂是从1959年开始，首先在河北承德双塔山铁矿建成了选钛厂。1980年建成了四川攀枝花选钛厂，年产5万t钛铁矿精矿，主要从选铁尾矿中回收钛铁矿。

1980年以前，我国的钛原料主要从海滨砂矿中取得，每年约生产13万t钛精矿。1980年以后，钛原料的供应已从海滨砂矿转变到原生钛矿。四川攀枝花的选钛厂经过27年的不断扩产和技术攻关，目前的产量可达30万t/a。在此期间，全国其他地区的原生钛矿也相继得到开发和利用。

目前全国约有80多家钛选矿厂，其中除攀枝花选钛厂之外，其他选钛厂多为中、小型选钛厂，这些小选钛厂的技术指标还较低。

经过多年努力，我国的钛选矿技术有了长足的发展，一些高效的采选新设备、新工艺和新的浮选药剂不断出现，并在生产中得到应用。如在海滨砂矿的选矿中，出现了采用干采干运及圆锥选矿机与螺旋选矿机为主体设备的移动式选矿厂；在原生钛铁矿的选矿工艺中成功地应用了湿式高梯度磁选机；多种细粒钛铁矿的有效浮选药剂的问世，使钛的选矿指标有了明显的提高。

我国的原生钛矿包括原生钛铁矿和金红石矿，其存在着原矿品位低、粒度细、矿石性质复杂等缺点，因而选矿指标仍然比较低。原生钛铁矿选矿厂的选矿回收率仅有26%～40%，原生金红石矿选矿厂的回收率也只有35%～50%。提高钛选矿技术指标仍然任重而道远，很多技术难题还需要去攻克，如微细泥中的钛铁矿的有效捕收剂的研究和细泥选矿新工艺的研究等都还没有实质性的突破。

我国原生金红石矿的选矿研究才刚刚起步，选矿工艺需要优化,选矿设备要向有效处理细粒矿方向发展。浮选药剂应具有选择性强、价廉等特点。

可以预料,随着科学和技术的发展以及钛工业的发展,钛的选矿技术一定会取得更大的进步。

2 钛矿物和钛资源

2.1 钛矿物

钛在地壳中的丰度为0.56%，按元素丰度排列居第九位，仅次于氧、硅、铝、铁、钙、钠、钾和镁。钛资源则仅次于铁、铝、镁而居第四位。因此按储量而论，钛不是一种稀有金属，而是一种储量十分丰富的元素。

钛矿物种类繁多，地壳中含钛1%以上的矿物有80多种，其中重要的矿物见表2-1。现阶段具有利用价值的只有少数几种矿物，主要是钛铁矿和金红石，其次是白钛矿、锐钛矿、板钛矿、钙钛矿。

表2-1　几种重要钛矿物

矿　物	化学式	TiO_2含量（质量分数）/%	密度 /$g \cdot cm^{-3}$	莫氏硬度	磁性	颜　色
钛铁矿	$FeTiO_3$	52.66	4.5~5.6	5~6	弱磁性	铁黑至淡褐黑或钢灰色
金红石	TiO_2	100.00	4.5~5.2	6~6.5	无磁性	淡红褐、血红、淡黄、淡蓝等色
锐钛矿	TiO_2	100.00	3.8~3.9	5.5~6	无磁性	黄褐、蓝、黑等色
板钛矿	TiO_2	100.00	3.7~4	5.5~6	无磁性	褐、淡红、淡黑、铁黑等色
白钛矿	$TiO_2 \cdot nH_2O$	约94	3.5~4.5	4~5.5	无磁性	白、黄、褐等色
钙钛矿	$CaTiO_3$	58.9	3.9~4	5.5	无磁性	淡黄、淡红褐、灰黑等色
榍石	$CaTiSiO_5$	40.8	3.4~3.6	5~5.5		褐、黑、黄、紫、灰等色
铁板钛矿	Fe_2TiO_5	33.35	4.39	6.0		暗褐色

续表 2-1

矿 物	化学式	TiO_2含量（质量分数）/%	密度 /g·cm^{-3}	莫氏硬度	磁性	颜 色
钛磁铁矿	$Fe_2TiO_3 \cdot Fe_3O_4$（磁铁矿中部分 Fe^{3+}被 Ti^{4+}代替）				强磁性	
红钛铁矿	$Fe_2O_3 \cdot 3TiO_2$	60.01	4.25	5.5		赤褐色

钛铁矿是一种钢灰至黑色矿物，分子式为 $FeTiO_3$，理论上含 TiO_2 52.66%、FeO 47.34%，常含类质同象混入物镁和锰。钛铁矿中常含有细鳞片状赤铁矿包体，但仅能形成有限的类质同象（$w(Fe_2O_3)<6\%$）。含赤铁矿的钛铁矿带褐色。

金红石是一种褐红色矿物、条痕浅褐，金属光泽。金红石分子式为 TiO_2，含 Ti 60%，常含有铁、铌、钽、铬、锡等混合物，富含铁的金红石称为铁金红石，富含铌和钽的金红石称为铌钽金红石。铁金红石和铌钽金红石均为黑色，不透明，密度可达 4.4~5.6 g/cm^3，晶体为四方柱，双晶体。

锐钛矿通常为褐黄色，也有的为蓝灰和黑色，分子式为 TiO_2，双锥形晶体。

板钛矿的分子式也为 TiO_2，颜色为黄褐色至深褐色。仅以板状晶体与金红石、锐钛矿相区别。

2.2 钛资源

2.2.1 世界钛资源

全球钛资源分布较广，30 多个国家拥有钛资源，主要分布在澳大利亚、南非、加拿大、中国和印度等国。

虽然钛矿物种类多，但有工业价值的钛资源主要是钛铁矿和金红石。

2.2.1.1 钛资源储量

在过去几十年中，不同国家对钛的资源储量报道差异较大，要做到准确统计仍十分困难，原因是各国对钛资源的认定标准不一致。如2000年以前美国地质调查局(USGS)并不把中国低品位钒钛磁铁矿视为钛资源。

据2007年美国地质调查局(USGS)公布的资料表明，全世界钛铁矿基础储量约12亿t，储量约6亿t；金红石基础储量为1亿t，储量为0.5亿t。2000年世界钛铁矿、金红石储量和基础储量见表2-2。

表2-2 2000年世界钛铁矿、金红石储量和基础储量(以TiO_2计) (万t)

国家	钛铁矿		金红石	
	储量	基础储量	储量	基础储量
南非	6300	22000	830	2400
挪威	3700	6000		
澳大利亚	13000	10000	1900	3100
加拿大	3100	3600		
印度	8500	21000	740	2000
巴西	1200	1200	350	350
越南	520	750		
美国	600	5900	40	180
中国	20000	35000		
莫桑比克	1600	2100	48	57
乌克兰			250	250
芬兰	590			
其他	1500	2800	810	1700
总计	60610	122650	4968	10037

有关世界钛资源的统计数据只具有参考价值，不是十分准确的完全统计，例如印度最近发表资料称印度拥有3.48亿t钛铁矿资源，占世界钛铁矿资源的35%，还有1800万t金红石资源，占世界金红石资源的10%。另外，加拿大和肯尼亚称发现有世界级的

钛矿资源,加拿大魁北克省发现有含重矿物(含钛、锆、铁的矿物)5.9%的砂矿21亿t。另称肯尼亚有世界上最大未开发的金红石和锆英石资源。有报道称俄罗斯奇林斯克钒钛磁铁矿的储量高达300亿t,钛资源极为丰富。此外,韩国、伊朗、芬兰、莫桑比克等都发现了大型钛铁矿资源。

2.2.1.2 钛矿分布

就目前公布的钛资源情况看,全球钛资源主要分布在澳大利亚、南非、加拿大、中国和印度等国。其中,加拿大、中国、印度主要是钛铁矿原生矿,澳大利亚、美国、南非主要是钛砂矿。

按目前钛矿开采规模约为500万t(以TiO_2计)计算,就目前已发现的资源储量可满足今后50年的需要。若再加上不断被发现的新的钛资源,因此可以预计今后100年内不会发生钛资源危机。

世界上具有开采价值的钛矿有原生矿和砂矿两种。原生矿基本都是共生矿,有钛铁矿、钛磁铁矿和赤铁矿等不同类型。原生矿的特点是产地集中、储量大、可大规模开采,缺点是结构致密、选矿回收率低、精矿品位低,主要集中于加拿大、挪威、中国、印度和俄罗斯。砂矿是水生矿,在海岸和河滩沉积成矿。砂矿主要钛矿物是钛铁矿和金红石,多与独居石、锆英石、锡石等共生,优点是结构松散、易开采、钛矿物单体解离性好、可选性好、精矿品位高,缺点是资源分散、原矿品位低,主要产于南非、澳大利亚、印度和南美洲国家的海滨和内陆沉积层中。

主要钛铁矿原生矿的产地有:加拿大的阿莱德湖赤铁钛铁矿是目前世界上主要钛铁矿原生矿之一,该矿床是加拿大最主要的也是唯一的开采的钛铁矿山,矿床产于斜长岩体上,赋存的矿体长1100 m、宽1050 m、厚6~60 m,矿石储量9000万t。粗选后的粗精矿含$TiO_2$34.3%。挪威是欧洲钛矿石的最大生产国,其中特尔尼斯矿占有重要的经济地位。矿储存于斜长—苏长岩体中,矿体呈船形,长2300 m、宽400 m、埋深350 m,原矿含TiO_2 18%,矿石储量3亿t。勒得撒德矿床的矿石含TFe 30%、TiO_2 4%,矿石储量

500～1000万t。美国纽约州有4个钛磁铁矿矿床,目前投入开采的是桑福德山矿山,矿体长1600 m、宽270 m,矿石储量约1亿t。芬兰的奥坦梅基矿床,长50 m、厚15 m,矿石储量1500万t。南非的布什维尔德矿床储量巨大,矿石储量达20亿t,但该国砂矿资源丰富,所以该矿床只回收铁、钒,并未回收钛。

国外生产钛铁矿砂矿的矿区主要有7个,即澳大利亚东西海岸、南非理查兹湾、美国南部和东海岸、印度半岛南部喀拉拉邦、斯里兰卡、乌克兰、巴西东南海岸。

国外金红石砂矿区主要有3个,即澳大利亚东西海岸、塞拉利昂西南海岸、南非理查兹湾。同时,印度、斯里兰卡、巴西、美国也有少量产出。

国外主要钛铁矿原生矿开采利用情况见表2－3。

表2－3　国外主要钛铁矿原生矿开发利用情况

矿　山	矿石类型	原矿品位/%			主要利用元素	精矿品位/%	
		TFe	TiO_2	V_2O_5		TFe	TiO_2
加拿大阿莱德湖	赤铁钛铁	36～40	34.3	0.27～0.37	钛		70～72
美国桑福德山	磁铁钛铁	34	19	0.45	铁、钛	59	44～48
挪威特尔尼斯	磁铁钛铁		18		铁、钛	65	45
挪威勒得撒德	磁铁钛铁	30	4	0.3	铁、钛、钒	62	30
芬兰奥坦梅基	磁铁钛铁	35～40	13	0.38	铁、钛、钒	69	45
南非布什维尔德	磁铁钛铁	42～60	12～15	1.5～2	铁、钒		
俄罗斯卡奇卡纳尔	磁铁钛铁	16～17	1.5	0.1～0.15	铁、钒	62	

2.2.1.3　钛矿产量

目前全世界钛铁矿的年产量大约为500万t(以TiO_2计),

2005 年和 2006 年世界钛铁矿产量见表 2－4，共生产金红石产量（以 TiO_2 计）见表 2－5。

表 2－4 2005 年和 2006 年世界钛铁矿产量（以 TiO_2 计） （万 t）

国 家	2005 年	2006 年
南 非	86.7	89.3
挪 威	38.1	38.1
澳大利亚	118	121
印 度	29.7	29.7
巴 西	13	13
越 南	9.5	6.4
美 国	30	30
中 国	45	47.5
乌克兰	21.9	27.3
其 他	13.6	14.4
合 计	478.6	494.7

表 2－5 2005 年和 2006 年世界金红石产量（以 TiO_2 计） （万 t）

国 家	2005 年	2006 年
南 非	10.5	10.8
印 度	1.8	2
澳大利亚	16.3	17.1
乌克兰	5.7	6.2
巴 西	0.3	0.3
合 计	34.6	36.4

在钛矿的产量和出口量方面，澳大利亚居第一位，其次为南非、加拿大、乌克兰和挪威，这五国生产的钛矿占世界总产量的 84%。这些国家的矿床非常集中，采矿和选矿都是特大规模的，被几大公司控制。国外主要钛矿经营商简况见表 2－6。

表 2-6　国外主要钛矿经营商简况

经营商	矿　址	矿物名称	品位(以 TiO_2 计)/%	产能 /万 $t \cdot a^{-1}$	备　注
QIT	加拿大魁北克省	钛铁矿岩矿	36	约 250	全部用于生产钛渣和升级钛渣(UGS)
RBM	南非夸祖鲁一纳达尔省	钛铁矿砂矿	48	约 200	全部用于生产钛渣
		天然金红石	95~96	10.5	
Huka	澳大利亚西海岸和美国	钛铁矿砂矿	54	194	部分用于生产人造金红石
		天然金红石	95~96	17.5	
Ticor 和 Lscor	澳大利亚和南非	钛铁矿砂矿	54	105	澳矿用于生产人造金红石
		天然金红石	95~96	4	
TTI	挪威特尔尼斯	钛铁矿岩矿	45	56	用于生产钛渣
Cable Sand	澳大利亚	钛铁矿砂矿	54	27	
CRL	澳大利亚	钛铁矿砂矿	54	50	用于生产人造金红石
		天然金红石	95~96	3	
Tiwest	澳大利亚珀斯	钛铁矿砂矿	54	约 50	用于生产人造金红石
		天然金红石	95~96		
VSMMP	乌克兰	钛铁矿砂矿	64	30	
		天然金红石	95~96	5~10	
IERL	印度奥雷萨	钛铁矿砂矿	54	22	部分用于生产人造金红石
		天然金红石	95~96	1	
KMML	印度恰瓦拉	钛铁矿砂矿	54	30	用于生产人造金红石和钛白
Namakwa	南非开普敦	钛铁矿砂矿	48	50	用于生产钛渣
		天然金红石	95~96		
总　计		钛铁矿砂矿		约 1000	
		天然金红石		43~48	

全球钛矿经过多年的开采,优质的天然金红石资源逐渐减少,年总产量不足 40 万 t TiO_2。

澳大利亚虽然现在仍是世界的最大钛矿生产国，其产量曾占世界总产量的80%，但近几年产量快速下降。2006年其钛矿产量仅占世界产量的25%。

过去世界最大的天然优质金红石生产国是塞拉利昂。该国由于发生战乱，天然金红石开采已停产多年。目前澳大利亚是世界上最大的金红石生产国，但产量不大，每年只有17万t。

2.2.2 我国钛资源

2.2.2.1 钛矿床类型

具有工业价值的钛矿床可概括为岩浆钛矿床（原生矿）和钛砂矿两大类。

原生钛铁矿矿床依其所含矿物种类可分为磁铁钛铁矿及赤铁钛铁矿两种主要类型。从矿床成因看，与基性深成岩，特别是与辉长岩、苏长岩和斜长岩有密切关系。在辉长岩中钛矿石主要以磁铁钛铁矿出现，在斜长岩中主要以赤铁钛铁矿出现。我国四川攀枝花和河北承德的钛矿床为磁铁钛铁矿，其中含钒很高，称为钒钛铁矿矿床。

砂矿床依所含矿物种类可分为金红石型砂矿和钛铁矿型砂矿两类，依成因及形成过程又可分为海滨砂矿、残坡积砂矿、冲积砂矿等。

我国钛矿床类型见表2－7。

表2－7 我国钛矿床类型

矿种	类型		产地
钛铁矿	原生矿		四川攀枝花、河北承德、广东
	砂矿	海滨砂矿	海南、广西、广东
		残坡积砂矿	广东化州、海南万宁
		冲积砂矿	云南
金红石	原生矿		湖北、河南、陕西、江苏、山西、山东
	砂矿	海滨砂矿	海南、广东、广西、福建
		风化壳	河南、山东、湖北、湖南

2.2.2.2　钛矿床工业要求

钛矿床一般工业要求见表2-8。

表2-8　钛矿床一般工业要求

要　求	原生矿(以 TiO_2 计)		砂矿(原矿品位)	
	金红石	钛铁矿	金红石	钛铁矿
边界品位	≥2%	5%~6%	≥1 kg/m^3	≥10 kg/m^3
工业品位	3%~4%	9%~10%	≥2 kg/m^3	≥15 kg/m^3
可采厚度/m	0.5~1		0.5	0.5~1
夹石剔除厚度/m	0.5~1		剥采比≤4	0.5~1

我国原生钛铁矿床通常并不是单一的钛矿床,而是铁和钛等的综合矿床,要进行综合评价。

原生金红石矿多与其他有价矿物伴生,在砂矿中也往往与独居石、锆英石等有价矿伴生,都应注意综合评价和综合回收。

2.2.2.3　我国钛资源及其分布

我国钛矿物资源丰富,占世界钛矿资源的32%,位居世界第一位。全国20多个省区或市都有钛矿资源,主要分布在四川攀西、河北承德、云南、海南、广西和广东。

我国原生钛铁矿储量最多,为1.5亿t TiO_2,砂矿钛铁矿为0.2亿t,金红石储量仅有几百万吨,钛铁矿型钛资源占钛资源总储量的98%,金红石仅占2%。在钛铁矿型资源中原生矿占97%,砂矿占3%。在金红石矿中原生矿占86%,砂矿占14%。

国土资源部2004年公布的我国钛矿资源储量统计数据见表2-9(仅列主要钛矿地区)。

表2-9　2004年我国钛矿资源储量(以 TiO_2 计)　(万t)

省(区)	矿区数/个	储　量	基础储量		资源量	资源储量
			基础储量	经济的基础储量		
四川	27	14979	20799	16579	40822	61612
河北	8	380	572	507	1007	1579

续表 2－9

省(区)	矿区数/个	储　量	基础储量		资源量	资源储量
			基础储量	经济的基础储量		
广西	10	226	425	322	334	7585
云南	11	168	256	256	987	1243
广东	11	43	556	445	67	623
海南	42	189	409	236	1696	2105
合计	109	15985	23008	18345	44913	74747

注：固体矿产资源储量分类是根据矿产勘查所获得的不同地质可靠程度和相应可行性评价获得不同的经济意义，把固体矿产资源储量分为储量、基础储量、资源量三大类(包括16种小类)。基础储量：它能满足现行采矿和生产所需的指标要求(包括品位、质量、厚度、开采条件等)，经详查勘探并通过可行性研究，认为属于经济的或边界经济部分为基础储量。其中，经济的基础储量是指已达到可靠的勘探阶段，通过可行性评价，认为开发该资源技术上可行、经济上合理的那部分资源。储量：储量＝基础储量中经济的部分×可采系数。资源储量：资源储量＝基础储量＋资源量。资源量：是预测和推断的储量。

A　钛铁矿原生矿分布

我国钛铁矿原生矿主要以钒钛磁铁矿为主，主要分布在四川的攀枝花和红格，米易的白马，西昌的太和；河北承德的大庙、黑山，丰宁的招兵沟，崇礼的南天门；山西左权的桐峪；陕西洋县的毕机沟；新疆的尾亚，哈密市香山；甘肃的大滩，河南舞阳的赵案庄；广东兴宁的霞岚；黑龙江的呼玛；北京昌平的上庄和怀柔的新地。

现在已经探明储量的大型矿床有：

(1) 攀西地区钒钛磁铁矿。其位于四川省西南部，包括攀枝花和凉山州的20余个县市。攀西地区是一个巨大的钛聚宝盆，其钛资源探明储量为世界的1/4，其中伴生着钒、镍、钴、镓等十几种稀有金属和贵金属，已探明二氧化钛储量为8.73×10^4万t。其钛储量占全国钛资源储量的90.5%，钒居全国第一位。原矿平均品位TiO_2含量(质量分数)为5%。

(2) 承德钒钛磁铁矿。承德地区有丰富的钒钛磁铁矿资源，已探明钛资源储量2031万t。其储量仅次于攀西地区，位居国内第二位，主要分布在大庙、黑山、头沟的基性、超基性岩体内。其原

矿平均品位 TiO_2 含量(质量分数)为8%。

(3) 广东省兴宁市霞岚钒钛磁铁矿。近年经普查和详查,探明矿山远景储量达 45000 万 t,第一期已普查探明矿石量为 9345.4 万 t,矿石平均品位 TiO_2 含量(质量分数)为6.08%。

(4) 陕西省洋县毕机沟钒钛磁铁矿。矿区位于洋县、佛坪县、石泉县三县交界处,主体属洋县桑溪乡范围。现已探明二氧化钛储量 215 万 t,据勘探论证,远景储量可达 10000 万 t 以上。其原矿平均品位 TiO_2 含量(质量分数)为6%。此外,陕西省紫阳县境内近年也发现钒钛磁铁矿,已详查和普查的 5 处矿床钛磁铁矿储量为 24250 万 t,二氧化钛储量为 1311.52 万 t,且伴生钒、磷等多种有用矿产。

(5) 甘肃大滩钛铁矿。大滩钛铁矿地处天祝藏族自治县赛什斯镇,该矿是特大型单一钛铁矿岩浆溶离型矿床,具有矿物组分简单、规模巨大、品位低等特点。目前,共发现 9 个矿区,55 个矿体,共提交 C+D+E 级资源储量 3315.38 万 t,平均品位 TiO_2 含量(质量分数)为6.17%。

B 钛铁矿砂矿分布

我国钛铁矿砂矿资源主要分布在广东、广西、海南和云南等省或自治区,矿点比较分散,尚未发现大型矿床。与国外的比较,我国砂矿钛铁矿的品位相对较低,大部分精矿中的 TiO_2 含量(质量分数)在48%~52%之间,只在广西部分地区有 TiO_2 含量(质量分数)为54%~60%的高品位优质钛铁矿。全国共有钛铁矿砂矿区 66 处,其中大型砂矿区 9 处、中型砂矿区 15 处、小型砂矿区 42 处。其矿床特点是矿点比较分散、规模小、品位低。海南和云南的储量较大。

海南省的钛铁砂矿共有 20 处,主要分布在东南沿海一带,北起文昌,经琼海、万宁、陵水直到南部的三亚市,沿海岸线断续分布,是我国目前重要的钛矿产地。万宁县的长安、保定、兴隆为 3 个大型矿区,其中以长安矿区规模最大。

钛矿是云南省除铁、锰外居第三位的重要矿种,主要分布在禄劝、武定、富民、禄丰、保山板桥、西双版纳的勐海及滇南的石屏、建水、华宁、蒙自、富宁等地区。云南省已探明的钛铁矿床有30个，其中大型矿床15个、中型矿床5个、小型矿床10个，探获钛铁矿储量5561万t，含钙镁低，为优质富钛铁矿。其矿床特点是储量大、品位高、矿物组成简单、分选性能良好，钛精矿钙镁杂质低、品质好，是生产海绵钛的优质原料。

广东省有钛铁砂矿8处，主要分布在湛江、汕头、水东、徐闻。

广西钛铁矿砂矿共有13处，大都属于风化矿，原生矿较少。梧州地区的钛铁矿主要分布在藤县、芩溪、苍梧等地，已探明的二氧化钛储量约600万t，原矿品位20~40 kg/m^3，最高160 kg/m^3；玉林地区的钛铁矿主要分布在陆川、博白、贵县、玉林等地，二氧化钛储量约500万t以上，原矿品位16~25 kg/m^3，最高达90 kg/m^3；钦州地区的钛铁矿主要分布在钦州、防城、合浦、灵山以及北海市、北部湾一带，估计二氧化钛储量在500万t以上，已探明储量100万t以上。此外在大新、百色、那坡等地也发现有钛铁矿，估计储量在数千万吨以上。

此外，在江苏省邳县燕子埠和铜山县汴塘乡马头山境内也发现了2处大型钛铁砂矿床，具有埋藏浅、厚度大、品位高、矿化均匀等特点，有极好的前景。

C 原生金红石矿分布

到目前为止，我国已发现金红石矿床、矿化点88处，分布于17个省、市、自治区，以湖北、河南、陕西、江苏、山西及山东为主（占全国总储量的96%）。经过勘查的有50处，储量为1530万t（金红石 TiO_2）。其中大型矿床9个，储量约1400万t，占总储量的91%。中型矿床10个，储量84万t，占总储量的5.4%。大型矿床中，岩矿型矿床6个，占总储量的89%左右；砂矿型矿床3个，占总储量的11%左右；选矿回收率较高的粗粒型矿床1个，仅占总储量的6%。断续开发的有9处。上述矿床，其中有9处是1985~1995年发现或勘查的，新增储量700万t。

我国天然金红石矿主要是原生金红石矿，已上平衡表矿区有

20多个，再加上一些尚未上平衡表的伴生、共生矿区共30多处，主要分布在湖北、山西、河南、陕西、安徽、江苏等省区。湖北省枣阳市大阜山金红石矿和山西省代县碾子沟金红石矿是目前国内已发现的规模最大的两个产地，其储量占全国金红石岩矿资源总储量的97%。

现在我国已探明的金红石矿有：

（1）湖北省枣阳市大阜山金红石矿，是目前国内地质工作程度最高的金红石矿。此矿床既有原生矿又有砂矿，20世纪70年代初期累计探明原生金红石矿二氧化钛储量556.93万t（B+C+D级），其原矿品位TiO_2平均含量（质量分数）为2.32%；金红石砂矿储量为10万t，TiO_2含量（质量分数）为0.6%～1.71%。

（2）山西省代县碾子沟金红石矿，是我国金红石矿的主要产区，矿石储量居全国第二位。该金红石矿主要由义成沟、张山沟、碾子沟、羊延寺和刘家沟5个矿区组成。已探明的矿石储量为6934万t，二氧化钛储量为250万t，远景矿石储量可达30000万t。其原矿TiO_2平均含量（质量分数）为1.92%。该矿矿石品位低，但矿石易采、易选，储量丰富，金红石纯度高，杂质少，开发利用条件较好，可综合回收钛铁矿、磁铁矿。

（3）河南省金红石矿床自北向南可划分为方城、西峡、新县3个较大的金红石成矿带。河南省方城一带金红石矿已详查二氧化钛储量397万t，已控制储量达1000万t，预测整个矿区资源总量可在5000万t以上，其TiO_2平均品位为2.22%。河南省西峡八庙金红石矿，仅水峡河段已探明金红石二氧化钛储量45万t，平均品位2.86%，预计整个矿区远景金红石储量2250万t。河南省新县金红石矿已探明二氧化钛储量为81.57万t，其平均品位为1.65%。

（4）陕西省安康市镇坪县发现一金红石矿，目前已探明二氧化钛储量63.01万t，矿石TiO_2含量（质量分数）3.33%～6.3%，平均品位4.16%。安康大河熊山沟金红石矿二氧化钛储量为15万t，平均品位3.62%。陕西商南县金红石矿已探明二氧化钛储量60万t,预测远景储量15万~200万t,矿石平均品位1.91%。陕西省户县大石沟金红石矿和蓝田县古沟金红石矿均有一定规模,但品位低、粒度细,难以利用。

(5) 四川省会东新山金红石矿为一特大型原生矿床,现已探明D级储量1740万吨多,TiO_2平均品位高达4.17%,矿体巨厚,露出地表,覆盖层薄,开采比低,适宜露天开采。

(6) 江苏省新沂市、东海县金红石矿是区域变质榴辉岩型原生金红石矿床。矿石中富含石榴石、绿辉石和磷灰石等,其TiO_2平均品位高达3.3%。新沂市北沟镇白石村探明的金红石储量超过10000万t。新沂市阿湖镇金红石总储量61.53万t,含量(质量分数)2.4%~6.9%。东海县的金红石矿经详查可上平衡表金红石C+D储量为507.49万t,平均品位TiO_2为3.39%,主要分布在陆湖、青龙山、安峰、石湖、曲阳一带,有大大小小200多个榴辉岩体,其中以安峰乡毛北岩体为最大,南北长超过2200 m,东西宽100~300 m,储量达250万t,已查明的1号矿体,矿石中金红石含量(质量分数)为2.3%,最高达5.28%,覆盖层厚度仅为1 m。另外据化工部郑州物探大队资料,赣榆县石桥镇芦山脚下的榴辉岩型金红石矿,推测金红石资源量在1000万t以上。该类矿床特点:规模大,矿体厚,品位高,储量集中,露头矿,交通方便,开采条件优越。

(7) 安徽省大别山南部潜山、太湖一带不仅分布有金红石砂矿,而且发育有超高压变质榴辉岩型的巨型原生金红石成矿带,金红石矿体产于榴辉岩中,矿石中TiO_2一般含量(质量分数)为1.6%~3.68%,据估计大别山地区原生金红石矿储量可达千万吨以上。

(8) 山东省诸城市上崔家沟金红石矿属近年来新发现的一种榴辉岩型金红石。具有规模大、矿化均匀、便于开发利用的特点,初步计算,金红石的地质储量大于20万t,可达大型金红石矿床规模,其金红石TiO_2含量(质量分数)为1%~2%。

此外,近年河北省保定市涞水县也发现了大型金红石矿,属原生矿，TiO_2 含量（质量分数）为 3.87%。湖北省黄石市罗田县—英山县一带也蕴藏着榴辉岩型金红石资源，其金红石矿品位高，TiO_2 含量（质量分数）为 2.5% ~4%，可长期大量开采。

D　金红石砂矿分布

金红石砂矿包括海滨砂矿和残坡积风化壳型金红石矿。我国的金红石砂矿保有储量主要分布在河南、湖北、山东、湖南、陕西 5 个省区内，其次有广东、广西、海南，共有 27 个矿区，其中大型矿区 2 处、中型矿区 4 处，其余均为小型矿区。海滨砂矿型金红石矿主要分布在海南、广东、广西、福建等省。海南有 28 个锆英石矿中伴生有金红石矿，平均金红石含量为 1 ~ 2 kg/m^3，总储量 1.9 万 t。风化壳型金红石矿主要分布于河南、山东、湖北、湖南、陕西和福建、安徽、江苏等省区。其中规模最大的为河南方城柏树岗金红石矿，含金红石（以 TiO_2 计）为 1.88%；规模次之的为陕西安康大河熊山沟金红石矿和山东莱西县南墅与石墨矿伴生的金红石矿。此外，还有安徽潜山黄铺古井金红石矿、河南新县红显边金红石矿、山东诸城市上崔家沟金红石矿、湖北枣阳大阜山金红石矿、湖南湘阴的望湘、岳阳的新墙河、华容的三郎堰。河南省金红石砂矿表内储量（218.45 万 t），占全国同类储量（256.86 万 t）的 85%，山东省（17.68 万 t）占 6.9%，湖北省（9.24 万 t）占 3.6%，湖南省（6.99 万 t）占 2.7%，安徽省占 1.15%，海南省占 0.58%。该类矿床虽然规模较小，含量低，但由于具有易采、易选等特点，目前是我国金红石矿开发的主要矿石类型。

我国主要钛矿资源情况见表 2 – 10。

表 2 – 10　我国主要钛矿床资源情况

分布地区	类　型	品位/%	规　模
四川红格	钛铁原生矿	TiO_2 9.06	特大型
四川攀枝花	钛铁原生矿	TiO_2 11.68	特大型
四川白马	钛铁原生矿	TiO_2 5.46 ~ 6.51	特大型
四川太和	钛铁原生矿	TiO_2 11.76	特大型

续表 2－10

分布地区	类 型	品位/%	规 模
黑龙江呼玛县兴隆沟	钛铁原生矿	TiO_2 8.63	中 型
新疆哈密尾亚	钛铁原生矿	TiO_2 9.73	中 型
河北承德大庙	钛铁原生矿	TiO_2 7.17	中 型
陕西洋县毕机沟	钛铁原生矿	TiO_2 3.5～8.5	中 型
山西代县碾子沟	金红石原生矿	TiO_2 1.92	中 型
河南舞阳赵案庄	金红石原生矿	TiO_2 1.04	中 型
河南方城柏树岗	金红石原生矿	TiO_2 1.88	中 型
河南方城五间房	金红石原生矿	TiO_2 2.23	大 型
山东莱西县刘家庄	金红石原生矿	金红石 1.96 kg/t	中 型
湖北枣阳大阜山	金红石砂矿	金红石 18.32 kg/t	中 型
广西合浦县官井	钛铁砂矿	钛铁矿 21.6 kg/m^3	大 型
广西藤县塘村	钛铁砂矿	钛铁矿 42.6 kg/m^3	大 型
广西藤县东升	钛铁砂矿	钛铁矿 32.9 kg/m^3	大 型
云南禄劝—武定	钛铁砂矿	钛铁矿 66.9 kg/m^3	大 型
广东化州平定	钛铁砂矿	钛铁矿 31.5 kg/m^3	大 型
云南保山板桥	钛铁砂矿	钛铁矿 12.04 kg/m^3	大 型
广东紫金临江	钛铁砂矿	钛铁矿 36.08 kg/m^3	
海南万宁长安	钛铁砂矿	钛铁矿 33.5 kg/m^3	大 型
海南文昌铺前	钛铁砂矿	钛铁矿 5.1 kg/m^3	中 型
海南琼海沙老	钛铁砂矿	钛铁矿 29.7 kg/m^3	中 型

尽管我国是世界上钛矿产资源储量最丰富的国家之一，但钛矿资源是以可选性差的原生钒钛磁铁矿为主，可选性好、品位高的砂矿不多，天然金红石矿产资源更少，国内钛矿资源并无明显资源优势。

2.2.3 钛精矿产量、进出口情况及质量标准

近几年来全世界每年产钛铁矿精矿1000万t左右(以钛铁矿精矿计),约产天然金红石精矿50万t。

2007年我国钛精矿产量约为157万t,其中绝大部分为钛铁矿精矿,天然金红石精矿产量仅几百吨。

2007年全国对钛精矿(TiO_2的质量分数为50%)的总需求量为278万t,仍需大量进口。

根据国家海关统计,2007年我国共进口钛精矿122.43万t,出口1.48万t,净进口120.95万t,比2006年净进口增长了72.2%。

上述数据表明,2007年我国钛精矿产量较上年虽有较大增长,涨幅达到65%,但仍与社会需求有较大差距,2007年我国净进口钛精矿达120万t之多。

我国进口钛精矿的主要来源地是越南、澳大利亚和印度。其中从越南进口53.7万t,占全国进口总量的43.9%,平均单价为103.75美元/t;从澳大利亚进口43.3万t,占全国进口总量的35.4%,平均单价为129.92美元/t;从印度进口11.2万t,占全国进口量的9.2%,平均单价为125.29美元/t。从这三个国家的进口量占总进口量的88.5%。

2007年我国也有少量钛精矿出口,为1.48万t。其中主要出口地区是四川攀枝花,占全国总出口量的73%。

2007年我国进口钛精矿情况见表2-11。

表2-11 2007年我国进口钛精矿情况

进口国	进口量/万t	平均价格/美元·t^{-1}
朝鲜	1.6155	41.98
印度	11.2819	125.29
印度尼西亚	2.3486	102.03
马来西亚	2.2637	133.15

续表 2－11

进 口 国	进口量/万 t	平均价格/美元 · t^{-1}
新加坡	0.0200	190.57
斯里兰卡	4.0914	120.96
泰 国	0.1723	126.67
越 南	53.7749	103.75
冈比亚	3.1352	111.69
南 非	0.0130	686.68
乌克兰	0.0799	655.31
斯洛伐克	0.0160	650.00
澳大利亚	43.3161	129.92
新西兰	0.0360	115.34
其 他	0.2654	
总 计	122.4299	117.63

目前世界上 90% 以上的钛精矿用于生产钛白，约有 4% ～5% 的钛矿用于生产金属钛，其余用于制造电焊条、合金、碳化物、陶瓷、玻璃和化学品等。

天然金红石精矿品位高、杂质少，是氯化法生产四氯化钛的优质原料。因此大部分用于氯化法生产钛白和金属钛，也可作为制造电焊条和冶金的原料。

钛铁矿精矿的 TiO_2 含量（质量分数）一般为 45% ～60%，其中含大量铁和其他杂质，除直接可作为硫酸法生产钛白的原料外，一般都需经过富集处理加工成人造金红石后再用来生产钛白和金属钛。人造金红石和经还原处理后的钛铁矿可用来制造电焊条。

钛精矿质量标准见表 2－12。上海、株洲电焊条厂对钛精矿质量要求见表 2－13。天然金红石质量标准见表 2－14。

表 2-12 钛精矿质量标准(YB/T 4031—2006)

类别	用途	级别		化学成分(质量分数)/%			
				TiO_2	杂质含量		
					P	S	CaO + MgO
砂矿钛铁矿精矿	人造金红石	一级品①	一类	52	0.025		0.5
			二类	50	0.025		0.5
	钛铁合金、高钛渣	二级品		50	0.030		0.5
		三级品		49	0.040		0.6
		四级品		49	0.050		0.6
		五级品		48	0.070		0.1
	钛白等	一级品②	一类	50	0.020		
			二类	50	0.020		
		二级品	一类	49	0.020		
			二类	49	0.020		
岩矿钛精矿	钛白、高钛渣、人造金红石	TJK47		47.0	0.050	0.03	
		TJK46		46.0	0.050	0.03	
		TJK45		45.0	0.05	0.03	

① $w(TiO_2)>57\%$、$w(CaO+MgO)<0.6\%$、$w(P)<0.045\%$ 作为一级品；
② $w(TiO_2)>52\%$、$w(Fe_2O_3)<10\%$、$w(P)<0.025\%$ 作为一级品。

表 2-13 上海、株洲电焊条厂对钛铁精矿质量要求

成分	TiO_2	SiO_2	FeO	Fe_2O_3	S	P	Sn	Zn
含量(质量分数)/%	≥46	≤5	≥30	≤10	<0.05	<0.05	微量	微量

注：钛铁矿应为黑色、有金属光泽的细矿砂，经过选矿除去杂质、除去放射性元素。钛铁精矿要求粒度小于0.246 mm(60目)。

表 2-14 天然金红石质量标准(YS/T 352—1994) (%)

质量等级	$w(TiO_2)$	$w(S)$	$w(P)$	$w(FeO)$
特 级	96	<0.03	<0.03	<0.5
一 级	92	<0.03	<0.03	<0.5
二 级	90	<0.03	<0.03	<0.5

世界一些典型的钛铁矿精矿的化学成分见表2－15。我国一些矿区的金红石精矿的化学成分见表2－16。

表2－15 世界一些典型的钛铁矿精矿的化学成分(质量分数) (%)

产地	TiO_2	Fe_2O_3	FeO	MnO	MgO	CaO	SiO_2	Al_2O_3	V_2O_5	Cr_2O_3	U+Th	非钛杂质
南非	47.0	12.4	34.4	1.3	0.8	0.3	2.3	0.96	0.27	0.3		7.23
加拿大	37.7	28.9	28.8	0.2	2.9	0.1	0.6	1.0	0.36			4.6
澳大利亚	61.5	21.0	10.0	0.9	0.25	0.01				0.05		7.5
挪威	45.0	12.5	34.0	0.25	5	0.25				0.08	<0.0003	
印度	60.0	25.5	9.7	0.4	0.6					0.13		4.8
塞拉利昂	62.5	31.81		0.36	0.63	0.03				0.23		5.69
斯里兰卡	53.4	22.43	19.6	0.84	0.68	0.12				0.0085		4.57
美国	64.7	30.0	5.2	1.6	0.25	0.11				0.17	<0.0070	
越南	54.1	12.7	26.3							0.07	0.0095	6.90
中国攀枝花	47.5	7.36	33.01	0.73	4.48	1.09	2.5	1.16	0.07	0.0016		12.13
中国承德	46.7	5.29	40.02	0.82	1.51	0.79	1.6	1.20	0.14	0.024		7.99
中国云南富民	49.9	27.4	20.1	0.7	2.21	0.22	0.8	0.39	0.28	0.01		2.60
中国两广地区砂矿	51.3	9.22	38.03	1.32	0.10	0.1	0.8	0.76		0.006		1.45

表2－16 我国一些矿区的金红石精矿的化学成分

产地	化学成分(质量分数)/%											粒度/mm
	TiO_2	Fe_2O_3	FeO	CaO	MgO	SiO_2	Al_2O_3	P_2O_5	S	MnO	Zr	
山西代县	93.45	1.13	0.12	0.23	0.45	1.88	1.70	0.019	0.16		0.42	0.1～0.5
湖北枣阳	86～87		1.12	0.7～0.9	0.2～0.9	3.4～4.3	1.58～2.1	0.06～0.1	0.07～0.2	0.02	0.3	0.05～0.2
河南西峡	92.08	2.03		2.175	0.255	1.71	0.737	0.256	0.036	0.009		0.02～0.1

3 钛的选矿方法及原理

3.1 重选法

重选法因其生产成本低、对环境污染少而受到重视。几乎所有的海滨砂矿从中回收钛铁矿和金红石都是采用重选法作为粗选的手段,从20世纪50年代开始,研究从钛铁矿脉矿中回收钛铁矿也是由重选法开始的。

3.1.1 重选原理

重力分选是利用不同物料颗粒间的密度差异来进行分离的过程。重选过程概括起来就是松散—分层—分离过程。将待分选物料置于分选设备上,使其在重力、流体浮力、流体动力、惯性力或其他机械力的作用下松散,进而使不同密度的颗粒发生分层,分层后的物料或是在机械力的作用下分别排除,或是密度不同的颗粒由于自身运动轨迹的差异而分别截取。这样就实现了分选。

重力选矿的大多数分选设备是在水介质中进行分选,分选介质的运动形式有连续垂直上升、间断垂直上升、垂直交变、斜面流和回转流等。

钛矿物的重选设备,如摇床、圆锥选矿机、螺旋选矿机、扇形溜槽等,都属于斜面流选矿设备,因此在此重点论述斜面流的分选原理。

斜面流选矿也可称为流膜选矿。斜面流的流态有层流和紊流之分。

层流流膜用于处理微细级物料(粒度小于0.074 mm),固定的细泥溜槽、皮带溜槽、摇动翻床、横流皮带溜槽等设备上流动的矿浆近似这种流态。矿浆是高度分散的悬浮液，黏度比水大，在分选时，表面流速较低，为0.1～0.2 m/s。流膜的厚度多数为1 mm左右，回收粒度下限为10～20 μm。分层后的大密度颗粒沉积在槽底，可借助移动带排除，或间断排出大密度颗粒物料。设备处理量小。

选钛常用的重选设备摇床、扇形溜槽、圆锥选矿机、螺旋选矿机等一般是在弱紊流流膜中进行的，一般用来处理细粒级矿石（2～3 mm以下）。流膜厚度一般为数毫米，在局部区域可达十几毫米。流速较大，上下层间浓度差也较大。分层的轻、重矿物依运动速度不同，或轻重矿物运动轨迹不同使之切割分离。回收粒度下限为30～40 μm。

3.1.1.1 紊流斜面流运动特性

A 紊流斜面流水速沿深度分布

紊流斜面流的水速 u 沿水深 h 的分布曲线可近似用高次抛物线表示，如图3－1所示。

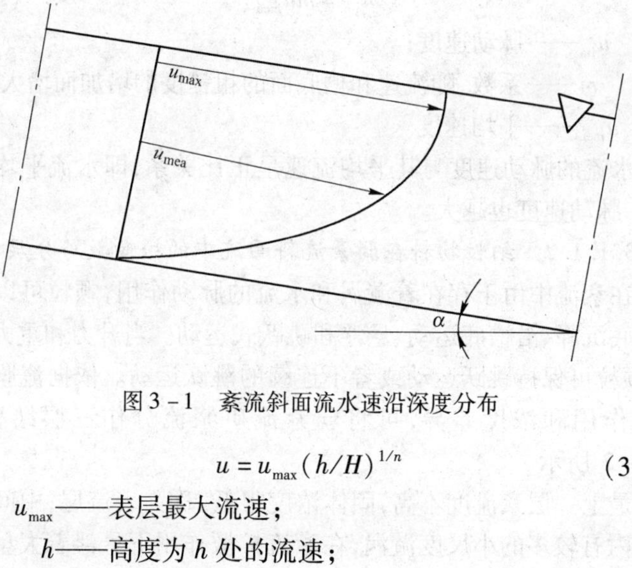

图3－1 紊流斜面流水速沿深度分布

$$u = u_{max}(h/H)^{1/n} \quad (3-1)$$

式中 u_{max}——表层最大流速；

h——高度为 h 处的流速；

H——水层厚度；

n——常数，随雷诺数增大而增大，并与槽底粗糙度有关，对弱紊流来说，一般 n 取2～4。

由式3－1可以看出：斜面流水的流速是上层流速大、下层流速小。因此处于上层的颗粒受到水流推动力比处于下层的颗粒受到的推动力大，处于同一层面的颗粒，粗粒比细粒受到的水流推动力大。

B 紊流斜面流的脉动速度

紊流斜面流除流体总体沿斜面向下流动之外，由于流体质点随漩涡交换位置，其中某指定点的水速不仅大小发生变化，而且方向也不固定。水流的脉动速度是沿纵向（流动方向）、法向（与水流垂直方向）和横向3个方向发生，但对重力分选来说，最有意义的则是法向脉动速度，它是紊流斜面流中松散颗粒层的主要作用因素。

根据漩涡形成的过程可知，脉动速度除最底层外，应是下部强，上部逐渐变弱。若按水流平均流速计，脉动速度为：

$$u_{im} = mu_{mea} \tag{3-2}$$

式中 u_{im}——脉动速度；

m——系数，随流速和槽底面的粗糙度的增加而增大；

u_{mea}——平均速度。

水流的脉动速度与其平均流速呈正比关系，即水流平均速度越大，脉动速度也越大。

3.1.1.2 细粒物料在弱紊流斜面流中的松散数与分层

在紊流中由于存在着漩涡和水流的脉动作用，颗粒可以产生向槽底沉降、沿槽底运动、悬浮和跳跃式运动。当升力和重力接近时，颗粒可保持跳跃运动或者不连续的跳跃运动。依据流膜内的松散作用和浓度差异，可将弱紊流矿浆流分作三层结构，如图3－2所示。

最上一层紊流度不高，固体浓度很低，称为表流层；中间较厚的层内有较多的小尺度漩涡，在紊流扩散作用下悬浮着大量轻矿物，称为悬移层；最下部流态发生了变化，若在清水中就属层流边层，在这里颗粒大体表现了沿层运动，所以称为流变层。在重力场中，弱紊流矿浆流中是很少有沉积层的。

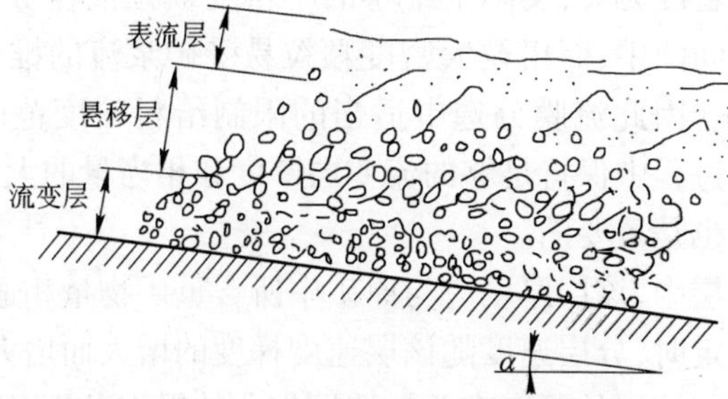

图 3－2 弱紊流料浆流膜的结构

弱紊流的悬移层借紊流脉动速度维持粒群悬浮，结果粗的和密度高的颗粒较多地分布在下层。与此同时，大尺度的回转漩涡还不断将大密度颗粒转移到底层，在该层底部聚集后，小密度颗粒又被排挤到上层，进行着初步的按密度分层。在矿浆运行一段距离后，悬移层中主要剩下小密度颗粒，在快速流动中排出槽外。

弱紊流中的流变层，粒群主要借助层间斥力松散，接着发生分层转移。由于在这里粒群的密集程度较高，又没有大的垂直介质流速干扰，因此分层近似按静态条件进行。物料因密度不同各自在局部区域内产生了静压强的不平衡。小密度颗粒被排挤向上层转移，而大密度颗粒则保留在本层中，当两种物料粒度差不很大时，分层将接近按悬浮体密度发生。

悬浮体密度是指单位体积内的固体颗粒质量与介质质量之和：

$$\rho_s = \varphi_B \delta + (1 - \varphi_B)\rho \qquad (3-3)$$

式中 ρ_s——悬浮体密度，kg/m³；

φ_B——矿粒体积分数，%；

δ——矿粒密度，kg/m³；

ρ——介质密度，kg/m³。

当 $\varphi_{B2}(\delta_2 - \rho) + \rho > \varphi_{B1}(\delta_1 - \rho) + \rho$ 时，密度为 δ_1 的颗粒将被

排挤到上层。

可见,流变层是按密度分层的最有效区域。这样的分层原则上应与颗粒粒度无关,实际上细小的小密度颗粒很容易夹杂在大密度颗粒的间隙中,而粗粒大密度颗粒易受矿浆流的推动而损失于轻产物中。因此流膜分选中适当的限制给料粒度范围是必要的。在分选过程中保持足够的流变层厚度和相当量的大密度物料聚集在其中也是重要的。

在流变层中,该层厚度应与原矿中所含重矿物量相适应,在矿物密度差一定时,分层速度随该层速度梯度的增大而增大,而重矿物回收率则与该层的厚度有关。选别作业的操作条件:给矿体积、给矿浓度、槽底倾角、槽面振动强度和带面移动速度等。在矿浆流量不变时,增大给矿浓度将引起固体沉积量增加,结果使精矿质量降低而回收率增加。其他因素不变,增大给矿体积,则会因为流速增加,紊流度增强,使金属损失增加,但精矿质量提高。增加斜槽坡度或增强振动,同样可使层间剪切力加大,有利于床层松散,加速分层,但同样会使回收率降低,但精矿品位提高。由于这些因素错综复杂交织在一起,用简单的计算法难以确定,通常还是要依靠试验方法来确定最佳条件。

如果矿浆中含有较多泥质颗粒(小于10~20 μm),则表流层固体浓度增大,黏度增加,颗粒沉降速度降低,回收粒度下限随之升高,此时在选别前脱泥是必要的。

利用重选法对物料进行分选,最重要的因素是轻、重矿物的密度差异,其分选的难易程度可简易地用待分离物料的密度差判定:

$$E = \frac{\delta_2 - \rho}{\delta_1 - \rho} \tag{3-4}$$

式中　E——重选可选性判断准则;

δ_2——重矿物密度;

δ_1——轻矿物密度;

ρ——介质密度。

通常按比值 E 可将物料重选的可选性划分为 5 个等级,

见表3－1。

表3－1 物料按密度分难易程度

E	>2.5	2.5～1.75	1.75～1.5	1.5～1.25	<1.25
重选难易程度	极易选	易 选	可 选	难 选	极难选

选钛厂中常遇到的主要矿物密度见表3－2 。一些选矿厂的可选性判断准则见表3－3。

表3－2 选钛厂主要矿物密度

矿 物	密度/g·cm^{-3}	矿 物	密度/g·cm^{-3}
钛铁矿	4.6	斜长石	2.66
金红石	4.5	石榴子石	3.4～4.3
锆英石	4.4～4.8	长 石	2.7
角闪石	3.46	石 英	2.65
钛辉石	3.25	绿泥石	2.6～2.9

表3－3 一些选矿厂的可选性判断准则

选矿厂	攀枝花钛矿		海南乌场钛矿	湖北枣阳金红石矿
分选矿物	钛铁矿/斜长石	钛铁矿/钛辉石	钛铁矿/石英	金红石/角闪石
E	2.17	1.61	2.18	1.42

由表3－3可见,攀枝花选钛矿厂的钛铁矿用重选法与斜长石分离较容易,与钛辉石分离相对困难些;海南乌场钛矿的粗选是用重选法丢弃石英、长石等脉石矿物,属易选的物料;枣阳金红石矿用重选法分离金红石与角闪石属难选物料。

3.1.2 主要重选设备及特点

3.1.2.1 扇形溜槽和圆锥选矿机

A 扇形溜槽

扇形溜槽用在选矿生产中已有50多年,它具有结构简单、生产能力大、指标良好等许多优点，主要用于砂矿选别。以后又发展成了圆锥选矿机，更大地提高了设备的处理能力。除用于砂矿选别外，还可以处理脉矿，并获得了好的分选效果。

a　分选原理

20 世纪 40 年代在美国出现了一种能连续工作的新型溜槽。它的特点是给矿端较宽，向排矿端逐渐收缩为窄口，故在美、英等国将这种溜槽称为尖缩溜槽。

尖缩溜槽的槽底为一平面，与水平呈 16° ~20°放置，给入的矿浆浓度很高，含量达 50% ~60%。矿浆自上端给入后，在沿槽流动过程中发生按密度分层，重矿物聚集在下面缓慢流动的矿浆层中，而轻矿物则位于流动较快的上层矿浆中。在排矿口附近，由于溜槽两侧壁向内收缩，矿浆层厚度增大，在由窄口排出时，因上下层矿浆流速不同，即形成一个扇形矿浆面。应用截取器将矿浆面加以分割，即得重产品、中间产品和轻产品，如图 3 -3 所示。扇形面排矿是这种溜槽的特征，所以在我国和东欧国家将尖缩溜槽称为扇形溜槽。

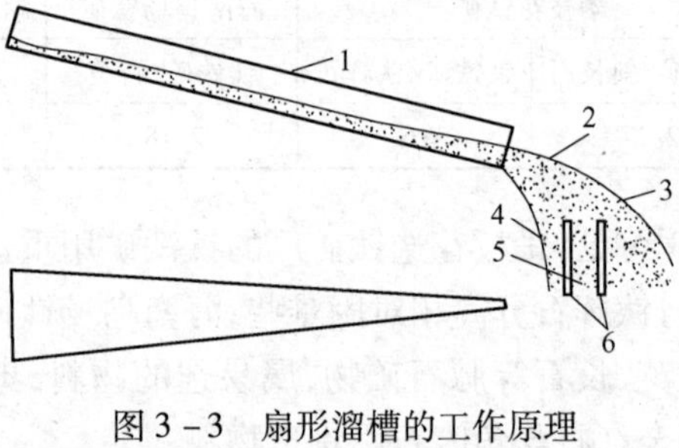

图 3 -3　扇形溜槽的工作原理

1—溜槽；2—扇形面；3—轻产品；4—重产品；5—中矿；6—截板

前苏联保戈托夫等人用钛铁矿与石英的人工混合料，矿浆的固液比为 1∶1，在 130 mm ×30 mm ×1000 mm 的扇形溜槽中分选。槽的倾角为 18°，给矿量为 540 m^3/h，测得各种粒子沿槽长的速度变化如图 3 -4 所示。

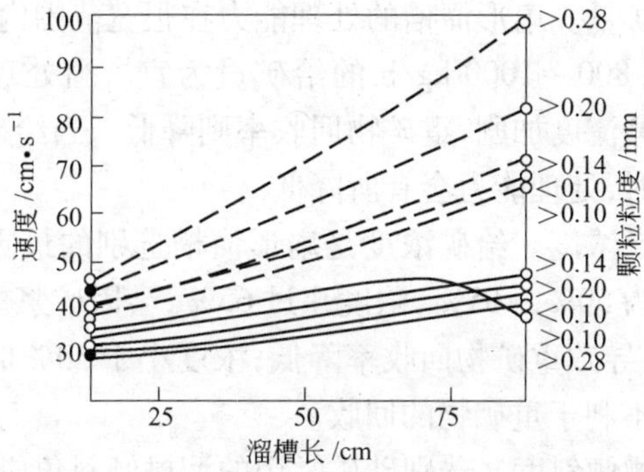

图 3-4　不同粒级钛铁矿(实线)和石英(虚线)
颗粒沿溜槽运动的平均速度变化

保戈托夫等人得出,矿浆在溜槽上半部运动较慢,认为是层流,当到达最后 1/4 段时,形成明显的紊流。

实际上,粒群给入扇形溜槽后就下沉形成高浓度的流动的床层,重矿物粒子穿透床层并排挤下层轻矿物转入上层。床层借助脉动速度保持着松散。由于矿浆的上层与下层的流速不同,处于上层的轻矿物受到流速较大的流体动力作用运动较快,而处于下层的重矿物只能受到下层流体动力作用,运动较慢,从测定的钛铁矿与石英的运动速度的变化也正说明了这一点。

b　影响扇形溜槽的选别因素

影响扇形溜槽的选别因素有:

(1) 重矿物含量。重矿物含量达到一定数量时,才能在下部形成一个重矿物层。一般重矿物含量(质量分数)为 3.5% ~18% 时对分选指标影响不大,当重矿物含量(质量分数)小于 1.5% ~2% 时才有影响。很富的矿石多不用扇形溜槽选别。扇形溜槽和圆锥选矿机多用于粗选。

(2) 给矿粒度。扇形溜槽的处理粒度范围是 2.5 ~0.038 mm,长沙矿冶研究院用扇形溜槽选攀枝花钛铁矿,原矿分级入选,粗粒级效果较好,0.15 ~0.074 mm 级别分选效果则不佳。扇形溜槽一般可实行宽级别入选,但对 30 ~40 μm 以下的物料回收效果差。

（3）给矿量。扇形溜槽的处理能力在很宽范围内对分选指标影响不大，以 800 ~ 1000 kg/h 的给矿量为宜。当处理量增加时，矿浆流动的紊流度加剧，重矿物回收率则降低。当给矿粒度细，重矿物含量少时，处理能力会有所降低。

（4）给矿浓度。给矿浓度是扇形溜槽选别的最重要因素，一般给矿浓度为 50% ~65%，浓度超过 65%，会因矿浆黏度过大，分层难以进行，导致重矿物回收率降低；浓度小于 50% 时，会因矿浆流速过快而不利于重矿物的回收。

（5）溜槽倾斜度。选别砂矿常用的溜槽倾斜角应在 16° ~20° 之间。研究表明，最佳倾斜角应比临界倾斜角（即物料开始在槽底淤积的倾角）大 1° ~2°。

（6）溜槽尖缩比。它影响矿浆流动过程中流态的变化。有学者认为，在处理大于 0.1 mm 物料时，溜槽排矿口宽度与给矿端宽度之比应为(1∶10) ~ (1∶12)；而处理小于 0.1 mm 物料时，尖缩比为(1∶8) ~ (1∶9)为宜。但溜槽排矿口小于 9 mm 或大于 60 mm 时分选效果均不好。从水力学角度分析最佳的尖缩角应为 8° ~ 12°，夹角过大紊流加剧，过小会使溜槽过分延长。

c　扇形溜槽的应用

最早美国曾有 3 种溜槽：卡伦圆形溜槽、卡普科展开式溜槽和霍巴特溜槽选矿机。这 3 种溜槽都用于生产，它们的基本区别主要是配置方式不同，而溜槽本身的形式则基本一致。

卡伦圆形溜槽是将 48 个扇形溜槽安装在一个锥形面上，矿浆由圆锥的周边给入。卡普科展开式溜槽是单个或成对的（背靠背）沿直线排列。霍巴特溜槽选矿机是由 4 组，每组 12 个溜槽组成，为了节省占地面积，每组内溜槽是交错的面对面配置。

扇形溜槽的精矿富集比低，在一般选别获得最终尾矿的情况下，重产品品位较低，需要多次精选才能获得重矿物含量较高的精矿。典型的扇形溜槽粗选海滨砂矿三段流程如图 3 - 5 所示。流程中各段选出的中矿返回至本段处理，第二、第三段轻产品返回上一段处理,第一段得到的轻产品为最终尾矿。

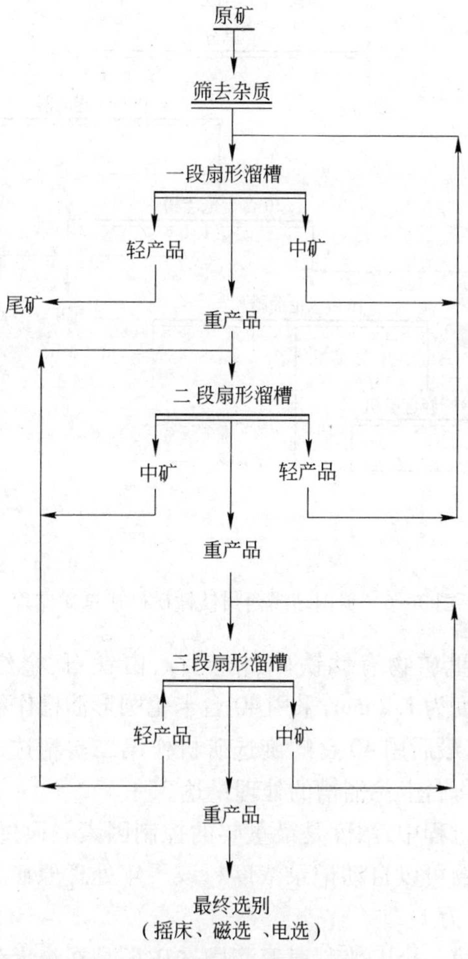

图 3-5 典型的扇形溜槽粗选海滨砂矿三段流程

当原矿中含重矿物达 3% 时,经过三级选别,可得到含重矿物 50% ~60% 的粗精矿,回收率为 80%~90%。

上述几种溜槽在美国、澳大利亚、马来西亚以及欧洲国家仍在应用。美国新泽西州砂矿重选厂的流程如图 3-6 所示。

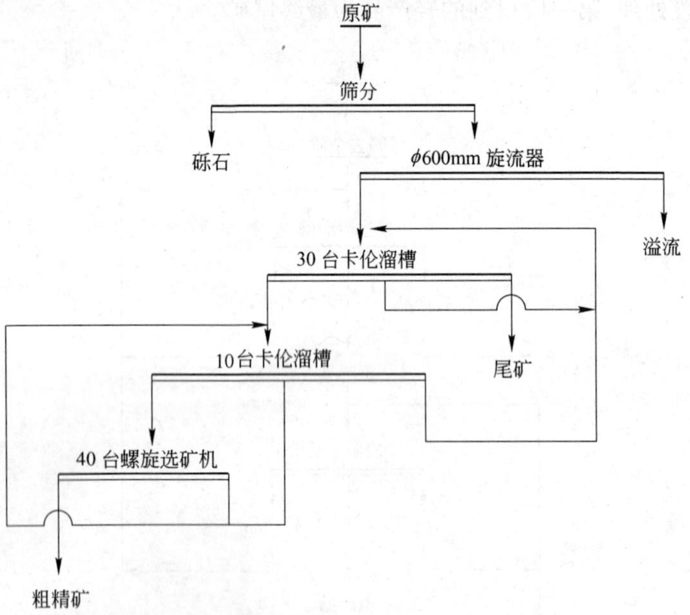

图 3－6　美国新泽西州钛铁矿砂矿选矿流程

原矿中重矿物有钛铁矿、锆英石、白钛石、金红石等，约占5%，给矿粒度为1.2 mm，采用40 台卡伦圆形溜槽作粗选，10 台作第一次精选，最后用40 台螺旋选矿机作第二次精选，得到合格的重砂精矿。每台卡伦溜槽的处理量达35 t。

在选别过程中，浓度是最重要的控制因素。通过一段选别前的浓度记录器可以自动记录浓度。该厂年处理原矿 2000 万 t，得到粗精矿 10 万 t。

世界上第一个卡普科扇形溜槽选矿厂是在澳大利亚建立的，用于处理海滨砂矿，该厂共有 2 个平行系列，每个系列生产能力为60 t/h。

霍巴特溜槽选矿机从 1962 年开始得到应用。例如卡特日公司的采砂船上安装了 9 台这样的选矿机，6 台粗选，2 台精选，1 台中矿再选，处理含重矿物 3% 的砂矿，生产能力为 600 t/h。

前苏联对扇形溜槽的研究开始于1962年，生产了几种形式的组合溜槽。为了选别波罗的海沿岸砂矿，安装了3台组合溜槽、2台用于粗选、1台精选。原矿中含5%～7%的重矿物，其中有钛铁矿、金红石、白钛石、锆英石等，轻矿物95%是石英，70%～80%的物料集中于0.71～0.044 mm粒级中。

当设备处理能力为8～10 t/h时，获得的粗精矿中重矿物含量达50%～60%，其中钛铁矿回收率为70%～74%，金红石回收率为66%～80%，锆英石回收率为80%～90%。

曾用组合溜槽选美日杜列奇矿区的钛铁矿矿石，给矿是经粉碎、筛分，并用水力旋流器脱泥后的宽级别产品(3～0.1 mm)。重矿物除钛铁矿外还有少量锆英石、辉石、磷灰石等。在处理能力为6 t/h的情况下，粗精矿产率为38.2%，精矿中钛铁矿的含量(质量分数)达43%，回收率为95.1%。有关钛铁矿在尾矿中不同粒级的损失情况见表3－4。

表3－4 钛铁矿在尾矿中不同粒级的损失情况

粒级/mm	产率/%	钛铁矿含量(质量分数)/%	钛铁矿在各粒级中损失率/%
3.0～1.6	15.7	1.58	30.5
1.6～0.8	25.8	0.63	6.7
0.8～0.4	33.7	0.83	3.8
0.4～0.2	16.7	1.08	2.5
0.2～0.1	5.6	2.44	3.1
<0.1	2.5	6.45	11.7
合 计	100.0	1.16	

结果表明，小于1.6 mm粒级钛铁矿回收效果相当好，大于1.6 mm粒级损失较大。

我国对扇形溜槽的研究开始于20世纪60年代末，主要应用于选海滨砂矿，用来与圆锥选矿机组合成一体，扇形溜槽用于处理圆锥选矿机精选锥的粗精矿，也有单独用扇形溜槽处理冲积砂矿的，如广东坂潭锡矿用扇形溜槽组合作粗选设备。

另外曾用扇形溜槽做选钛铁矿原生矿和选铁矿试验，用扇形溜槽选攀枝花选铁尾矿是将磁选选铁后的尾矿经水力分级，分级后的1、2、3级用扇形溜槽处理。扇形溜槽的精矿用摇床处理。分选试验流程如图3－7所示，扇形溜槽—摇床重选流程指标见表3－5。

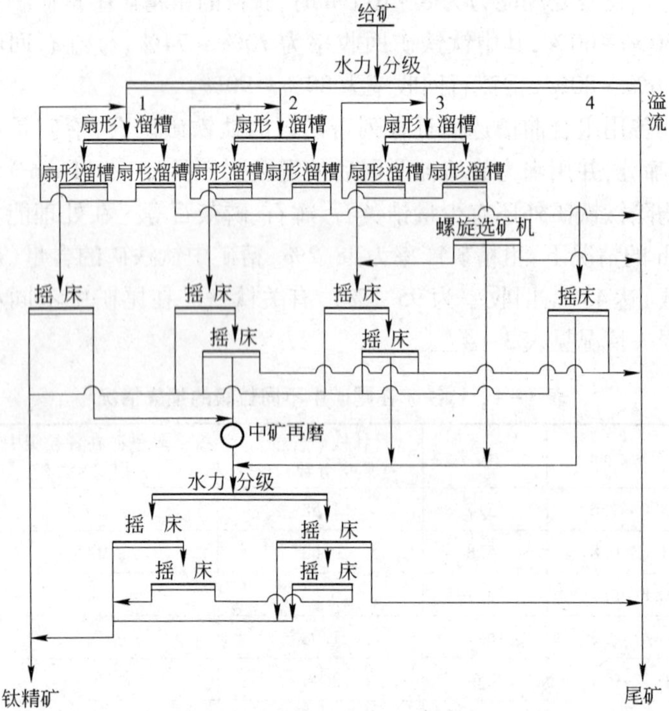

图3－7　磁选尾矿重选回收流程

表3－5　扇形溜槽—摇床重选流程指标

产品名称	产率/%	品位（以 TiO_2 计）/%	回收率/%
钛精矿	18.06	39.02	70.56
尾　矿	81.94	3.59	29.44
给　矿	100.00	9.98	100.00

也曾用扇形溜槽作双塔山钛矿的粗粒粗选设备进行试验，其分选流程如图 3－8 所示，试验结果见表 3－6。

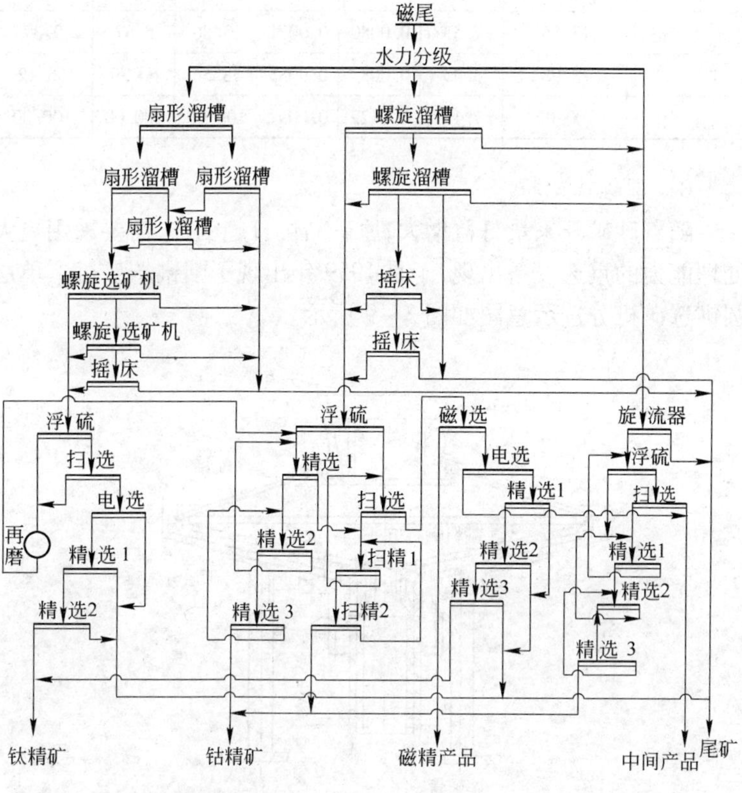

图 3－8 扇形溜槽与螺旋溜槽或螺旋选矿机—浮选—电选流程

表 3－6 扇形溜槽—螺旋选矿机—摇床—电选流程结果

产品名称	产率/%	品位/%			回收率/%		
		TiO_2	Co	Ni	TiO_2	Co	Ni
钛精矿	6.95	48.94	0.0102	0.0043	47.31	5.80	4.88
钴镍精矿	0.84	0.15	0.3600	0.2300	0.02	24.89	19.45
磁性产品	0.13	13.83	0.0230	0.0140	0.25	0.25	0.18

续表 3-6

产品名称	产率/%	品位/%			回收率/%		
		TiO_2	Co	Ni	TiO_2	Co	Ni
中间产品	13.15	7.53	0.0080	0.0071	13.86	8.67	9.37
尾　矿	78.93	3.45	0.0087	0.0085	38.56	60.39	66.12
合　计	100.00	7.15	0.0122	0.0099	100.00	100.00	100.00

B　圆锥选矿机

随着砂矿开采量日益增大，原矿品位日趋变贫，需要采用更大处理能力的重选设备出现，于是1959年出现了圆锥选矿机。单层圆锥选矿机分选示意图如图3-9所示。

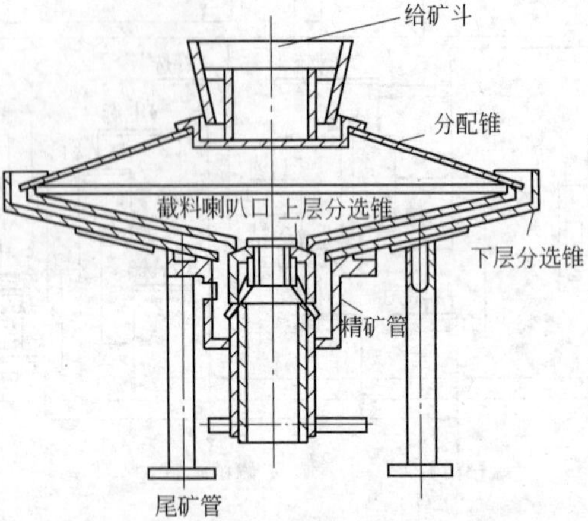

图3-9　单层圆锥选矿机分选示意图

圆锥选矿机(国外称赖克特圆锥选矿机)是由澳大利亚昆士兰索思波特矿产公司所创制，1964年在生产上大规模应用。

从观察扇形溜槽的工作过程可以看到，扇形溜槽的侧壁阻碍着矿浆的流动，从而降低了溜槽的处理能力。同时在侧壁附近，由于流体内的流速差又引起了漩涡，漩涡扩展到矿流中心，加大了矿流的搅动，使分层受到破坏。这些作用即是由溜槽的侧壁效应所引起的，它对分选是不利的。

圆锥选矿机没有了扇形溜槽的侧壁，将溜槽底面合并起来，形成一个倒立的锥体，它的内表面即是该机的分选面。

圆锥选矿机与扇形溜槽同属于弱紊流斜面流选矿设备，两者的分选机理与操作因素基本相同。

矿浆由上端中心给入分配锥，经分配锥分配，进入分选锥，矿浆从选别锥四周向中间运动，矿浆层厚度逐渐增厚，在干涉沉降和析离的联合作用下，细而重的粒子富集在矿流的底部，由靠近中心的环形缝隙排除，轻产品进入中心管。

粗选锥一般为双层锥，分配锥上有交替开口的分配器，依靠分配器使分配锥的矿浆分成两部分，分别给入双锥的两个分选面。双锥的精矿给到下一层的单锥进行精选，单锥的精矿再进入扇形溜槽得精矿，粗选双锥的尾矿和精选单锥的尾矿给入下层双锥进行扫选。

圆锥选矿机由双层分选锥 D、单层分选锥 S 和一套扇形溜槽 V 组成一个基本单元，然后由几个单元重叠而成(一般由 2 ~ 4 个单元组合)，根据不同需要可形成多种形式的组合，基本组合方案见表 3 – 7。

表 3 – 7 圆锥选矿机基本组合方案

序 号	DSV 系列	DSVSV 系列	混合系列	扇形溜槽系列
1	DSV	DSVSV	2DSVSV、DSV	DSV、2DS6、DSV
2	2DSV	2DSVSV	DSV、2DSVSV	3DS6、DSV
3	3DSV	3DSVSV	2DSV、DSVSV	
4	4DSV			

圆锥选矿机的直径一般为 1.8 ~ 2 m，锥角为 154° ~ 140°，即锥面相对水平的倾角为 13° ~ 20°(常用者 17°)。锥面也可制成曲面的，曲面最陡处的倾角比坡度小处倾角约大 3° ~ 6°。粗选锥与扫选锥结构参数相同，而精选锥要根据重矿物含量、密度、形状等性质专门设计，一般精选锥的坡度要略大一些。

典型的7层圆锥选矿机结构示意图如图3－10所示。

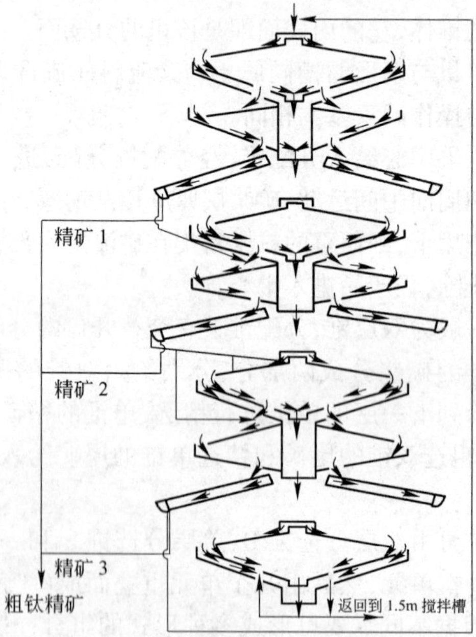

图3－10　圆锥选矿机结构与试验示意图

圆锥选矿机锥体用玻璃钢制成,表面喷耐磨聚氨酯。排矿缝调节件用甲氨基酯制造,调节排矿缝可改变精矿产率。在分配锥上开有入孔和观察孔。7层圆锥选矿机每台机重约1.85 t。

圆锥选矿机给矿浓度60%左右,处理能力达60～90 t/h,选别重矿物一般回收率在90%以上。

在原来圆锥选矿机基础上发展的新圆锥结构进一步完善,规格扩大,直径由原来的2 m增大到3 m,可以通过圆锥选别获得含重矿物95%的精矿,处理能力由100 t/h提高到300 t/h。

新一代圆锥基本单元特点是紧接着双锥的下面不是单锥S,而是两套平行双锥DP。第三层分选锥不仅可排除精矿,还可以同时排除尾矿。由于不存在物料的再混合,可使选别效率大大提高,从而可减少所需的选别段数,在增大直径提高处理能力的情况下,基本不增加设备总高度。由于及早排出了浓度低的尾矿,使以后各段给矿浓度更容易控制。

圆锥选矿机最早在澳大利亚大量应用,主要做海滨砂矿的粗选设备,回收钛铁矿、金红石、锆英石等有用矿物。可用于处理原矿含重矿物0.5%~50%的物料。原矿品位低的砂矿一般可通过圆锥粗选丢尾矿,粗精矿再经多次圆锥选矿机或螺旋选矿机选得粗精矿,再送精选厂处理。对原矿品位高的砂矿采用粗选尾矿再扫选的流程,以减少重矿物在尾矿中的损失。

澳大利亚 Bridgo Hillridgo 选厂是典型的处理低品位的海滨砂矿选厂,其粗选工艺见图3-11。

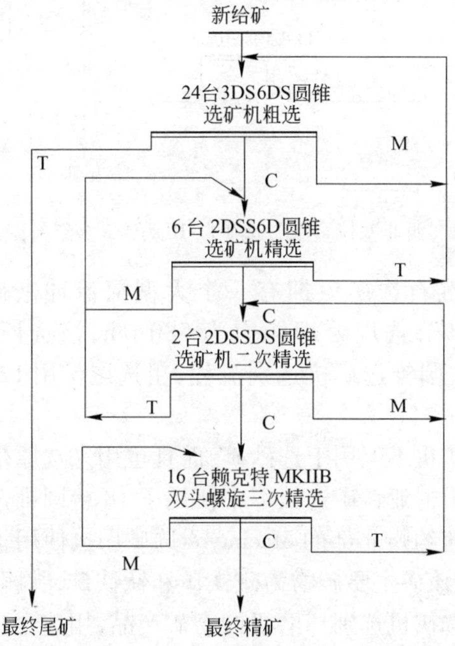

图3-11 澳大利亚矿床公司 Bridgo Hillridgo1700 t/h 选矿厂流程

T—尾矿;M—中矿;C—精矿

以后相继投产的南非里查德湾砂矿选矿厂和西非塞拉金红石选矿厂也大量使用圆锥选矿机，如图3－12所示。

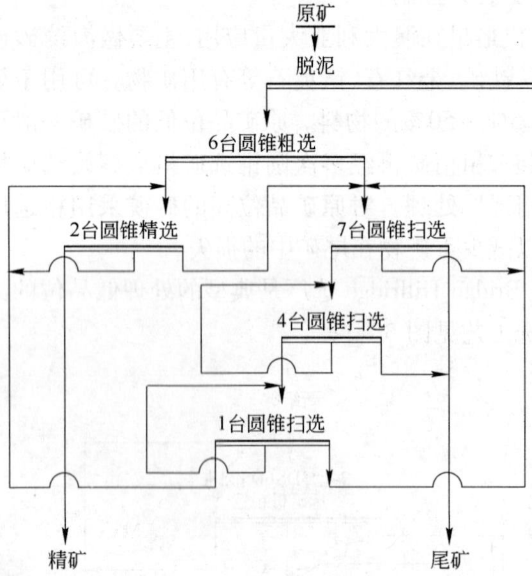

图3－12 西非塞拉金红石选矿厂10万t/a金红石湿选厂流程

塞拉金红石选矿厂拥有一个大型河流冲击矿床，原矿含TiO_2 2%～4%，选厂处理能力为580 t/h，该选厂为浮动式选厂，采用5次圆锥选矿机选别流程，粗选尾矿用12台圆锥选矿机3次扫选。

圆锥选矿机不但用于选砂矿，而且也用来选原生矿中的钛铁矿。挪威泰坦尼亚钛矿选钛厂中使用了18台圆锥选矿机用于粗选段。美国纽约州北部的Macintyre选矿厂也使用了圆锥选矿机做粗选设备，该矿主要矿物为磁铁矿和钛铁矿，脉石矿物为长石。该矿用圆锥选矿机选别棒磨机的磨矿产品，用2台圆锥选矿机可以丢弃产率为10%～20%的尾矿，以减少入球磨的矿量。

除此之外，圆锥选矿机还用来在选铁厂、锡选厂等作粗选设备。

在我国,圆锥选矿机主要用于海滨砂矿选钛铁矿、金红石和锆英石,1982 年在海南乌场钛矿厂首先应用,1986 年在华锡集团公司的车河选矿厂用来选脉锡矿。同时对攀枝花钛矿、齐大山铁矿、福建行洛坑钨矿也进行了圆锥选矿机试验研究,取得了比较好的效果。

海南乌场钛矿是我国海滨砂矿中的主要生产企业,主要回收的有用矿物为钛铁矿和锆英石。1982 年建成了干采干运—移动式选矿厂的采选新工艺,选矿厂是以圆锥选矿机为主体粗选设备的。乌场钛矿厂粗选流程如图 3 - 13 所示,粗选总指标见表 3 - 8。

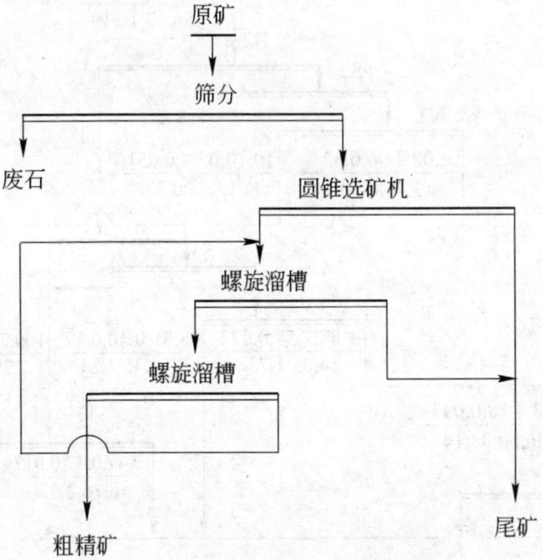

图 3 - 13 乌场钛矿厂粗选流程

表 3 - 8 粗选总指标

产 品	产率/%	品位/%		回收率/%	
		TiO_2	ZrO_2	TiO_2	ZrO_2
粗精矿	1.69	36.29	4.06	84.22	87.45
筛上尾矿	1.53	0.62	0.026	1.80	0.70
圆锥尾矿	90.31	0.108	0.0096	13.42	11.14
螺旋尾矿	6.47	0.12	0.0086	1.06	0.71
合 计	100.00	0.73	0.078	100.00	100.00

圆锥选矿机的结构为7段4层,组合形式为:DS-2DSV-D,其内部各分选作业数质量流程如图3-14所示。

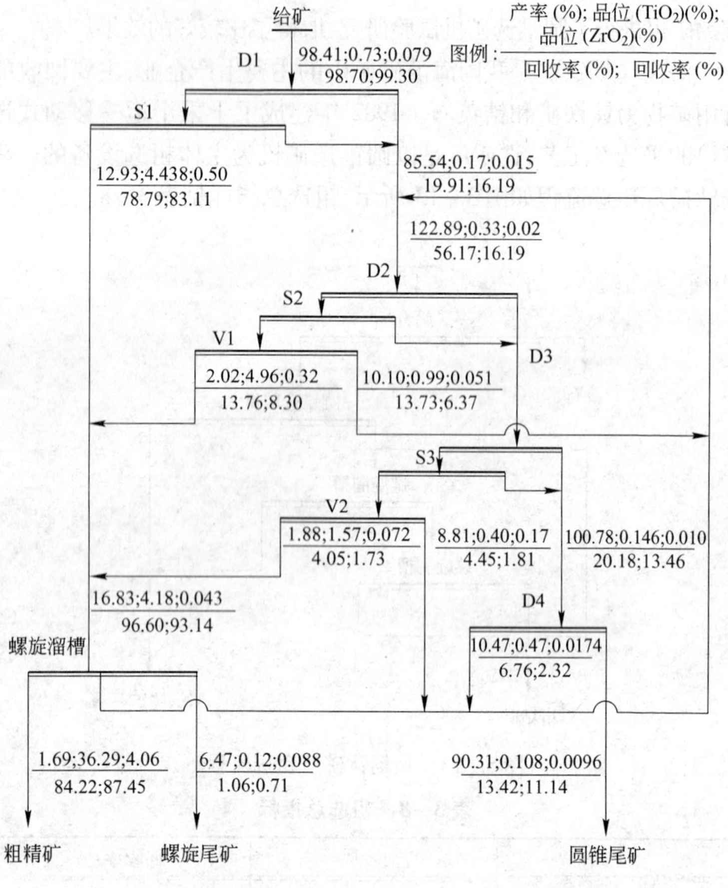

图3-14 圆锥选矿机内部各分选作业数质量流程

D—双锥;S—单锥;V—扇形溜槽

1980年在攀枝花选钛厂以现生产流程的给矿为试料进行了圆锥选矿机的试验,试验时进行了磁选尾矿不分级脱泥和脱泥,以及水力分级机1、2室(0.4~0.1 mm)产品为给矿的对比试验,其分选结果见表3－9。

表3－9 三种物料圆锥选矿结果

物料名称	产品名称	产率/%	品位(以TiO_2计)/%	回收率/%	含泥量/%	给矿量/t·h^{-1}	
						总给矿	新给矿
磁尾不脱泥	精矿	35.35	17.05	63.80			
	尾矿	64.65	5.29	36.20			
	给矿	100.0	9.45	100.0	17.31	64.30	45.01
磁尾脱泥	精矿	27.33	21.10	60.23			
	尾矿	72.67	5.24	39.77			
	给矿	100.0	9.57	100.0	10.0	62.0	43.40
粗粒级(水力分级1、2室产品)	精矿	28.42	21.10	67.47			
	尾矿	71.58	4.04	32.53			
	给矿	100.0	8.89	100.0	3.64	68.70	48.09

从表3－9可以看出，脱泥物料比不脱泥物料分选效果好，粗粒级物料的分选效果更好一些。圆锥选矿机一次粗选富集比为1.8～2.1。圆锥粗选尾矿品位偏高，为此又进行了粗选圆锥精矿进入精选圆锥、粗选尾矿进入扫选圆锥的试验，用脱泥后的磁选尾矿为原料所得的试验结果见表3－10。精选尾矿和扫选精矿可以返回粗选圆锥，但后来的试验证明，该中矿用螺旋选矿机再选指标较好。

表3－10 圆锥精选、扫选结果

作业	产品名称	产率/%		品位(以TiO_2计)/%	回收率/%		选别条件		
							给矿量/t·h^{-1}		给矿浓度/%
		作业	对给矿		作业	对给矿	总给矿	新给矿	
精选	精矿	45.01	11.28	30.16	67.81	36.72			
	尾矿	54.99	13.78	11.72	32.19	17.43			
	合计	100.0	25.06	20.20	100.0	54.15	60.53	42.40	58

续表 3-10

<table>
<tr><td rowspan="3">作业</td><td rowspan="3">产品名称</td><td colspan="2">产率/%</td><td rowspan="3">品位(以 TiO_2 计)/%</td><td colspan="2">回收率/%</td><td colspan="3">选别条件</td></tr>
<tr><td rowspan="2">作业</td><td rowspan="2">对给矿</td><td rowspan="2">作业</td><td rowspan="2">对给矿</td><td colspan="2">给矿量/$t\cdot h^{-1}$</td><td rowspan="2">给矿浓度/%</td></tr>
<tr><td>总给矿</td><td>新给矿</td></tr>
<tr><td rowspan="3">扫选</td><td>精矿</td><td>25.43</td><td>17.48</td><td>10.10</td><td>47.74</td><td>19.06</td><td rowspan="3">60.27</td><td rowspan="3">42.20</td><td rowspan="3">58</td></tr>
<tr><td>尾矿</td><td>74.57</td><td>51.24</td><td>3.77</td><td>52.26</td><td>20.85</td></tr>
<tr><td>合计</td><td>100.0</td><td>68.72</td><td>5.38</td><td>100.0</td><td>39.91</td></tr>
</table>

从选矿成本分析,圆锥选矿机与扇形溜槽都具有优势,与摇床及其他设备相比,由于本身处理能力大,占地面积小,耗电、耗水少,因而经营成本低。

用扇形溜槽选双塔山钛矿中的钛铁矿,扇形溜槽与摇床的经济对比见表 3-11。

表 3-11 双塔山选矿厂应用摇床和扇形溜槽技术经济比较

<table>
<tr><td>项 目</td><td>摇 床</td><td>扇形溜槽</td><td>备 注</td></tr>
<tr><td>机重/t</td><td>36</td><td>0.4</td><td rowspan="9">(1) 同样以处理 25 t/h计;
(2) 摇床为6S 型;
(3) 用水量:摇床为补加水,扇形溜槽为运输产品稀释水</td></tr>
<tr><td>占地/m^2</td><td>400</td><td>20</td></tr>
<tr><td>处理量/$t\cdot(台\cdot h)^{-1}$</td><td>1</td><td>24~32</td></tr>
<tr><td>单位面积处理量/$t\cdot(h\cdot m^2)^{-1}$</td><td>0.05</td><td>1.4</td></tr>
<tr><td>耗电/万 $kW\cdot h\cdot a^{-1}$</td><td>20</td><td>0</td></tr>
<tr><td>耗水/$m^3\cdot h^{-1}$</td><td>100</td><td>10~15</td></tr>
<tr><td>造价/万元·$台^{-1}$</td><td>0.63</td><td>0.6</td></tr>
<tr><td>经营费(水电)/万元·a^{-1}</td><td>17.64</td><td>2</td></tr>
</table>

前苏联也曾用圆锥选矿机和螺旋选矿机及摇床进行了经济对比计算,计算结果见表 3-12。

表 3-12 圆锥选矿机和螺旋选矿机及摇床技术经济比较

项 目	圆锥选矿机	螺旋选矿机	摇 床
单位设备面积的生产能力 $/t\cdot(m^2\cdot h)^{-1}$	1.49	0.650	0.137
单位占地面积的生产能力 $/t\cdot(m^2\cdot h)^{-1}$	0.86	0.37	0.034
每吨砂矿电力消耗 $/kW\cdot h\cdot t^{-1}$			0.834
每吨砂矿水量消耗 $/m^3\cdot t^{-1}$	1.5	3	4

3.1.2.2 螺旋选矿机和螺旋溜槽

A 概述

螺旋选矿机和螺旋溜槽是在斜面流选矿的基础上增加了回转运动,使轻、重矿物在分选面上既受到斜面流的各种作用力,又受到回转运动的离心力作用。

螺旋选矿机和螺旋溜槽结构简单,无运动部件,不用动力,占地面积小。其单位占地面积的处理能力虽然比圆锥选矿机小,但比摇床要大得多。设备维修简便,容易制造。目前已广泛用于选钛矿、钨矿、锡矿、钽铌矿和铁矿等。

螺旋选矿机和螺旋溜槽的分选原理相同,两者的差异就在于分选断面形状不同。螺旋选矿机的分选断面一般为复合曲线或椭圆形,而螺旋溜槽的断面为立方抛物线形。

试验结果表明,螺旋选矿机在处理 2~0.2 mm 物料时,分选结果略好于螺旋溜槽,而处理 0.2~0.037 mm 粒级物料时,螺旋溜槽略好于螺旋选矿机的分选指标。

螺旋选矿机的分选圈数一般为 4~6 圈,当处理给矿中重矿物含量高的物料时(重矿物含量(质量分数)大于 10%),在螺旋面的内缘可设 2~4 个精矿截取器,处理重矿物含量少的物料时,一般只在设备的排矿端设精矿、中矿和尾矿截取器。螺旋溜槽一般不设中间截取器。

螺旋选矿机和螺旋溜槽一般作重选厂的粗选设备,在选海滨砂矿时，常用来作圆锥选矿机的精矿的精选设备。当选厂规模小时，可用螺旋选矿机作粗、精选设备。

螺旋的材质有铸铁、玻璃钢和聚氨酯。

用于选原生钛铁矿的铸铁型的螺旋选矿机有 FLX－1 型及 XZLD－广型两种螺旋选矿机。FLX－1 型螺旋选矿机的外形如图 3－15 所示。FLX－1 型及 XZLD－广型螺旋选矿机的特性见表 3－13。

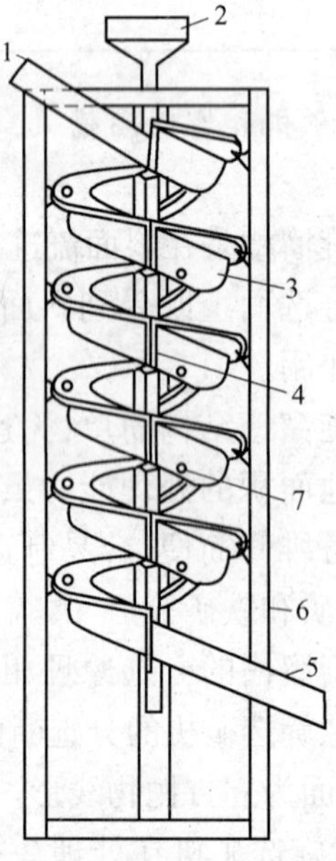

图 3－15 FLX－1 型螺旋选矿机的外形

1—给矿槽；2—冲洗水导槽；3—螺旋槽；4—连接法兰盘；5—尾矿槽；6—机架；7—精矿管

表 3－13 螺旋选矿机的技术特性

型　号	分选槽横断面几何形状	直径/mm	螺距/mm	圈数	截矿孔个数	有效分选粒度/mm	生产能力/t·h^{-1}	给矿浓度/%
FLX－1	复合椭圆	600	360	5	15	2～0.04	1～2	10～35
XZLD－广	单椭圆	600	360	5	15	2～0.074	0.5～1	10～25

广州有色金属研究院在澳大利亚螺旋选矿机的基础上,根据我国矿产资源的特点进行改进,研制出了新型螺旋选矿机,并在攀枝花钛矿进行了工业应用试验,取得了满意的结果。

新的 GL－600 型螺旋选矿机的外形结构如图 3－16 所示。广州有色金属研究院的 GL 螺旋选矿机技术参数见表 3－14。

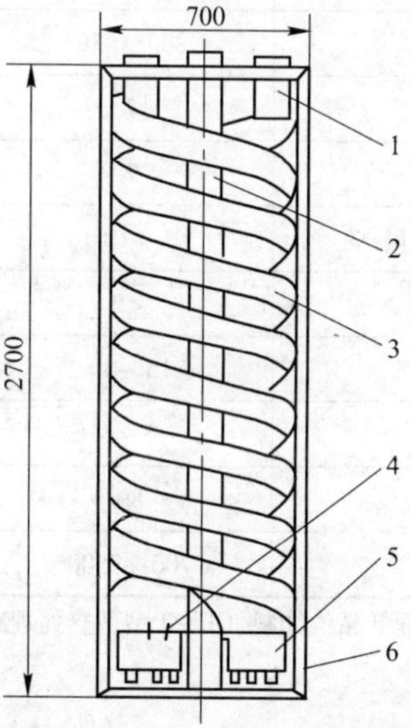

图 3－16 GL－600 型螺旋选矿机的外形结构

1—给矿斗；2—中心管；3—螺旋槽；4—截矿器；5—接矿斗；6—机架

GL－2 型螺旋选矿机主要由给矿斗、中心管、螺旋溜槽、截矿器、接矿斗、机架六部分组成。该设备螺距与直径之比为 0.4~0.6,这有助于提高生产能力,同时也提高了选别性能。螺旋的断面是一复合曲线,由多种曲线的槽面组成,内侧坡度较小而外侧坡度较大,并分别在第二、第四、第五圈处设有精矿截取器,在每经过一次精矿截取器截取精矿后,其余部分矿浆要经过一个比较窄的断面,使矿浆重新混合,并把外缘的部分水挡入内圈中,使进入尾矿区的重矿物有更多的机会进入精矿中去。此外,该设备的螺距是变化的,从第一圈开始逐渐变大,到第三圈又变小,第四圈再次变大。这样使矿浆在槽面上处于变速运动之中,有利于分带。

表 3-14　GL 螺旋选矿机技术参数

项　目	GL-2 型	GL-1 型
直径/mm	$\phi600$	$\phi600$
螺距/mm	380~430	380~430
圈　数	7	4~6
每台头数	2	2
给矿中允许重矿物含量/%	>10	<10
给矿粒度/mm	<2	<2
给矿浓度/%	15~40	15~40
给矿量/$t \cdot h^{-1}$	2~4	1.5~4
机重/kg	80	65
外形尺寸/mm	700×3500	700×2000

注: GL-1 型适合处理低品位物料,GL-2 型适合处理高品位物料。

B　分选原理

a　液流在螺旋槽内的流动特性

液流在螺旋槽内存在两种流动,一种是沿螺旋槽的纵向回转运动;另一种是溜槽断面上的环流运动,又称二次环流,如图 3-17 所示。

二次环流产生的原因是在离心力作用下,表面液流由于线速度大,因而受到的离心力也大,在大的离心力作用下,表面液流被甩向槽边缘,而底层液流的流速小,离心力作用小,受重力影响较大,倾向于向内缘运动。

在槽面半径不同处,水层厚度和平均流速不同,越向外缘水层越厚,流动速度越快。当给入水量增大时,湿周会向外扩展。随着流速的变化,液流在螺旋槽表现为两种流态,靠近内缘近于层流,外缘为紊流。

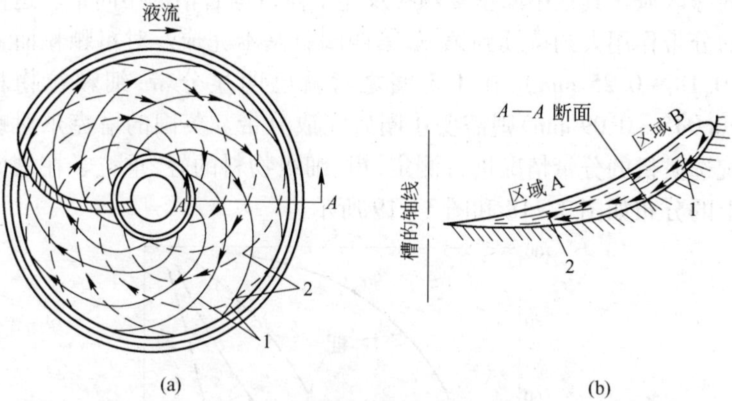

图 3－17 螺旋内的液流流动特性
(a) 俯视；(b) A—A 视图
1—上层水流运动轨迹(实线)；2—下层水流运动轨迹(虚线)

b 不同密度颗粒在螺旋槽内分选

矿浆中不同密度颗粒在螺旋槽上的运动过程中，由于作用力的大小和方向不同，产生了纵向和横向的相对运动，从而实现分选。颗粒在螺旋槽内的松散分层过程与一般弱紊流斜面流中一样，粒群在沿槽底运动过程中，大密度颗粒进入底层，小密度颗粒进入上层，大约在第一圈之后就完成分层。

分层后，形成了以重物料为主的下部流动层和以轻物料为主的上部流动层。下层颗粒密集度大，又与槽面接触，因此运动阻力也大。处于上部颗粒则相反，所受运动阻力较小。这样就增大了上下层间的速度差。小密度颗粒位于纵向流速高的上层液流中，因而有较大的惯性离心力，同时横向环流又给与它们方向向外的流体动力作用，这两者合力超过颗粒的重力分力和摩擦力，这样小密度颗粒就向槽的外缘移动。大密度颗粒处于纵向流速较低的下层液流内，因此具有较小的惯性离心力，而颗粒的重力分力和横向环流则给与它们方向向内的流体动力作用，后两项力超过颗粒的惯性离心力和摩擦力，推动大密度颗粒向槽的内侧移动并富集于内缘区域。其他中间密度颗粒及连生体占据着槽的中间带。这样的分带作用大约持续到第三、第四圈就基本完成。对粗颗粒而言(0.18 ~ 0.25 mm),在 1.5 圈之后就已明显分带;细颗粒物料(0.045 ~0.09 mm)则需要 4 圈后完成分带。英国的塔克尔对螺旋选矿机的分带情况进行测定,粗、细级物料的轻、重粒子在槽面上的分布如图 3 - 18 和图 3 - 19 所示。

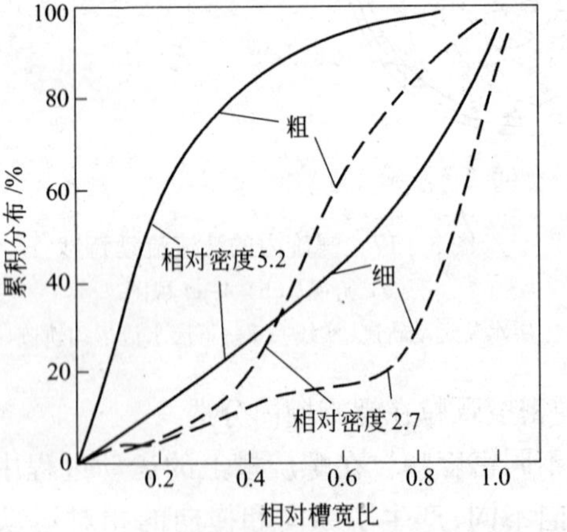

图 3 - 18　在 1.5 圈之后粗、细粒在槽面上的分布

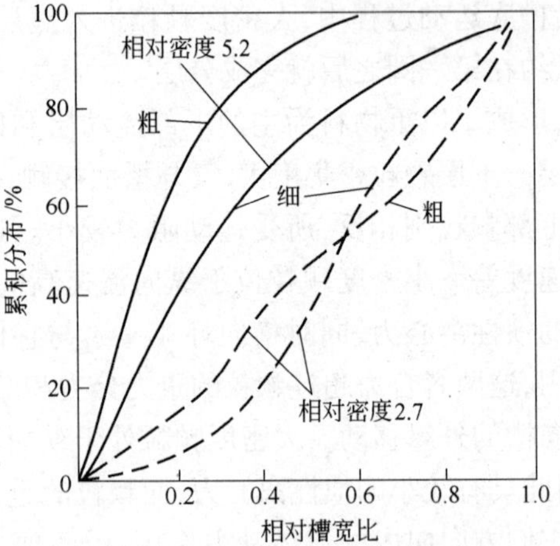

图 3 - 19　在 4 圈之后粗、细粒的轻重矿物在槽面上的分布

C 螺旋选矿机主要设备参数和操作参数对分选指标的影响

a 螺旋槽直径

螺旋槽直径的大小直接影响螺旋选矿机的处理能力。一般来说,处理量与螺旋槽直径的平方成正比。

我国生产制造的螺旋选矿机和螺旋溜槽的槽面直径主要有ϕ600 mm、ϕ900 mm、ϕ1200 mm 及 ϕ1500 mm 等规格。其中螺旋选矿机槽面多数为 ϕ600 mm。

虽然大规格设备的处理能力大,但随着直径的变大,矿浆所受离心作用力将减小,离心力小时,不利于细粒的回收。

当处理含泥少的粗粒物料时(>0.2 mm),矿粒主要集中在靠内缘的窄的区域内,因而增大直径来提高处理能力的效果并不理想。因此澳大利亚和欧洲国家生产的螺旋选矿机直径多数为 ϕ600 mm。

处理中、细粒物料可选择 ϕ600 ~ 1200 mm 各规格设备。直径越大,高度也越高,损失的高度差大。

b 螺距

螺旋槽的螺距或纵向倾角对螺旋选矿机的选矿过程有重大影响。为了使矿浆在螺旋选矿机中能顺利地实现无压输送,并保证良好的选别条件,螺旋槽就必须有相应的螺距或纵向倾角。通常用螺距与外径之比值来表示这一参数。螺距与直径比值一般为0.45 ~0.75 之间。当处理粗物料时,应选用大值,否则物料会在槽面上堆集,使分选受到破坏。当处理细物料时,为降低矿浆流动的紊流度,螺距与直径的比值可适当取小值。

c 处理量

螺旋选矿机的处理量在一定范围内波动时,对分选过程和分选指标影响不大,但处理量超出一定范围时,就会破坏它的分选过程,从而会影响其选别效果,因此对螺旋选矿机的给矿一定要控制给矿量的稳定。

螺旋选矿机处理量的大小主要取决于螺旋槽的直径和入选物料的粒度。

处理量与螺旋槽的直径的平方成正比,与入选物料粒度的一次方成正比。处理量同时与入选物料的密度、形状以及分选难易度有关。

有人提出了计算螺旋选矿机的经验公式：

$$Q = \frac{3}{R}\delta D^2 \bar{d}\, n \qquad (3-5)$$

式中　Q——处理量；

R——液固比；

δ——物料密度；

D——螺旋直径；

$\bar{d}$——入料平均粒度；

n——头数。

由此可见，按式 3－5 计算的处理量偏小，建议用最大粒度（d_{95}），这样更接近实际。单头螺旋选矿机处理量的经验数字见表 3－15。

表 3－15　单头螺旋选矿机处理量的经验数字　　(t/h)

最大粒度/mm	ϕ600 mm	ϕ900 mm	ϕ1200 mm
1	1. 5	3. 37	
0. 8	0. 8 ~ 1. 2	1. 8 ~ 2. 7	3. 2 ~ 4. 8
0. 6	0. 6 ~ 0. 8	1. 35 ~ 1. 8	2. 4 ~ 3. 2
0. 4	0. 4 ~ 0. 45	0. 9 ~ 1. 0	1. 6 ~ 1. 8
0. 2	0. 2 ~ 0. 3	0. 45 ~ 0. 7	0. 8 ~ 1. 2
0. 1	0. 15 ~ 0. 2	0. 35 ~ 0. 45	0. 6 ~ 0. 8

当入选物料的粒度范围较窄或入选物料的密度较大时，可适当加大处理量。

D　螺旋选矿机在生产中的应用

攀枝花选钛厂原生产流程中是把选铁的尾矿经脱泥后，又经水力分级机将物料分成粗、细两级，粗粒级进 ϕ600 mm 铸铁螺旋选矿机选，细粒级采用 ϕ1200 mm 螺旋溜槽选。

1993年对粗粒级进行了GL－2型螺旋选矿机试验，入选物料粒度为0.4～0.1 mm，其中含TiO_2 8%～14%（质量分数），给矿品位和浓度波动都比较大。在生产上进行了给矿浓度和给矿量的条件试验，试验结果分别见表3－16和表3－17。

表3－16 给矿浓度试验结果

给矿浓度/%	产品	产率/%	品位（以TiO_2计）/%	回收率/%
24.45	精矿	12.81	31.93	48.35
	中矿	26.89	9.43	29.98
	尾矿	60.30	3.04	21.67
	给矿	100.00	8.46	100.00
35.00	精矿	14.53	30.56	50.72
	中矿	27.36	8.67	27.10
	尾矿	58.11	3.34	22.18
	给矿	100.00	8.75	100.00
40.01	精矿	25.89	32.12	60.10
	中矿	14.60	14.25	14.99
	尾矿	59.41	5.82	24.91
	给矿	100.00	13.88	100.00

表3－17 给矿量试验结果

给矿量/t·(h·台)$^{-1}$	产品	产率/%	品位（以TiO_2计）/%	回收率/%
3.08	精矿	22.78	29.04	63.84
	中矿	25.79	6.37	15.85
	尾矿	51.43	4.09	20.31
	给矿	100.00	10.36	100.00
3.5	精矿	23.29	28.50	63.58
	中矿	24.46	7.32	17.15
	尾矿	52.25	3.85	19.27
	给矿	100.00	10.44	100.00

续表 3－17

给矿量 /t·(h·台)$^{-1}$	产　品	产率/%	品位(以 TiO_2 计) /%	回收率/%
3.8	精　矿	19.50	35.74	58.37
	中　矿	11.17	13.22	12.37
	尾　矿	69.33	5.04	29.26
	给　矿	100.00	11.94	100.00

从表 3－16 和表 3－17 的结果看，给矿浓度偏大些时，对回收率并无大的影响，反而能增大处理能力。处理能力过大，达到 3.8 t/(h·台)时，指标有所下降，给矿量应保持在 3.5 t/(h·台)以下。

用 GL－2 型螺旋选矿机与 ϕ600 mm 铸铁螺旋选矿机进行了工业对比试验，试验结果见表 3－18。

表 3－18　两种螺旋选矿机对比试验结果

设　备	处理量 /t·(h·台)$^{-1}$	产品	产率/%	品位(以 TiO_2 计) /%	回收率/%
GL－2 型螺旋选矿机	3.8	精矿	21.28	29.03	65.67
		尾矿	78.72	4.10	34.33
		给矿	100.00	9.41	100.00
铸铁螺旋选矿机	0.66	精矿	19.87	25.31	52.62
		尾矿	80.13	5.65	47.38
		给矿	100.00	9.56	100.00

对比试验结果表明，GL－2 型螺旋选矿机的精矿品位、回收率和处理能力比铸铁螺旋选矿机分别提高了 3.72%、13.05% 和 3.14 t/(h·台)。

1993 年，攀枝花进行了选铁尾矿脱泥后不分级直接用 GL－2 型螺旋选矿机选钛的工业试验，试验流程如图 3－20 所示。

工业生产中 12 个班的平均指标为：当处理能力为 2.78 t/h，给矿含 TiO_2 10.85%(质量分数)，粗精矿含 TiO_2 28.14%(质量分数),回收率为56.60%。

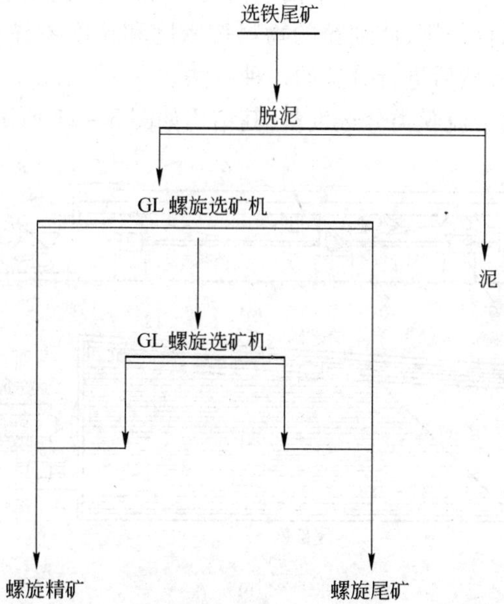

图3-20 GL螺旋选矿机粗选流程

3.1.2.3 摇床

摇床是选别中细粒矿石应用最普遍的重选设备之一,它的入选粒度为0.037~2 mm,广泛地应用于钨、锡、钽铌、钛、锆等矿石的选矿。

摇床的突出优点是:

(1)富集比高(可达数百倍);

(2)经一次选别可以得到高品位精矿和丢弃尾矿;

(3)可以同时接取多个产品;

(4)不同密度的矿物在床面上分带明显,易于接取。

摇床的缺点是:单位面积的处理能力低,占用的厂房面积大。大的选矿厂常用摇床来作精选设备,小的选矿厂可直接作粗、精选设备。

A　摇床的结构和分选原理

摇床是在一个倾斜的平面上借助床面的不对称往复运动和薄层水流的综合作用,使细粒的物料按密度和粒度差异在床面上形成扇形分布,然后进行分选的一种方法。

摇床属于流膜类分选设备,其结构如图3－21所示。

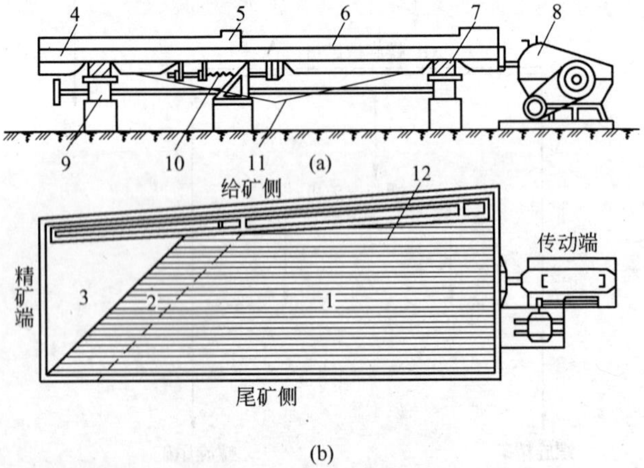

图3－21　摇床示意图

(a) 平视图;(b) 俯视图

1—粗选区;2—复选区;3—精选区;4—床面;5—给水槽;6—给矿槽;7—支撑;8—床头;9—调坡机构;10—弹簧;11—张力线;12—床条

与其他平面溜槽相比,摇床具有两个特征:一是沿床面纵向设置了床条或刻槽;二是床面做往复不对称运动。在空间上,床条的设置使矿粒形成多层分布,在摇动力的作用和水流越过床条所产生旋涡的脉动速度作用下,矿粒按密度进行分层,密度大的颗粒处于底层,密度小的颗粒处于上层。床面不对称运动不仅使颗粒获得运动的惯性力,同时也为床层的松散创造了条件。

位于床条底部大密度矿粒与床面间摩擦力大,而受到水流的横向推动力较小,因而在纵向的移动速度大而受水的冲力较小。小密度矿粒则相反,它在水流运动方向的移动速度大,而在纵向的移动速度小。密度大矿粒移动速度合速度方向偏离纵向的倾角小,趋向于重矿物端，小密度矿粒的移动合速度方向偏离纵向的倾角大,趋向于轻矿物端。

据介绍,锡石、黑钨矿等重矿物的纵向移动速度为 2 ~4 cm/s，钛铁矿、磁铁矿、黄铁矿等中等密度矿物的纵向移动速度为 1.8 ~ 2.1 cm/s，而石英等轻矿物的纵向移动速度则为 1.7 ~2 cm/s。它们的横向运动速度差异则与此相反,重矿物约 0.7 cm/s，中间密度矿物为 1 cm/s，而轻矿物则是 1.15 ~1.2 cm/s。颗粒的纵向和横向运动速度不同,决定了它们的最终方向也不相同,颗粒的运动方向与床面纵轴夹角用 β 表示,称为偏离角。其关系为:

$$\tan\beta = \frac{v_y}{v_x} \tag{3-6}$$

式中 v_y——矿粒的横向运动速度；

v_x——矿粒的纵向运动速度。

显然可见,轻矿物的偏离角将大于重矿物,而同一密度的矿物，粗粒的偏离角又要大于细颗粒,这样一来不同密度和粒度的颗粒便在床面上呈扇形展开,这样就形成了扇形分带,如图 3 - 22 所示。

应当指出的是,中间产物带主要是中间密度矿物、连生体、粗粒重矿物和细粒轻矿物。粗粒重矿物因粒度大,受横向水冲力也大,粒度小的轻矿物虽然纵向移动速度较小,但受横向冲力也小，因此横向移动速度也小。所以粗颗粒重矿物与细颗粒轻矿物往往具有相似的运动轨迹,共存与摇床中矿中。

根据所处理物种粒度的不同,可采用不同高度的床条及床条

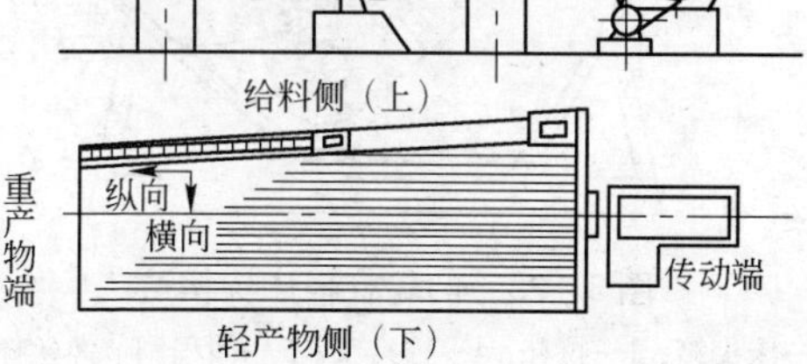

(a)

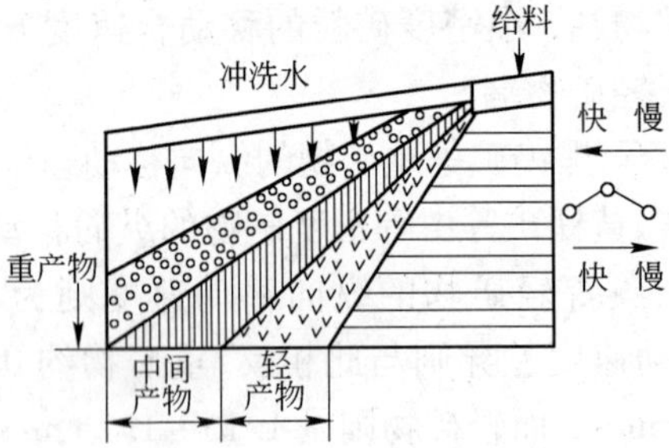

(b)

图 3－22　摇床分选及其床面上物料按密度扇形分带示意图

（a）摇床分选；（b）床面上物料按密度扇形分带

形状和床条布置。一般粒度越粗，床条高度越大。

依入选粒度的大小，云锡式摇床床面可分粗砂、细砂、矿泥、微细泥等四种床面。6S 摇床床面分为砂矿和细泥两种床面。

摇床床头是摇床的重要组成部分，它的运动特性直接影响矿粒群的分层及矿粒纵向运动速度。

云锡式摇床使用凸轮杠杆床头其构造如图 3－23 所示。

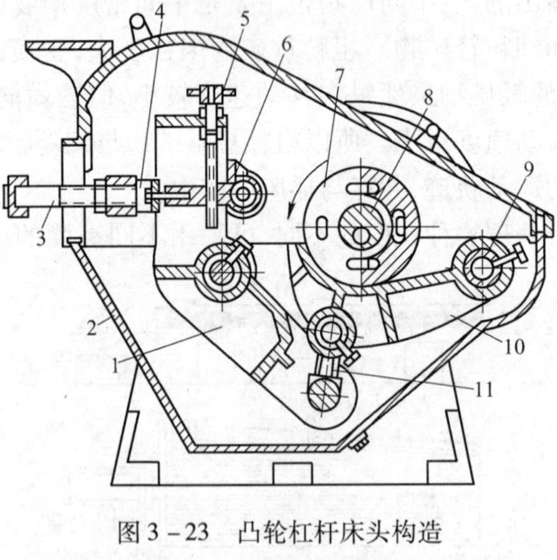

图 3－23　凸轮杠杆床头构造

1—摇臂；2—床头箱；3—拉杆；4—连接叉；5—冲程调节螺丝杆；6—丁字头
7—滚轮；8—传动偏心轴；9—台板偏心轴；10—台板；11—卡子

凸轮杠杆床头主要由传动偏心轮、台板、卡子和摇臂四个零件组成。当传动偏心轴转动时,滚轮也同时做自由旋转(滚轮转得很慢),并紧压台板,台板绕台板偏心轴做上下运动,由卡子将台板的运动传给绕定轴做左右摆动的摇臂,摇臂的臂通过丁字头、连接叉和拉杆与床面相连接。当传动偏心轴向下运动时,床面后退,床面下边的弹簧被压缩。当传动偏心轮向上运动时,床面下被压缩的弹簧伸开,床面前进。调节冲程调节螺丝杆,可使丁字头上下移动,改变床面冲程的大小。整个机构都封闭在铸铁箱内,箱内下半部装有机油。

床头运动特性是影响摇床分选的主要因素。床头运动特性的好坏主要决定于在床面后退行程的初期是否有较大的加速度。表示床头运动特性的曲线是位移曲线、速度曲线和加速度曲线。

凸轮杠杆床头所产生的运动特性是不对称的,其不对称的程度可用不对称系数 E_1 和 E_2 来表示。

冲程的前半段和后半段所需的时间不同,即床面前进时,冲程的前半段时间长,后半段时间短;床面后退时,冲程的前半段时间短,后半段时间长。因此不对称系数 E_1 为:

$$E_1 = \frac{\text{前进的前半段所需的时间} + \text{后退的后半段所需的时间}}{\text{前进的后半段所需的时间} + \text{后退的前半段所需的时间}} \tag{3-7}$$

图 3-24 所示为凸轮杠杆床头的位移曲线,CG 为床面冲程的

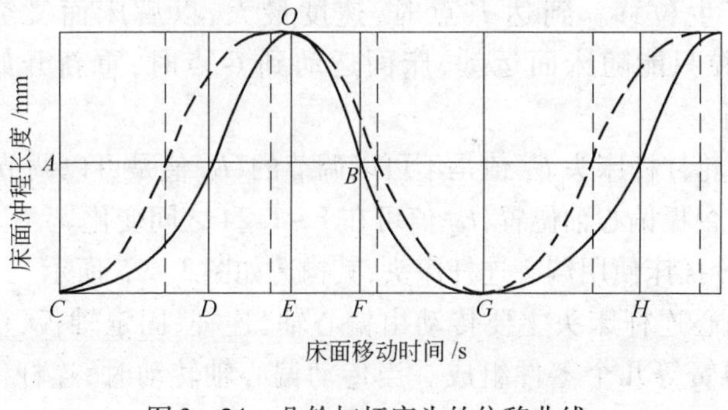

图 3-24 凸轮杠杆床头的位移曲线

一个周期。在图3－24中，不对称系数 E_1 为：

$$E_1=\frac{CD+FG}{DE+EF}=\frac{FH}{DF}=1.88$$

冲程的前进与后退所需的时间不同，即前进时间长，后退时间短。因此不对称系数 E_2 为：

$$E_2=\frac{\text{前进所需的时间}}{\text{后退所需的时间}} \tag{3-8}$$

在图3－24中，不对称系数 E_2 为：

$$E_2=\frac{CD+DE}{EF+FG}=\frac{CE}{EG}=1.01\sim1.24$$

在图3－24中可以看出：E_1 和 E_2 的值越大，EF 均越小。

E_1 和 E_2 两个不对称系数，E_1 是主要的，E_2 是在 E_1 的基础上形成的，即使位移曲线点 O 向右边偏移，使曲线 OB 进一步变陡，也就是后退行程初期的加速度进一步提高。当 $E_1=1.88$ 和 $E_2=1$ 时，其曲线可满足选别粗粒级的需要；当 $E_1=1.88$ 和 $E_2=1.24$ 时，其曲线对选别细粒级较为合适。

从图3－24中还可以看到，大密度的矿粒在床面上从零速的 C 点开始随床面加速前进，到达 D 点时，速度最大。此时床面突然减速，矿粒在强烈的惯性力作用下，沿床面以原速度向前移动。当床面达 E 点时，速度减为零，并迅速以巨大的加速度向后退回。此时矿粒与床面相对加速度更大。矿粒与床面继续产生位移。到达 F 点时，速度最大，以后床面又突然减速，矿粒只能随床面运动，床面运动到 G 点时，重新开始另一个周期。

凸轮杠杆床头 E_1 值是不可以调节的，E_2 值是可以调节的，通过调整台板偏心轴位置，E_2 值可在1～1.24之间变化。

6S摇床使用偏心连杆床头，其构造如图3－25所示。

偏心连杆床头主要传动由偏心轴、连杆、固定轴板、活动肘板和弹簧等几个零件组成。当传动偏心轴转动时，连杆做上下运动。由于肘板座是固定不动的，所以当连杆向下运动时，在肘板的作用下,床面后退,弹簧受到压缩。当连杆向上运动时,弹簧伸开,床面前进。调节冲程是借手轮上下移动肘板座,即用改变两轴板间的夹角来实现的。冲程的变化范围为10～30 mm。

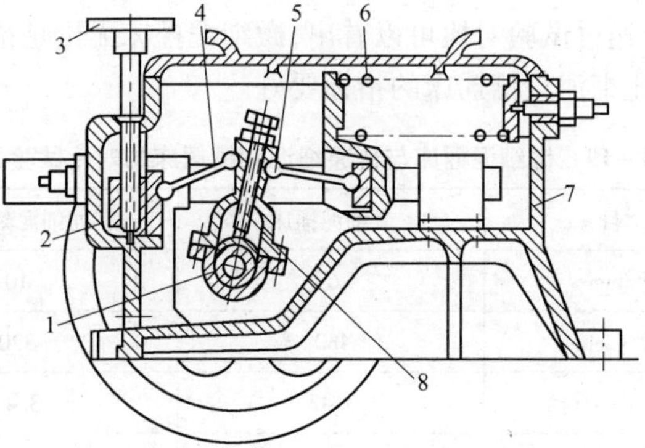

图3－25 偏心连杆床头

1—传动偏心轴;2—肘板座;3—手轮;4—固定肘板;5—活动肘板;6—弹簧;7—床头箱;8—连杆

偏心连杆床头产生的运动特性是不对称的,其不对称系数 E_1 值与凸轮杠杆床头接近,但其 E_2 值只为1左右。

凸轮杠杆床头的运动具有方向性,如图3－23所示,而偏心连杆床头的运动无方向性。

实践证明,凸轮杠杆床头适合处理小于0.2 mm的细粒物料,而偏心连杆床头适合处理大于0.2 mm的粗粒物料。

一般摇床的回收粒度下限为37 μm,选小于37 μm粒级物料时分选指标很差。云南锡业公司研制的YT－CF微细泥摇床对微细泥物料有比较好的分选效果。

YT－CF摇床的床面为浅而细的沟槽,沟槽槽底的纵向坡度为0.16%～0.24%,几乎接近水平。为了有效回收微细物料中的有用矿物,床头的运动特性为高冲次、小冲程。冲次为480～520

次/min,冲程为5~7 mm,这样既保证微细泥物料不会因冲程过大而增加紊流度,从而克服了细泥中有用重矿物难以沉入沟底的缺点,同时由于采用高冲次,又能使微细粒物向前运动的速度加快,有利于细粒重矿物的回收。

微细泥摇床与普通细泥刻槽摇床的对比试验结果见表3-19。通过试验对比可以看出,微细泥摇床无论是精矿品位和回收率都比细泥刻槽摇床的指标要好。

表3-19 微细泥摇床与普通细泥刻槽摇床的对比试验结果

项目	微细泥摇床	普通细泥刻槽摇床
冲程/mm	6	10
冲次/次·min^{-1}	480	320
处理量/t·(d·台)$^{-1}$	3.42	3.41
冲洗水量/t·(d·台)$^{-1}$	4.5~5	20~25
给矿品位(Sn)/%	0.384	0.387
精矿品位(Sn)/%	25.16	19.75
回收率/%	45.34	22.25

B 影响摇床分选效果的主要因素

a 给矿量

给矿量(当给矿浓度一定时,则表现为给矿的体积)应有一个合理的范围。当给矿量过大时,矿浆在床面上的横向流速过快,一些细粒重矿物没有足够的时间沉入床条间的底层或沟槽底部,而是直接损失于尾矿中,从而降低摇床的回收率。给矿量过小时,则精矿带较窄,易波动,难以控制。

给矿量与给矿粒度密切相关。处理粗粒级物料,给矿量大;处理细粒级物料,给矿量要小。用于中矿再选或精选的摇床的给矿量要小于粗选摇床的给矿量。

生产型摇床合适的给矿量为:粗砂(2~0.5 mm)0.8~1.5 t/h;

细砂(0.5～0.074 mm)0.4～0.8 t/h;细泥(0.074～0.037 mm)0.2～0.4 t/h;微细泥 (0.037～0.019 mm)0.06～0.2 t/h。

b 冲程和冲次

冲程和冲次是摇床操作的重要参数。它影响着床面的速度和加速度,影响着床面上粒群的松散度,特别是冲程。冲程过小,矿粒群不松散,矿粒在床面沟槽内沉积,破坏了粒群的分层。反之,冲程过大,矿粒群太松散,矿粒沿横向移动速度过快,粒群来不及分层就会被运走。松散度可通过冲程×冲次值的大小来衡量。冲程和冲次是互相配合使用的,一般粗砂床面采用大冲程、小冲次,细砂床面采用小冲程、大冲次。

处理不同粒度物料时摇床合理的冲程和冲次数见表3－20。

表3－20 处理不同粒级物料时摇床合理的冲程和冲次数

种 类	入选粒度/mm	冲程/mm	冲次/次·min^{-1}
粗 砂	2～0.5	20～35	270～290
细 砂	0.5～0.074	11～16	290～320
细 泥	0.074～0.037	8～11	320～360
微细泥	0.037～0.019	5～7	480～520

C 风力摇床

在干旱缺水地区,可以用风力摇床分选不同密度的矿物。在海滨砂矿的精选厂中,风力摇床往往用于干选作业的最后精选,可以代替湿式摇床,可避免精选作业中干湿交替增加的热能损耗。

风力摇床的示意图如图3－26所示。

风力摇床由床面、传动机构及风室三个主要部分组成。床面和风室之间采用胶板软连接,床面用弹簧板支撑在风室之上。床面为一采用木条做成格子的框架,上面铺以编织布,用钉子固定在木条上。框架格子间距为30～35 mm,木条厚度为15 mm,床面长为1.5～2 m,宽0.7～1 m。床面下的风室分为3～4个室,每个室有一个平板形的六叶片鼓风机。各室风机由一个马达通过公用轴带动。风室两侧各有一个插板,通过手柄控制螺杆改变插板位置来调节风量。风室外侧进风口装有滤布,将进入风机空气进行过滤。风力摇床采用偏心摇动机构,该机构装在风室上由电机带动。床面工作时,纵横向均有一定坡度,纵向坡度较小。风力摇床给矿粒度要求均匀,工作风压约 4000 Pa(即 30 mm Hg),处理能力为 0.5 ~1 t/(h·台)。

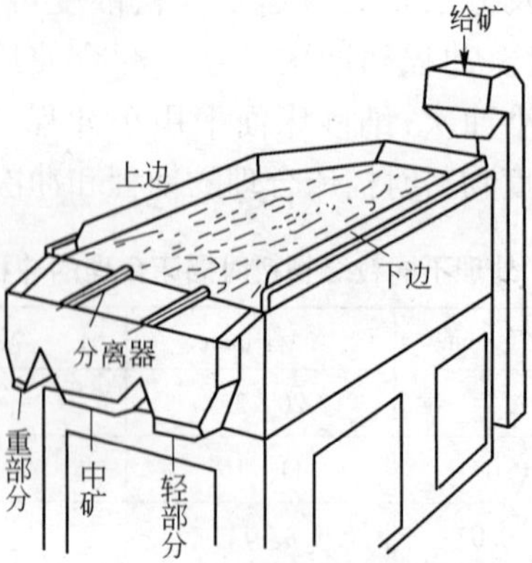

图 3-26　风力摇床的示意图

3.1.2.4　分级和脱泥

分级是将粒度不同的混合物按粒度或按在介质中的沉降速度不同分成若干粒度级别的过程。

各种重选设备都有适合自身分选特性的粒度范围,因此在重选之前先将宽级别物料分成若干级别的窄粒度级别是必要的。

根据分级的原理,分级方式主要有筛分分级和水力分级等方式。

分级设备种类很多,各自的性能和适应的分离粒度范围也不同。表 3-21 中列出了几种主要分级设备所适用的分离粒度。

表 3－21　主要分级设备适应的分离粒度

<table>
<tr><td>分离粒度/mm</td><td>>1</td><td>0.8</td><td>0.4</td><td>0.2</td><td>0.074</td><td>0.037</td><td>0.019</td></tr>
<tr><td rowspan="6">分级设备</td><td colspan="2">振动筛
圆筒筛</td><td></td><td></td><td></td><td></td><td></td></tr>
<tr><td></td><td colspan="3">高频振动细筛</td><td></td><td></td><td></td></tr>
<tr><td></td><td colspan="4">水力分级机</td><td></td><td></td></tr>
<tr><td></td><td></td><td colspan="3">螺旋分级机</td><td></td><td></td></tr>
<tr><td></td><td></td><td></td><td colspan="4">水力旋流器</td></tr>
<tr><td></td><td></td><td></td><td></td><td></td><td colspan="2">斜板分级机
斜管分级机
浓　泥　斗</td></tr>
</table>

分级的原理比较简单,筛分分级就是将粒度不同的混合物料通过单层或多层筛网分成若干个级别的过程;水力分级是利用颗粒在液体介质流中沉降的速度差或运动轨迹的不同进行分级的过程。

下面就选钛厂常用的几种分级设备进行介绍。

A　振动筛和圆筒筛

振动筛和圆筒筛是处理量大且简单的筛分设备,它的适用范围较宽,但随着筛网尺寸的变小,其处理能力也大幅下降,所以在生产上多用于处理分离粒度大于 1 mm 的物料分级作业。在选钛厂,无论是海滨砂矿选钛厂还是原生矿选钛厂,常用振动筛或圆筒筛来去除大于 1 mm 的粗粒度废石、杂草等废弃物。

B　高频振动细筛

当分离粒度比较细(0.2 ~ 1 mm)时,普通振动筛的筛分效率和生产能力都降低。20 世纪 70 年代后,开始研制并使用了高频振动细筛作为细粒物料的分级设备。

高频振动细筛是采用高频率、小振幅的振动方式。这种振动方式的作用是:

(1) 破坏矿浆表面的张力和微细粒物料黏附在粗颗粒的黏附力,降低细粒物料之间因分子吸引力和静电引力所形成的团聚力,有利于物料松散、分层,可促使小于分离粒度的物料分离、透筛;

(2) 由于物料在筛面上高速振动,加速了小于分离粒度颗粒,特别是密度大的有用矿粒的析离作用，增加了它们与筛面接触和透筛的概率，加快了筛分速度；

（3）减少和防止筛孔堵塞，提高筛分效率。

现有的主要高频振动细筛有：长沙矿冶研究院研制的 GPS-900-3 型高频振动细筛、东北大学和沈阳矿山机械厂共同研制的 GPS-800×1680 型高频振动细筛、广州有色金属研究院研制的 GYX 型系列高频振动细筛。

广州有色金属研究院研制的 GYX 型高频振动细筛是在美国德瑞克高频细筛的基础上研制成功的。美国德瑞克细筛在江西宜春钽铌矿中应用，筛分效果很好，但该细筛的电机润滑系统采用稀油润滑，辅助设施比较复杂。广州有色金属研究院的高频细筛除在设备结构上有所改进外，主要把稀油润滑改成甘油润滑，简化了设备结构。

广州有色金属研究院制造的 GYX31-1207 型高频振动细筛的结构示意图如图 3－27 所示。

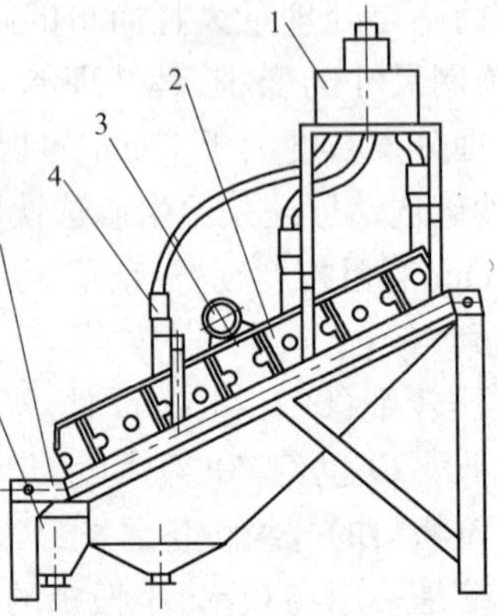

图 3－27　GYX31-1207 型高频振动细筛的结构示意图

1—分矿器；2—筛框；3—高频振动电动机；4—给矿斗；5—机架；6—收集斗

该机具有处理能力大、电机性能好、寿命长的特点，分三路给矿，采用三层筛网重叠在一起，每层筛网的筛孔尺寸和安装松紧度都不同,避免了筛孔堵塞。它能把砂浆均匀地分配在三个筛面上,使用更换筛网的专用工具更换筛网方便快捷。

广州有色金属研究院生产的 GYX 系列高频振动细筛的技术参数见表 3-22。

表 3-22 GYX 系列高频振动细筛的技术参数

型 号	GYX11-1010	GYX31-1207	GYX21-1210
振动次数/次 · min^{-1}	2880	2880	2880
单振幅/mm	0.3	0.3	0.3
激振力/N	0~10000	0~20000	0~20000
分离粒度/mm	≥0.04	≥0.04	≥0.04
筛面坡度/(°)	0~30	0~30	0~30
筛分面积/m^2	1.1	2.6	2.5
电动机功率/kW	1.0	2.0	2.0
机重/t	0.9	1.5	1.5
外形尺寸(长×宽×高)/mm×mm×mm	1407×1492×1680	2771×1692×3094	2874×1692×3153

该细筛于2003 年在河北承德黑山铁矿的选铁厂和选钛厂用于生产,提高了铁精矿品位,保证了选钛厂的入选粒度。

在实践中发现,矿浆在高频细筛上经过长度 600~800 mm 的距离的筛分就基本上完成了筛分过程,随筛网长度的变长,由于没有水存在,筛分实际上已经停止。

美国德瑞克公司研制的新一代高频细筛就是在为了增加筛网宽度的思路上形成的。新的组合式高频细筛由 5 个筛板组成。每个筛板宽 1.2 m,两个振动器为 5 路重叠式高频细筛提供动力,振动器功率为 3.73 kW。两个振动器产生直线运动,使该筛具有良好的振动特性,专门设计的给矿箱可将薄而均匀的矿浆给入筛面,在直线振动力作用下可加速运动,该加速运动提高了分级效果。

组合重叠式高频细筛的示意图如图 3-28 所示。

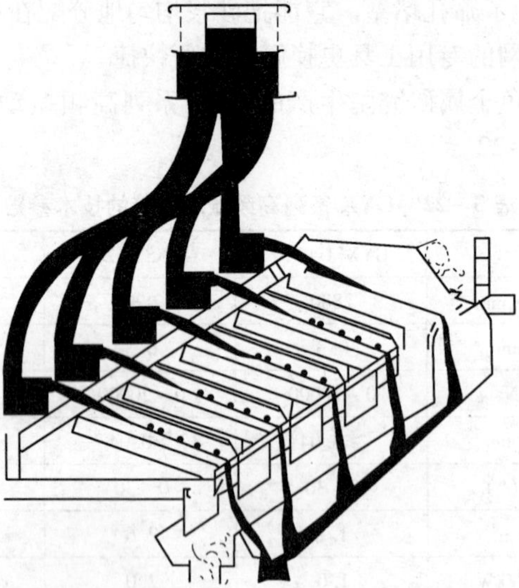

图 3-28　组合重叠式高频细筛的示意图

C　水力分级机

水力分级机是在介质流动方向与颗粒沉降方向相反的垂直流中进行的。当颗粒的沉降末速 v_0 大于上升介质流速 u 时，颗粒在介质中下沉；当颗粒沉降末速 v_0 小于上升介质流速时，颗粒在介质中上升，从上端溢出，称为溢流。我国常用四室机械搅拌干涉沉降水力分级机的结构示意图如图 3-29 所示。

矿浆从左方给入最小的一个分级箱，受到最大的上升水流的作用，分离出沉降速度最大的颗粒，其余矿浆至下一箱，第二分级箱的上升水流速度小于第一分级箱，使分离出沉降速度较小的颗粒，以此类推可分离出粒度递减的几个级别。

水力分级机的给矿粒度最大为 2~3 mm，但由于粒度粗时容易造成沉砂管堵塞，所以水力分级机常用来对小于 0.8 mm 的物料进行分级。

水力分级机的优点是设备比较简单，矿物按等降比进行分级，在每一级产品中，一般重矿物粒度要比轻矿物粒度细，在流膜重选选矿设备中，这种粒度组成对重选有利。

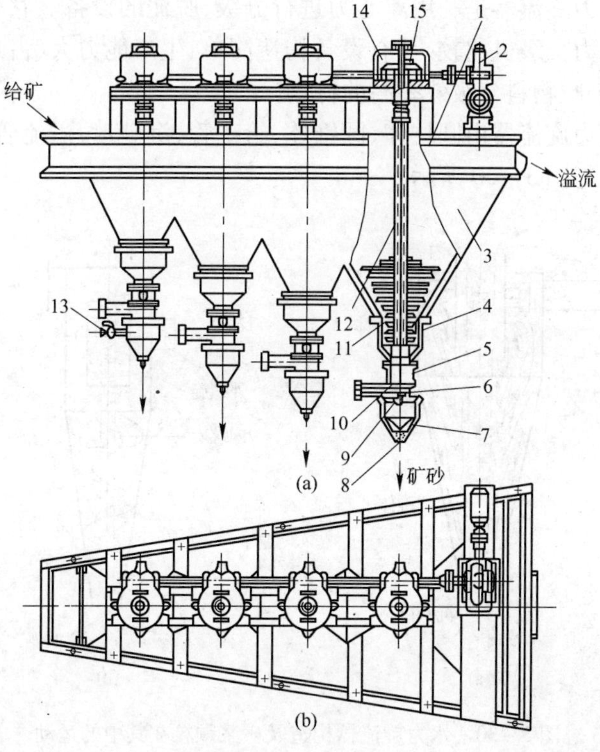

图 3-29　四室机械搅拌干涉沉降水力分级机的结构示意图

(a) 平视图；(b) 俯视图

1—梯形槽；2—传动装置；3—角锥形箱体；4—搅拌室；5—分级室；6—压力水室；7—受料器；8—卸料口；9—锥形阀；10—连杆；11—叶片搅拌器；12—垂直真空轴；13—气门；14—涡轮；15—凸轮机构

但这种分级机用水量较大，沉砂浓度较低，而且当上升水压发生变化、沉砂口大小变化时，容易堵塞沉砂口，从而恶化了后续的分选设备的给矿条件，对分选不利。另外，该设备的分级效率比较低，往往会产生粗中夹细、细级别带有粗粒物料的现象。

D　水力旋流器

水力旋流器在选矿厂中主要用来分级、浓缩和脱泥，在选钛厂中主要用来对选铁尾矿浓缩和脱泥。

水力旋流器是利用离心力进行分级、脱泥的设备。它与重力沉降水力分级机比较,具有设备构造简单、生产能力大、占地面积小、对细粒物料分级效率高的特点。

水力旋流器由圆柱体、圆锥体、给矿管、沉砂口、溢流管组成,其构造如图 3－30 所示。

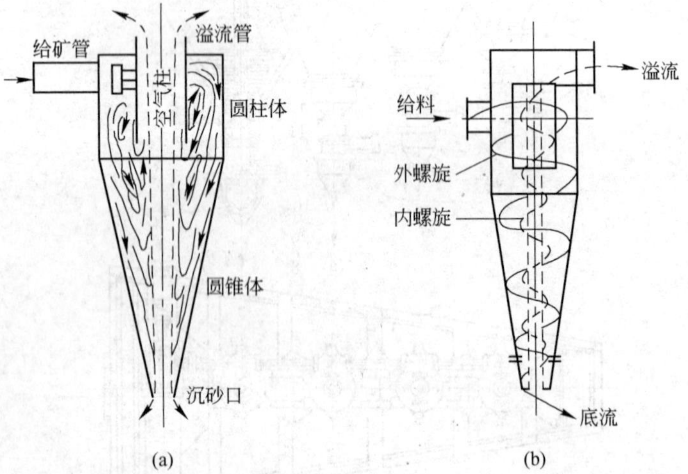

图 3－30　水力旋流器构造及矿浆颗粒在其中的运动

(a) 水力旋流器构造;(b) 矿浆颗粒在其中的运动

当矿浆以一定压力从给矿管以切线方向压入旋流器后,在旋流器内形成高速的旋转运动,此时产生大的离心力。在离心力的作用下,较粗的颗粒被抛向旋流器的筒壁,以螺旋线的轨迹向下运动,由沉砂口排出,较细的颗粒及大部分水由溢流管排出。

水力旋流器的主要参数为:

(1) 旋流器直径。旋流器直径的大小决定着分离粒度和处理能力。当给矿压力不变时,旋流器的处理能力随直径的增大而增大。旋流器的体积生产能力为:

$$Q = kDD_3\sqrt{gp} \tag{3-9}$$

式中 Q——生产能力,L/min;

D——旋流器直径,cm;

D_3——旋流器溢流管直径,cm;

p——给矿压力,kg/cm^2($1\ kg/cm^2=98\ kPa$);

g——重力加速度,为$9.8\ m/s^2$;

k——与旋流器溢流管及旋流器直径之比有关的系数。

随着旋流器直径变大,矿浆在设备中的离心力减小,分离粒度也随之变粗。旋流器的分离粒度为:

$$d=2.6\sqrt{\frac{DD_3}{D_1p^{0.5}(\rho_T-\rho_n)}} \quad (3-10)$$

式中 d——分离粒度,μm;

D_1——旋流器给矿管直径,cm;

ρ_T——矿石密度,g/cm^3;

ρ_n——矿浆密度,g/cm^3。

(2) 给矿口直径(D_1)。给矿口过大或过小,其分级效率都不好。当给矿粒度较粗、给矿压力较低时,给矿口与旋流器直径的比值以0.16~0.2为宜;当给矿粒度较细、给矿压力较高时,给矿口与旋流器直径的比值以0.14~0.16为宜。实际应用中,各种不同规格的旋流器直径一般是固定的。

(3) 溢流管直径(D_3)。溢流管直径的大小主要影响溢流产品的质量和处理能力。当溢流管直径增大时,则处理能力增大,溢流的产率增加,粒度变粗,同时沉砂产品浓度增高,沉砂中细级别含量减少。溢流管直径变小则相反。

(4) 沉砂口直径(D_2)。沉砂口直径在生产中是可调节因素。沉砂口减小,则沉砂量减少,浓度增高,细粒含量减少,溢流粒度变粗。沉砂口增大则相反。沉砂口增大或减少对处理能力影响不大。

(5) 给矿压力(p)。给矿压力是决定旋流器分级、脱泥效率的重要因素。在相同直径的旋流器中,给矿压力大小的变化直接影响矿浆在旋流器中运动离心力的大小,从而影响旋流器的分离粒度和分级效率。表3-23列出了旋流器进口压力和分离粒度的一般关系,同时分离粒度与水力旋流器直径密切相关,见式3-10,因此需要综合考虑。

表3-23 旋流器进口压力和分离粒度的一般关系

分离粒度/mm	0.3	0.21	0.15	0.1	0.074	0.037	0.019	0.01
进口压力/kPa ($kg \cdot cm^{-2}$)	39.2 ~ 78.4 (0.4 ~ 0.8)	49.0 ~ 98.0 (0.5 ~ 1.0)	58.8 ~ 117.6 (0.6 ~ 1.2)	78.4 ~ 137.2 (0.8 ~ 1.4)	98.0 ~ 147.0 (1.0 ~ 1.5)	117.6 ~ 166.6 (1.2 ~ 1.7)	147.0 ~ 196.0 (1.5 ~ 2.0)	196.0 ~ 245.0 (2 ~ 2.5)

当其他条件不变时,增大给矿压力则处理能力增加,溢流粒度变细,沉砂产率增加,沉砂浓度增高,沉砂中细粒级含量减少,脱泥分级效率提高。但压力不能过大,因为过大既消耗动力,又增加旋流器的磨损。

在生产实践中重要的是保持旋流器的压力恒定,不能进空气,如果压力不稳定,则旋流器的工作受到破坏。

选矿厂中使用的各种旋流器的技术条件见表3-24。

表3-24 各种旋流器的技术条件

分离粒度/mm	0.10	0.10	0.074	0.037	0.037	0.019	0.010
使用厂矿	广东某矿	广西某矿	云南某矿	广西某矿	云南某矿	云南某矿	云南某矿
用　途	分级	分级	分级	分级	分级	脱泥	脱泥
旋流器直径/mm	750	610	500	400	250	125	75
给矿口形状和尺寸/mm	矩形、300×150	矩形、230×140	矩形、120×65	矩形、75×75	矩形、30×70	矩形、30×15	矩形、9×15
给矿口等值直径/mm	240	200	100	85	50	24	13
沉砂口直径/mm	150 ~ 200	80	30 ~ 50	28 ~ 32	20 ~ 30	10 ~ 14	6 ~ 8
溢流口直径/mm	275	250	150	131 ~ 200	75	32	17
圆柱体高度/mm	500	551	300	440 ~ 227	250	200	100
溢流管插入深度/mm	400	370	200	120 ~ 150	170	100	70

续表 3-24

分离粒度/mm	0.10	0.10	0.074	0.037	0.037	0.019	0.010
圆锥角/(°)	60	60	30	20、40、60	20	15	15
给矿压力 /kPa(kg·cm^{-2})	27.44~33.32 (0.28~0.34)	29.4~39.2 (0.3~0.4)	49.0~68.6 (0.5~0.7)	39.2~78.4 (0.4~0.8)	68.6~78.4 (0.7~0.8)	147.0~245.0 (1.5~2.5)	196.0~235.2 (2~2.4)
给矿粒度/mm	<6	<3	<6	<0.15	<0.074	<0.074	<0.074
给矿浓度/%	15~20	约10	10~15	8~10	8~10	5~10	5~8
沉砂浓度/%	25~32	约50	40~55	25~35	40~50	40~50	23~27
溢流浓度/%	3~8		8~12	约2	5~7	3~8	3~6
给矿中负粒级含量(质量分数)/%	19~24	70~80	60~80	60~65	33~48	50~80	60~70
沉砂中负粒级含量(质量分数)/%	7~9	12~20	20~30	15~18	10~20	15~20	20~30
溢流中负粒级含量(质量分数)/%	76~77	95~98	95~98	>99	86~92	94~98	94~97
沉砂质量产率/%	83~87		20~35	40~46	49~50	15~40	35~40
溢流质量产率/%	17~13		65~80	54~60	50~51	60~85	60~65
分级或脱泥效率/%	65~66	70~80	80~85	82~88	65~70	80~85	70~75
生产能力 /m^3·(台·日)$^{-1}$	7200~9600	4800~5300	2200~2500	960~1440	600~700	250~380	80~90

由长沙矿冶研究院和攀钢钛业公司共同研制的 CZI-100-7 型高效旋流器组具有处理能力大、给矿压力要求小、浓缩分级效果好的特点。当给矿浓度为4%时,其旋流器沉砂的浓度达到35%以上,沉砂中大于0.01 mm 粒级的作业回收率达到95%以上,完全适用于微细粒级钛铁矿的浓缩和分级。但 CZI-100-7 型高效旋流器价格较高。

E 斜板和斜管浓缩分级机

根据浅槽沉降理论发展起来的多层倾斜浓密机可以在很大程度上解决重力沉降浓缩设备占地面积大的缺陷。1956 年由德国

Humbolt 公司首先推出倾斜沉降槽，以后不断完善充实，形成了新的倾斜浓密箱。倾斜浓密箱的沉降原理，即矿浆中固液分离过程如图 3 - 31 所示。

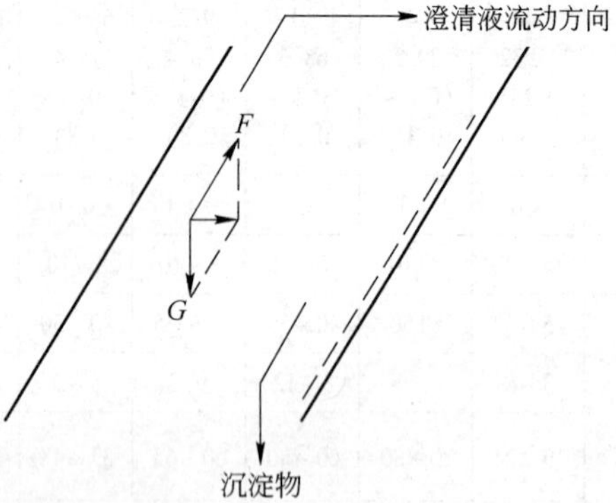

图 3 - 31　矿浆中固液分离过程

矿浆由给矿槽给入，然后从倾斜板下部两侧的进料口进入倾斜板之间，矿粒在流体推动力 F 和自身重力 G（实际为重力和浮力）作用下移向板面，形成浓矿浆层，并沿倾斜板向下流动，澄清水向上流动经强制出口有压排出。

根据这一原理 Sala 公司实现了在普通浓密机中加斜板技术，使设备能力提高了 2 ~ 3 倍。

倾斜浓缩技术的关键之一是板的材料，国外早已解决这一技术难题。由国外引进的斜板浓缩机是聚丙烯（PP）基工程塑料压制而成的。昆明冶金研究所也已解决了这一难题，并获得专利，可生产 ϕ12 ~ 20 m 的加斜板浓密机。

一般原生矿的选钛作业是利用选铁的尾矿进行的，选铁尾矿一般矿浆量大，浓度低，在选钛之前要浓缩脱泥。为了减少占地面积，近年来开始用斜板浓密机来取代原来的浓密设备。

1999 年昆明冶金研究所在攀枝花选钛厂安装了 2 台 KMLF-63/150 型斜板浓密机，对选钛厂给料，按 63 μm 分级兼浓密，有效沉降总面积为 150 m^2/（h · 台），增效值 5 倍。后来在承德黑山铁矿选钛厂也应用了斜板浓密机，分级浓密效果较好。

斜管浓密机和斜板浓密机一样，都是在浅层沉降理论基础上发展起来的高效浓密设备。在一般浓密机中，流体的运动方向为三维空间，斜板浓密机为二维空间，而在斜管浓密机中，流体运动几乎为一维空间，因此和斜板浓密机相比，斜管浓密机进一步减少了水力半径，降低了雷诺数，增加了水流的稳定性，因而具有更高的沉降效率，比普通浓密机提高3～10倍。

唐山煤炭研究分院和广州有色金属研究院分别研制出GXN－25 m^2 斜管浓密机和FNX浓密箱。

斜管的截面为六边形，彼此相连成蜂窝状，管径为25 mm、35 mm和50 mm，斜管长度为0.6～1 m之间，斜角为55°～65°。

3.2 磁选法

在钛选矿中，磁选法是常用的选矿方法之一。在选钛过程中，常常用弱磁场磁选机先选出强磁性矿物，如钛磁铁矿、磁铁矿等；用强磁选机来选钛铁矿。在金红石原生矿中，常用强磁选法来除掉褐铁矿、赤铁矿、钛铁矿等杂质矿物。在海滨砂矿的选矿中，根据矿物的磁性可以改变磁选机的磁场强度，分别选出钛铁矿、磁铁矿、独居石等有用矿物。因此，磁选法在钛的选矿中应用得比较广泛。

3.2.1 矿物的磁性

磁选工艺是借助矿物在外磁场作用下依照不同矿物的磁化强度的不同来实现分选的。

矿粒在非均匀磁场中所受的磁力大小主要取决于矿物本身磁性、磁感应强度、磁场梯度和物料粒度。

当磁场一定时，矿粒的比磁化率越大，矿粒所受的磁力越大。

矿粒比磁化率常用比磁化系数来表示。比磁化系数 $X > 600 \times 10^{-6}\ cm^3/g$ 为强磁性矿物；$15 \times 10^{-6}\ cm^3/g < X < 600 \times 10^{-6}\ cm^3/g$ 为弱磁性矿物；$X < 15 \times 10^{-6}\ cm^3/g$ 为非磁性矿物。X 为负值时为抗磁性矿物。选钛工艺中常见的矿物的比磁化系数值及被磁选时

所需的磁场强度见表 3 – 25。

表 3 – 25　选钛工艺中常见的矿物的比磁化系数值及被磁选时所需的磁感应强度

矿　物	比磁化系数/$cm^3 \cdot g^{-1}$	所需磁感应强度/T
磁铁矿	9200×10^{-6}	0.01 ~ 0.02
钛磁铁矿	7300×10^{-6}	0.01 ~ 0.03
金红石	12.3×10^{-6}	1.9 ~ 2.5
白钛石		0.5 ~ 2.5
板钛石		1.5
锐钛石		1.5 ~ 2.5
榍　石	49.07×10^{-6}	0.9 ~ 1.7
赤铁矿	176×10^{-6}	0.25 ~ 0.35
褐铁矿	165×10^{-6}	0.5 ~ 1.1
锆英石	0.79×10^{-6}	>2.5
独居石	$(17 \times 10^{-6}) \sim (20 \times 10^{-6})$	0.6 ~ 0.85
磷钇矿		0.4 ~ 0.6
钛辉石	100×10^{-6}	0.28 ~ 0.82
蛇纹石	18.6×10^{-6}	1.5
绿泥石	66×10^{-6}	0.6 ~ 0.8
电气石	19.38×10^{-6}	1.2 ~ 1.8
角闪石	25×10^{-6}	0.8 ~ 1.2
石　英	-0.36×10^{-6}	>2.5
长　石	14×10^{-6}	>2
黑云母	54×10^{-6}	0.4 ~ 0.6
白云母	2.96×10^{-6}	>2

应该指出，不同矿床中的同一种矿物，有时会因表面受铁污染或因矿物本身含有数量不等的铁，表现出来的比磁化系数和磁性也有很大差异，另外由于矿物在生成过程中的条件不同，结晶构造不同，也会引起磁性的差异。

各种磁性矿物和非磁性矿物的比磁化系数的规定,特别是弱磁性矿物与非磁性矿物的界线规定,不是极其严格的,非磁性矿物随磁选技术的发展会不断降低其界线。所以磁性分类只是大致的分类。

3.2.2 磁选过程

物料进入磁选机的非均匀磁场中,颗粒同时受到磁力和阻力的作用,其阻力为重力、运动惯性力和摩擦力的合力。对于磁性较强的颗粒,磁力超过阻力;对于磁性较弱或非磁性颗粒,磁力弱于阻力;两者合力决定了颗粒的运动轨迹。磁力占优势的颗粒成为磁性产品;阻力占优势的颗粒成为非磁性产品。

半逆流型永磁筒式磁选机如图 3－32 所示,干式强磁选机示意图如图 3－33 所示。当物料给入靠近磁极的区域时,磁性较强的颗粒受磁极的吸引被吸附在磁极上或紧靠磁极的圆筒上或者聚磁介质上,进入磁性产品中;磁性较弱的矿粒由于阻力作用则不能

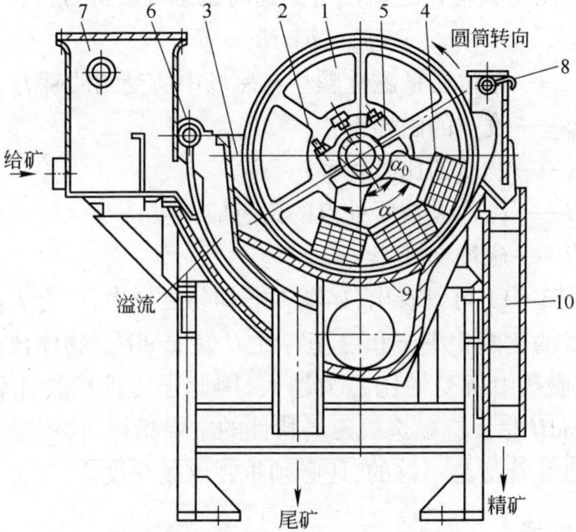

图 3－32 半逆流型永磁筒式磁选机

1—圆筒;2—磁系;3—槽体;4—磁导板;5—支架;6—吹散水管;7—给矿箱;8—卸矿水管;9—底板;10—精矿槽

吸附，随矿浆流或给料运输带进入非磁性产品中。

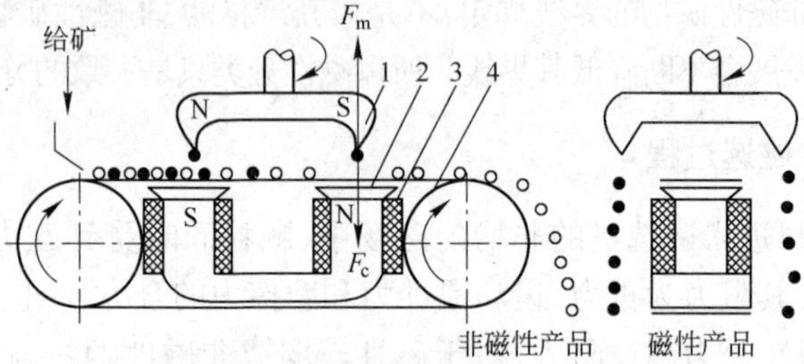

图 3 – 33 干式强磁选机示意图

1—分选圆盘；2—电磁铁；3—激磁线圈；4—给料皮带

3.2.3 磁力

磁性颗粒进入磁场中被磁化成磁偶极子，磁偶极子只有在非均匀磁场中才会受到磁力作用，磁力方向指向磁场增高的方向。因此磁选只能在非均匀磁场中实现。

某一磁性颗粒在磁场中所受到的磁力可表示为：

$$f_m = u_0 x H \mathrm{grad} H \tag{3-11}$$

式中 f_m——单位质量磁性颗粒在磁场中所受到的磁力；

u_0——真空的磁导率；

x——物质的比磁化率；

H——磁性颗粒所处点的磁感应强度；

$\mathrm{grad}H$——磁场梯度。

由式 3 – 11 可以看出，矿粒在非均匀磁场中，磁力大小取决于物料本身的比磁化率 x 和磁场特性 H 及 $\mathrm{grad}H$。物体比磁化系数越大，在磁场中所受的比磁力越大，因此强磁性矿物比较容易分选。$H\mathrm{grad}H$ 是反应磁选机磁场特性的主要指标，仅用磁感应强度来表示磁性特征是不够的，还必须重视磁场梯度。

3.2.4 磁场

磁选机的种类繁多，其磁场类型大致可分为三种，即开放磁系磁场、闭合磁系磁场和磁介质磁场。这三种磁场的特性有较大差别，分别适应不同磁性物料的分选。磁场特性是指磁场的大小及空间分布规律。

3.2.4.1 *开放磁系磁场*

大多数弱磁场磁选设备采用开放磁系。如选矿厂用来选强磁性矿物磁铁矿、钛磁铁矿的弱磁场筒式磁选机。

筒式磁选机的磁极的极性是N极和S极交替排列的，圆筒磁选机磁系排列如图3－34所示。

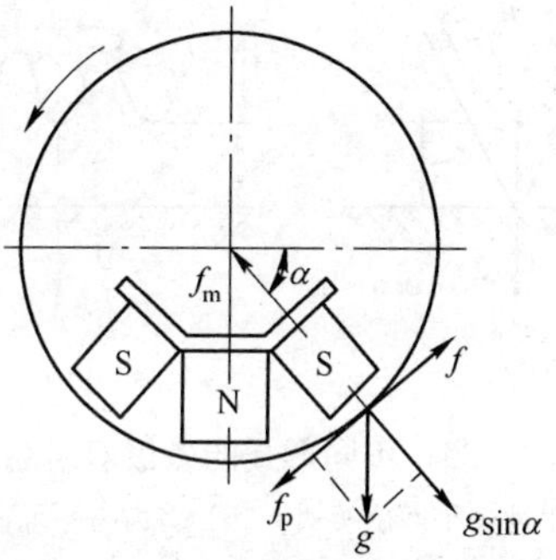

图3－34 圆筒磁选机磁系排列

开放磁系中的磁场力，即：

$$H\mathrm{grad}H = H_0^2\frac{\pi}{L}\mathrm{e}^{-2\frac{\pi}{L}y} \tag{3-12}$$

式中 H_0——磁极表面的场强；

L——磁极距；

e——自然对数的底；

y——距离磁极面的法向距离。

从式3－12可以看出，随着y值的增加，磁感应强度和磁场梯度都呈指数下降。磁极距L大时，下降的速率小一些，即大磁距的磁系的磁场磁力作用深一些。

一般用圆筒磁选机分选大粒物料时，需要较大的磁场磁力深度，磁距应大一些。处理细粒物料时，料层厚度小，距离可以小一些。

3.2.4.2 *闭合磁场磁系*

大多数强磁场磁选机是采用闭合磁系。如海滨砂矿精选厂使用的双盘或单盘干式强磁选机的磁系都采用闭合磁场磁系。

闭合磁系的特点是异性磁极面对面排列，极距小，即空气隙小、磁阻小，因而极间磁感应强度高。为了产生磁场梯度，常将闭合磁系的感应磁极做成不同形状的齿形极，与对应的平面磁极或凹槽磁极构成不同形式的磁极对，如图 3－35 所示。这些不同形式的磁极适用于不同类型的强磁选机。

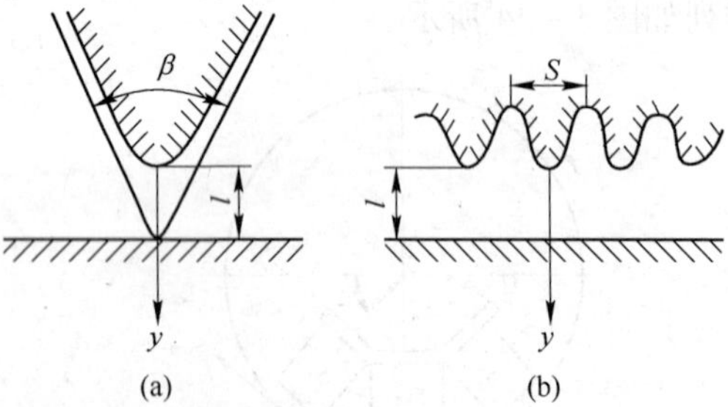

图 3－35　不同形式的磁极对示意图
（a）单齿—平面磁极对；（b）多齿—平面磁极对

3.2.4.3　*磁介质磁场*

无论是开放磁场磁系还是闭合磁场磁系，这两种磁系的磁选机的缺点是选别空间小，捕获磁性颗粒的捕收点少，处理能力较低，而且一般只能分选粒度较粗的物料，在 20 世纪 60 年代后，分选细粒弱磁性物料的湿式强磁选机有了很大发展，主要是较大磁场空间内充填一定形状的磁性介质，磁化后的磁介质在其表面产生大的磁感应强度（B）和较大的磁场梯度，磁介质的形状主要有齿板、钢球、棒条、钢板网和钢毛等。

高梯度磁场形成过程示意图如图 3－36 所示。

在均匀磁场中放入磁性金属棒时，金属棒在磁场中被磁化，也会激发一个磁场，如图 3－36 中（b）所示。在靠近原磁场 N 极一边磁化为 S 极，而靠近 S 极一边磁化为 N 极。

加入金属棒后使原来的均匀磁场发生变化，磁力线发生变形，把尽可能多的磁力线拉近了金属棒，使金属棒上下表面附近磁场削弱，而靠近外加磁场两极的左右两边磁场大大加强。也就是在金属棒表面附近形成了一个高场强、高梯度的磁场区域。

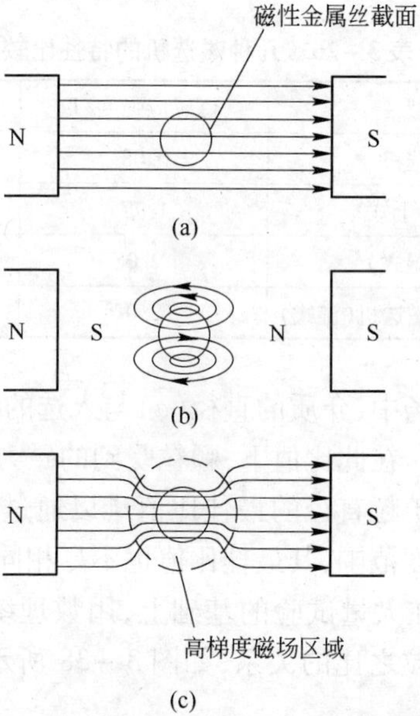

图 3-36 高梯度磁场形成过程示意图

在磁场中添加磁性介质后,磁感应强度的变化如图 3-37 所示。

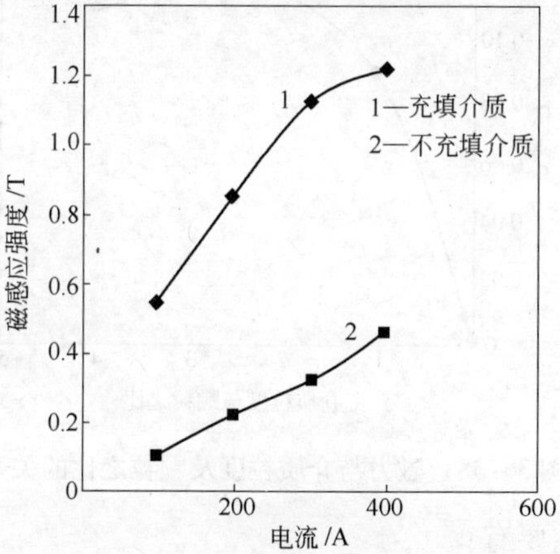

图 3-37 充填介质与不充填介质的磁感应强度与电流的关系

加入磁介质后,不但磁感应强度增强,而且磁场梯度也大大增强,见表3-26。

表3-26 几种磁选机的特性比较

磁选机类型	磁感应强度/T	磁场梯度/T·cm⁻¹
永磁筒式磁选机	0.08	0.05
双盘强磁选机(干式)	1.77	1.97
琼斯磁选机(湿式)	2.0	20
科姆—马斯顿高梯度磁选机(湿式)	2.0	200

在高梯度磁场中,介质的直径(a)与入选的矿粒直径(b)之比有一个最佳的值。在此比值下,颗粒受到的磁力最大。

介质直径与矿粒直径的最佳比值难以通过数学计算算出,并且不同的介质粒度范围,其最佳比值也不尽相同。

Dobby 等人在大量试验的基础上,用数理统计方法得到磁力与介质粒度及颗粒之比的关系,如图3-38所示。他们认为最佳比值为2.69。

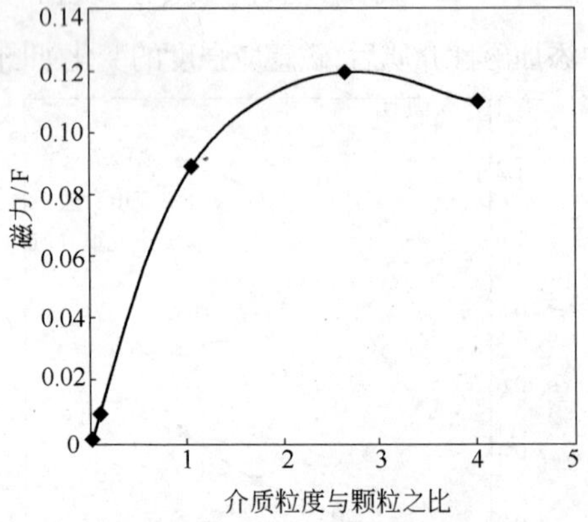

图3-38 磁力与介质粒度及颗粒之比的关系

磁介质主要有:

(1)齿板介质。利用齿板介质分选弱磁性矿物是琼斯在

1955 年发明的。经过多年努力,处理能力高达 120 t/h 的琼斯磁选机于 1968 年研制成功。生产实践表明,该磁选机处理能力大,磁场在 1.6 T 齿板介质强磁选机分选褐铁矿时,回收粒下限为30 μm。齿板介质的主要缺点是齿谷间隙中的磁场力很弱,浆料下降速度快,影响回收率,也有齿板堵塞现象,需要用高压水冲洗。

(2) 棒介质。Slon 型双立环强磁选机和 SSS 型双立环式强磁选机都使用细棒作介质。

(3) 丝介质。介质采用丝状或网状的铁磁物,典型的丝介质称不锈钢毛,一般直径为 ϕ40 ~ 50 μm。由于介质呈丝状,因而具有最高数量级的磁场梯度。但细丝介质的磁力范围小,约为 0.1 mm,适用于从微细物料中回收磁性成分。现在几乎所有的高岭土企业都采用这种磁选机除去微米级铁钛杂质。

由于湿式磁选时磁性矿粒受到的介质阻力大,因而所需要的磁感应强度也要大。从试验结果可以看出,湿式磁选所需磁感应强度比干式磁选所需磁感应强度要高 1 倍左右, 表 3 - 27 列出了几种矿物干式磁选和湿式磁选所需的磁感应强度(T)。

表 3 - 27 几种矿物干式磁选和湿式磁选所需的磁感应强度 (T)

矿 物	干式磁选	湿式磁选
假象赤铁矿	0.35	0.35 ~ 0.95
赤铁矿	0.25 ~ 0.35	0.8 ~ 1.2
钛铁矿	0.2 ~ 0.55	0.3 ~ 1
铌铁矿	0.35 ~ 0.7	0.9 ~ 1.2
钽铁矿	0.5 ~ 0.8	0.9 ~ 1.2
石榴石	0.22 ~ 0.4	0.8 ~ 1.2
黑钨矿	0.45 ~ 0.6	0.9 ~ 1.2
钠闪石	0.53 ~ 0.8	1.2
钠辉石	0.3 ~ 0.5	0.6 ~ 1.0
铬铁矿	0.5 ~ 0.6	0.8 ~ 1.2

3.2.5 磁选机在选钛上的应用

3.2.5.1 筒式弱磁选机

1965 年我国开始使用永磁筒式磁选机。其优点是磁感应强度高、构造简单、造价低、省电、容易操作维护、机械质量轻、占地面积小、处理能力大。

永磁筒式磁选机在选钛上主要用于除掉磁铁矿和钛磁铁矿，以满足选钛工艺的要求。

筒式磁选机的磁系和磁极数量对分选结果有决定性影响。根据筒径大小，磁极一般为 4 ~ 7 极，通常采用锶铁氧体和钡铁氧体永磁材料制成磁块。近几年来开始采用稀土永磁材料，如钕铁硼磁铁制成的磁块，磁性能更好。

筒式磁选机有三种槽体结构形成：

(1) 顺流式，适合处理小于 6 mm 的物料；

(2) 逆流式，适合处理小于 2 mm 的物料；

(3) 半逆流式，适合处理小于 0.5 mm 的物料。

3.2.5.2 干式强磁选机

干式强磁选机在选钛方面主要用于海滨砂矿的精选厂中。用于选出钛铁矿及其他中磁性、弱磁性矿物。

在干式强磁选机方面主要应用的是 ϕ885 mm 单盘和 ϕ580 mm 双盘干式磁选机。双盘干式强磁选机的结构图如图 3 - 39 所示。

该磁选机的磁系成山字形，通过振动槽（或皮带）与圆盘构成闭合磁路，分选过程在槽面和盘边之间的气隙中进行。气隙间距可以调节。为防止强磁性物料干扰磁选过程，在给矿端装有一弱磁筒，以预先选出强磁性物料。物料在振动槽或皮带上呈薄层均匀地向前运动，当矿物被送到磁盘下面时，磁盘便将弱磁性的矿物吸出，并随着转动的磁盘被带到非磁性区，落入精矿斗中，没被吸出的矿物继续随带运动并落入尾矿斗，从而达到分选。

该干式磁选机处理能力较小，但分选精度高，常用做精选分离。

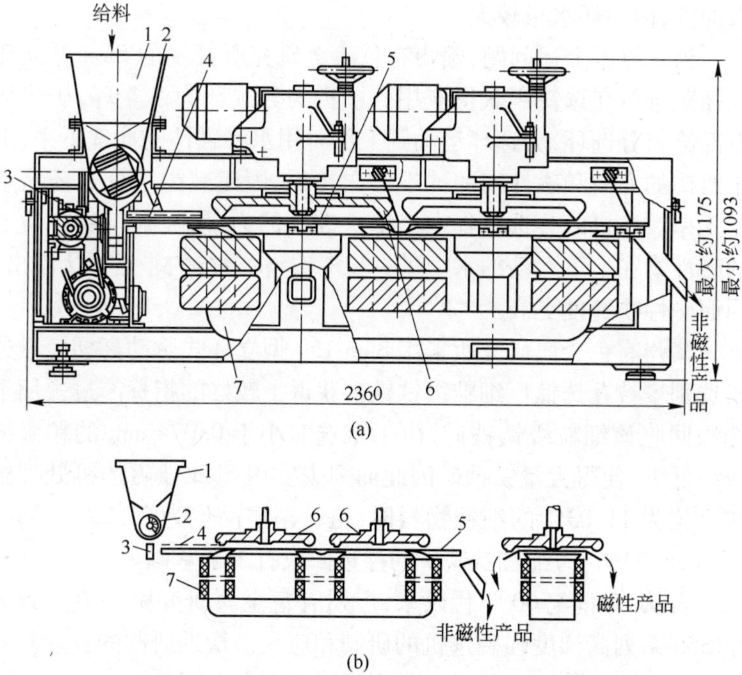

图 3－39　ϕ576 mm 干式强磁场双盘磁选机示意图

（a）结构图；（b）原理图

1—给料斗；2—给料圆筒；3—强磁性产品接料斗；4—筛料槽；

5—振动槽；6—圆盘；7—磁系

3.2.5.3　湿式高梯度强磁选机

最早在工业上应用的琼斯式高梯度强磁选机就是该类设备的代表之一。长沙矿冶研究院采用仿琼斯齿板介质高梯度强磁选机处理攀枝花选钛厂的重选精矿。重选精矿的品位约为 21% ~ 23%，经过强磁选后，强磁精矿品位约为 28% ~29%，作业回收率达 90% 以上。在原来的重选—电选工艺的基础上，加入强磁作业，即成为重选—强磁—电选流程，使钛选厂回收率由原来的 30% 左右提高到 35%。

琼斯式磁选机的特点：分选环为一平环，可以实现多点给矿，因而处理能力大，但当强磁性矿物较多时，容易堵塞，需要用高压水冲洗,因而耗水量较大。

为了克服上述问题,赣州有色冶金研究所开发的 Slon 型立环式强磁选机在选钛厂获得应用。该机的分选环为一立环,矿浆从下部给入分选环,分选环运动到上部时用水将磁性物冲洗下来,由于给矿的方向和磁性物的冲洗方向相反,因而减少了分选环堵塞的几率。该机的分选过程中产生一鼓动的力,使吸附于磁介质上的磁性物在上下运动的水中进一步淘洗,将夹杂的非磁性物洗出,因而磁性物纯度更高。

赣州有色金属研究所采用 Slon-150 型立环式脉动高梯度磁选机选别攀枝花选钛厂细粒级钛铁矿获得了较好的指标。过去用重选法回收该细粒级钛铁矿,由于重选对小于 0.074 mm 的粒级回收率低下,使得大量钛铁矿因此而损失。用 Slon 强磁选机处理给矿品位为 11.03% 的细粒物料时,粗钛精矿品位为 21.22%,回收率为 76.24%,为细粒钛铁矿的浮选回收打下了基础。

自从 20 世纪 60 年代以来,广州有色金属研究院一直在致力于 SSS 系列高梯度强磁选机的研制和应用。最近研制的双立环双脉动高梯度强磁选机的设备示意图如图 3 - 40 所示。

矿浆由给矿斗 6 均匀地进入分选空间,由于磁场力的作用,磁性矿物被吸附在聚磁介质的表面上,调整尾矿脉冲机构 9,使脉冲频率和峰值较小,这样产生的流体动力很少,磁性极弱和非磁性颗粒受到磁场力极小,当它们受到的矿浆流体动力大于磁场力时,不能被聚磁介质 2 吸住而进入尾矿斗 10 中,剩下吸附在聚磁介质 2 表面上的颗粒随分选环 3 转动,高速中矿脉冲机构 7 使得脉冲频率和峰值增大,这样产生的流体动力随之增强,其他磁性较弱的颗粒和连生体受到的磁场力小于流体动力,它们会从聚磁介质上脱落下来进入中矿斗 8 中。而不脱落的磁性较强的颗粒继续随分选环转动进入磁性产品卸矿区,经冲洗水冲洗进入精矿斗 11 中。

广州有色金属研究院研制的 SSS-Ⅰ型高梯度强磁选机有两个特点:一是采用了气—水联合卸矿方式,提高了介质的卸矿率,特别是黏附力强的微细泥物料的卸矿率有所提高;二是采用组合介质,即直径不同的介质组合在一起,对不同粒度的磁性矿物可以进行有效的回收。

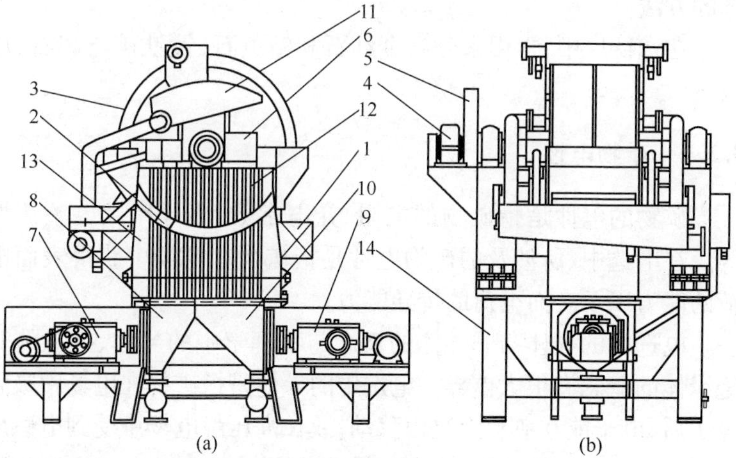

图 3-40 脉动高梯度强磁选机示意图

(a) 平视图;(b) 俯视图

1—激磁线圈;2—介质;3—分选环;4—减速机;5—齿轮;6—给矿斗;7—中矿脉冲机构;8—中矿斗;9—尾矿脉冲机构;10—尾矿斗;11—精矿斗;12—上磁极;13—下磁极;14—机架

2008 年,用 SSS-Ⅰ-1500 强磁机在重庆钢铁公司的太和铁矿进行选钛试验,取得了较好的工业试验结果。当给矿品位为 10.19% 时,精矿品位为 14.77%,回收率为 84.77%,与生产上所使用的 ϕ2000 mm 湿式强磁选机相比,精矿品位和回收率分别提高了 1.35 和 1.10 个百分点。同时电能消耗降低了 20 kW/h。

2003 年,广州有色金属研究院用 SSS-Ⅰ型强磁选机选承德黑山铁矿的选铁尾矿,当给矿含 TiO_2 9.82%(质量分数)时,经一次粗选和一次精选的选别,取得了精矿含 TiO_2 27.57%、回收率为 65.04% 的指标。

3.3 电选法

电选法就是基于被分离物料在电性质上的差异,利用电选机使物料颗粒带电，在电场中颗粒受到电场力和机械力（重力、离心力）的作用，不同电性的颗粒运动轨迹发生差异而使物料得到分选的方法。

在选钛厂中，常用来分离金红石和锆英石，钛铁矿与辉石、角闪石。

3.3.1　矿物电性

矿物的电性是指矿物的电阻、介电常数、电导率及电整流性等。在电选中，所涉及的矿物电性是指矿物在电场中获得表面电荷的能力以及表面电荷的传导能力。

电选中的导体与非导体的概念与物理学中的导体、半导体和绝缘体的概念有很大差异。电选中的导体是指矿物在电场中吸附电子后，电子能在矿粒上自由移动，或在高压静电场中受到电感应后能产生正负电荷，正负电荷也能自由移动。电选中的导体与物理学中的半导体相当。

3.3.1.1　电导率和电阻

电导率是长 1 cm、截面 1 cm^2 的柱状物体沿轴向方向的导电能力，为电阻率的倒数。

按电导率来分，可将矿物分为三类：

(1) 导体，电导率为 $10^4 \sim 10^5$ S/cm，如自然铜；

(2) 半导体，电导率为 $10^2 \sim 10^{-10}$ S/cm，如硫化矿物和金属氧化物；

(3) 非导体，电导率为 $10^{-12} \sim 10^{-15}$ S/cm，如硫酸盐矿物和碳酸盐矿物。

选钛厂中常见的矿物的电导率见表 3－28。

表 3－28　选钛厂中常见的矿物的电导率

矿　物	电导率/$S \cdot cm^{-1}$	介电常数	导 电 性
磁铁矿	$10^6 \sim 10^{-5}$	33.7～81	导　体
赤铁矿	$10^{-1} \sim 10^{-7}$	25	导　体

续表 3-28

矿 物	电导率/S·cm^{-1}	介电常数	导电性
钛铁矿	$10^4 \sim 10^2$	33.7~81	导 体
金红石	$10^4 \sim 10^1$	89~173	导 体
黄铁矿	$10^4 \sim 10^{-1}$	33.7~81	导 体
长 石	$10^{-8} \sim 10^{-14}$	6	非导体
石 英	$10^{-13} \sim 10^{-16}$	4.5~6	非导体
黑云母	$10^{-11} \sim 10^{-14}$	10.3	非导体
石榴石	$10^{-11} \sim 10^{-13}$	3.5~4	非导体
蛭 石	$10^{-8} \sim 10^{-11}$	9.5~13.5	非导体
电气石	$10^{-16} \sim 10^{-18}$	5.6	非导体
榍 石	$10^{-9} \sim 10^{-14}$	4~5.6	非导体
独居石	$10^{-11} \sim 10^{-14}$	3~6.6	非导体
锆英石	$10^{-13} \sim 10^{-14}$	3.6~5.2	非导体

攀枝花钛矿中几种主要矿物的导电性见表 3-29。

表 3-29 攀枝花钛矿中几种主要矿物的导电性

矿 物	电导率/S·cm^{-1}	导电性
钛磁铁矿	7.2×10^{-7}	导 体
钛铁矿	5.7×10^{-6}	导 体
硫化物	8×10^{-5}	导 体
钛辉石	3.19×10^{-14}	非导体
斜长石	$< 10^{-14}$	非导体

3.3.1.2 介电常数

介电常数是指带有介电质的电容与不带介质的电容之比。

介电常数是判断矿物能否采用电选分离的重要依据。介电常数越大,其导电性越好。一般介电常数大于 12 者,属于导体;小于

12 者，若两种矿物的介电常数仍有较大差别，则可采用摩擦电选的方法使其分开。

3.3.2　矿物带电方式

3.3.2.1　传导带电

传导带电如图 3－41 所示。静电电选机主要用此方式带电。颗粒与电极接触后，由于导体颗粒 C 能迅速获得与接触电极同号的电荷，而后受接触电极的斥力和上方的异号电极的吸引，脱离接触电极向上运动。非导体颗粒 N 由于电阻很大，不能传导带电，但可以受到一定程度的极化作用，受接触电极的吸引，产生吸附效应，从而不脱离原来的极面。

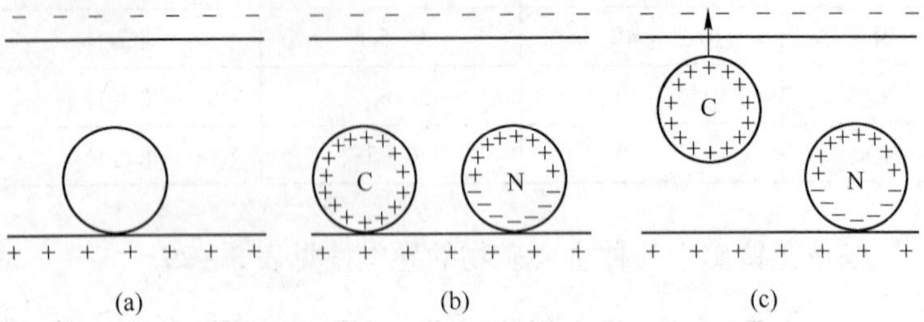

图 3－41　传导带电

(a) 带电前；(b) 带电中；(c) 带电后

3.3.2.2　电晕带电

在电场中有两个电极相隔一定距离，其中之一是直径很小的丝状的电极（或称电晕电极），接高压直流电负极或正极，另一个极为平板或大直径的转鼓（接地极）。当两极间的电位差达到某一数值时，会发生电晕放电，在强电场作用下，从丝极上发出的电子在电场中的运动速度很高，从而撞击空气，使空气电离产生正、负电荷，正电荷飞向高压负极，负电荷飞向接地极，这样就使整个空间都带有电荷，形成了电晕电场。矿粒在电晕电场中带电的原理如图 3－42 所示。

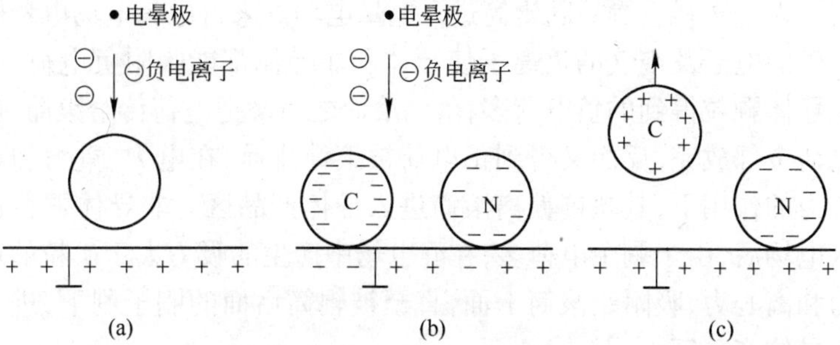

图 3-42 电晕带电

(a) 带电前;(b) 带电中;(c) 带电后

颗粒进入电晕电场后,无论导体或非导体都能通过电晕放电获得电荷,不过导体颗粒由于导电性能好,能将获得的电荷在极短时间内经接地电极传走。非导体颗粒由于导电性能差,不传走电荷,或仅传走部分电荷,这些电荷促使非导体颗粒吸附在接触电极表面。

3.3.3 电选分选过程

滚筒型静电分选机示意图如图 3-43 所示。

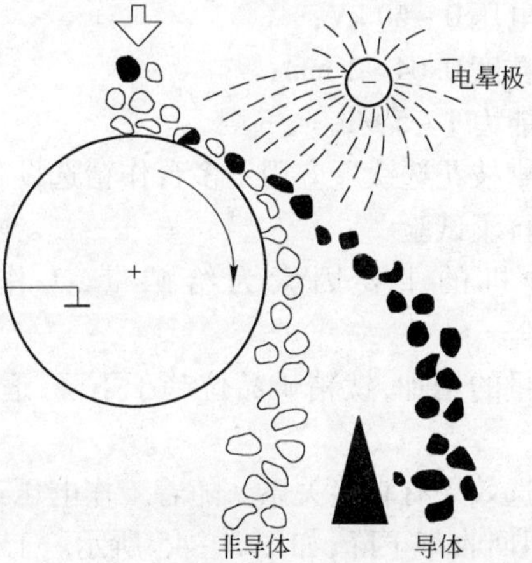

图 3-43 滚筒型静电分选机示意图

入选物料干燥后随辊筒进入电晕电场。来自电晕电场电晕极产生的电子及空气的负离子使导体和非导体都能吸附负电荷,但是导体颗粒得到的负电荷多,落到滚面之后又把电荷传给滚筒,负电荷全部放完,反而又得到正电荷被滚筒排斥,在电力、重力和离心力的作用下,其轨迹偏离滚筒进入导体产品区。非导体颗粒进入电场后,由于剩余电荷多,在静电场中产生的吸力大于矿粒的重力和离心力,吸附于滚筒上面,直至被辊筒后面的刷子刷下,进入非导体产品区。

3.3.4 电选机在选钛上的应用

我国生产的电选机的种类和型号都比较少,主要是鼓式电选机。其中长沙矿冶研究院生产的 YD 型高压电选机使用效果较好。YD-3 型高压电选机的结构如图 3－44 所示。

YD-3 型高压电选机的结构参数:

(1) 接地滚筒电极:直径 300 mm,长 2000 mm,数量 3 个,转速可调;

(2) 弧形刀片电极:刀片长 2105 mm,刀片厚度 0.1 ~ 0.3 mm,刀片数量 7 片;

(3) 工作电压 0 ~ 60 kV;

(4) 分选粒度 0.04 ~ 1 mm;

(5) 处理能力 1 ~ 5 t/h。

电选机在攀枝花选钛厂应用了多台作精选设备,同时在双塔山选钛厂也进行了试验。

影响电选机的主要因素为给矿量、工作电压和滚筒转速。

随着给矿量的增加,钛精矿品位趋于下降,适宜的给矿量为 2.6 ~ 3.5 t/h。

电压对分选效果有直接关系。随着工作电压升高,钛精矿品位逐步提高,但回收率下降,如图 3－45 所示。工作电压以 35 ~ 40 kV 为好。

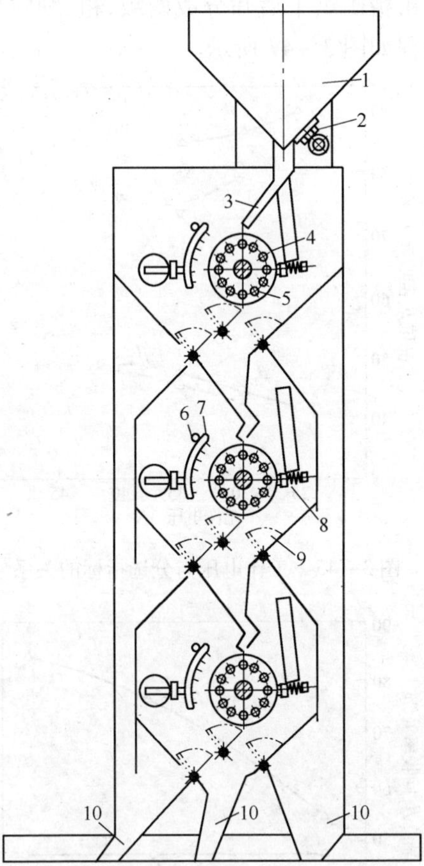

图 3－44 YD-3 型高压电选机的结构

1—矿仓；2—给矿闸门；3—给矿板；4—圆筒电极；5—电热器；6—偏转电极；7—电晕电极；8—排矿毛刷；9—产品分隔板；10—排矿斗

从图 3－46 可以看出在保持钛精矿品位为 47% 的条件下，圆筒转速小，则钛精矿回收率低。对处理 0.1～0.4 mm 的物料来说，圆筒转速以 115 r/min 为宜；对处理 0.04～0.1 mm 的物料来说，转速要提高到 200 r/min 为好。

在攀枝花选钛厂，电选主要用于钛粗精矿的精选作业，即通过重选获得的钛粗精矿烘干后筛分成两级,粗、细粒分别进行电选。电选数质量流程如图 3 – 47 所示。

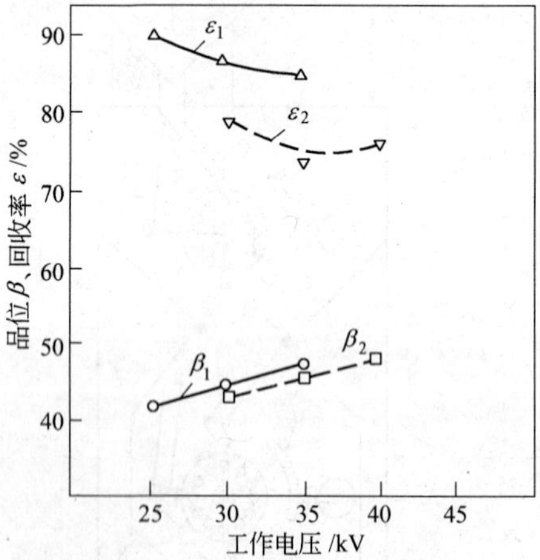

图 3 – 45　工作电压与分选指标的关系

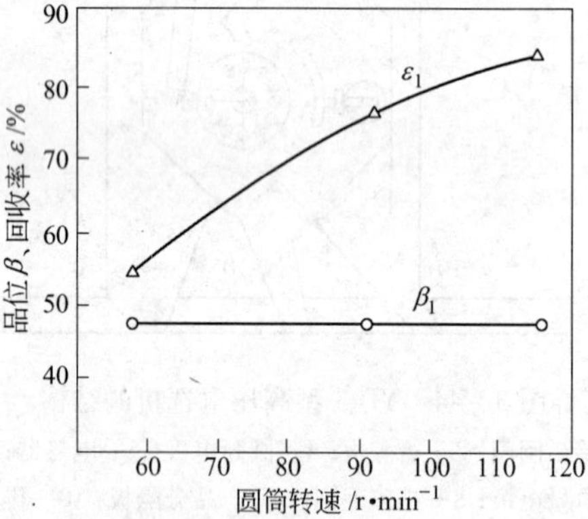

图 3 – 46　圆筒转速与分选指标的关系

通过电选可获得含 $TiO_2$46.22% 的钛精矿,回收率为 74.48%。

澳大利亚针对海滨砂矿的精选研制出筛板式电选机和板式电选机,这两种电选机都为静电电选机。

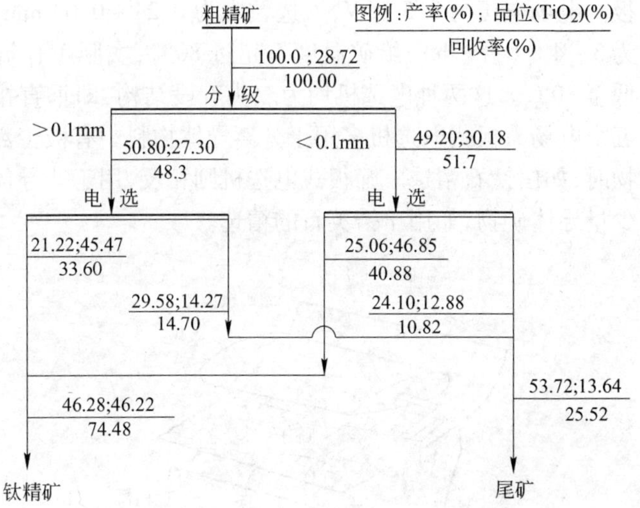

图 3－47 攀枝花选钛厂电选数质量流程

电选机的分选电场由椭圆形电极和接地的筛板极或板极组成，两种静电选矿机的结构及分选原理如图 3－48 和图 3－49 所示。

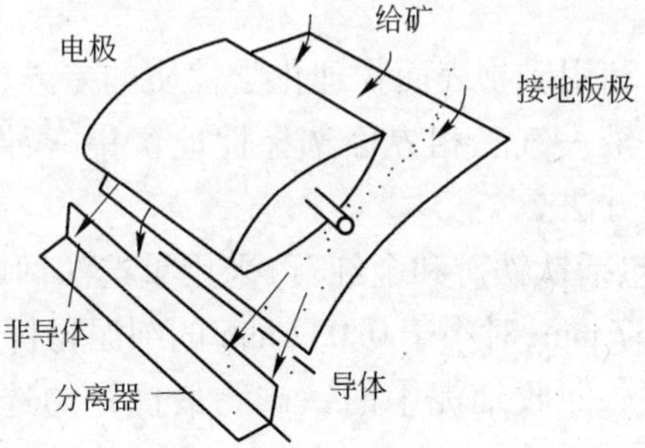

图 3－48 板式电选机

椭圆形电极是空心的，板极和筛板极从给矿端延伸到排矿端，呈波瓦状弯曲，两者的区别是：筛板式电选机是筛板电极下半部分为一筛板，要求筛孔尺寸大于给矿粒度；板式电选机的电极为一波瓦状板。电场电压为2.5万V，入选粒度为0.24～0.03 mm，处理能力为3～4 t/(台·h)，给矿温度不超过80℃，实际工作温度甚至可低至20℃。这两种电选机均为双头五段结构，即垂直排成双列各五个电场。板式电选机多用于分离导体物料中有极少数非导体矿物时，如白钛石精选。筛板式电选机则相反，用于非导体中排出极少量导体矿物，如用于锆英石的精选。

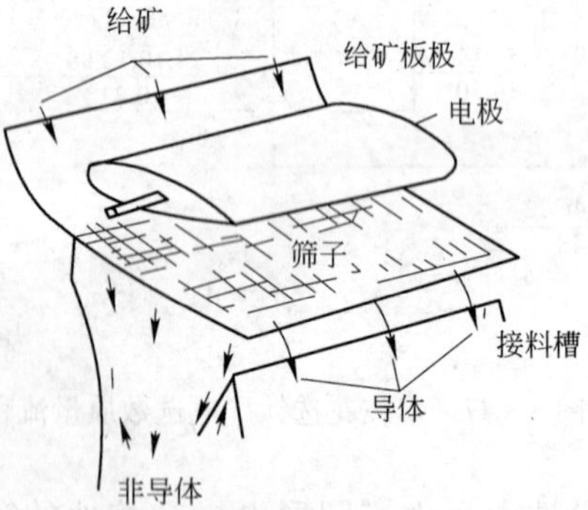

图3－49　筛板式电选机

3.4　浮选法

浮选法是利用矿物表面物理化学性质的差异（特别是表面润湿性），在固—液—气三相界面选择性地富集一种或几种目的矿物的一种分离方法。

钛矿物（包括钛铁矿和金红石）采用重选法回收，回收粒度下限一般为0.037 mm，对小于0.037 mm的细泥物料则回收率很低，甚至不能回收。回收细泥中的钛矿物最优先的选矿方法就是浮选法。

3.4.1　浮选原理

矿物浮选的基础是其表面润湿性的差异。润湿程度通常可以用水滴在矿物固液表面形成的接触角 θ 来表示。

图3－50(a)(b)表示可以被水完全润湿或基本被水滴润湿的矿粒,此时$\theta<90°$,属亲水矿粒。图3－50(c)(d)(e)表示表面不易被水润湿的矿粒,此时$\theta\geqslant90°$,属于疏水性矿粒。相反,亲水性矿粒表面必然疏气,疏水性表面必然亲气。如图3－50中矿粒下面的气泡形状的变化。

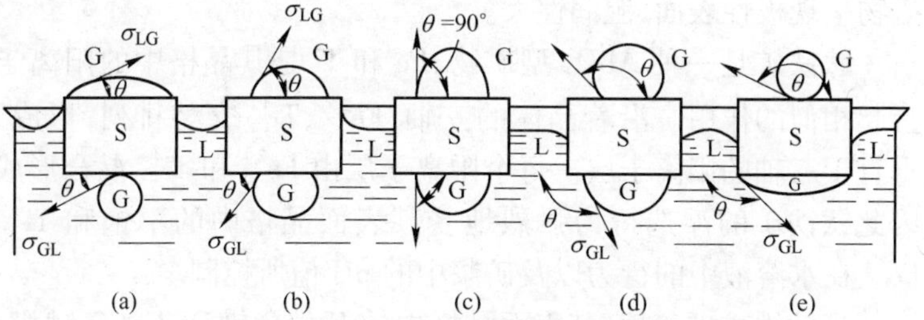

图3－50 不同固体表面的润湿性

在固—液—气三相体系中,疏水性矿粒(亲气性矿粒)由固—液接触面转变为固—气接触面,是体系自由能变小的过程,因而是自发的过程。疏水矿粒可以黏附于气泡上,使矿粒上浮。相反,亲水性矿粒不会黏附于气泡上,因而下沉成为槽内产品。

浮选过程要求待浮矿物具有一定的疏水性(一定的接触角θ),一般要求接触角θ值应为50°～75°。

自然界中天然的疏水性矿物不多。常常通过添加特定的浮选药剂的方法来扩大不同矿粒的润湿性的差别。

浮选药剂(包括捕收剂,起泡剂和调整剂)可以改变矿物的可浮性能。如有些矿物的可浮性本来不好,可以用捕收剂(或活化剂)来增大其可浮性。有些矿物本身可浮性较好,但为强化分离过程,需要用抑制剂来减少其可浮性。各种药剂主要作用如下:

(1) 捕收剂:分子结构一端是亲矿基因,另一端是烃链疏水基团。主要作用是使目的矿物疏水,增加可浮性,使其易于向气泡附着。

(2) 起泡剂:主要作用是促使泡沫形成,增加分选界面,与捕收剂也有联合作用。

(3) 调整剂:主要用于调整捕收剂的作用及介质条件。其中,促使目的矿物与捕收剂作用的为活化剂;抑制非目的矿物可浮性的为抑制剂;调整介质 pH 值的为 pH 调整剂。

钛铁矿和金红石的矿物晶体都属于共价晶体,受外力作用时,矿物呈现极性表面、湿润性大。

钛铁矿是一种 ABO_3 型矿物,Fe 和 Ti 是其晶格中的阳离子,且起相似的作用。沿着晶体的三轴,Fe^{2+}、Ti^{4+} 交替排列,形成了垂直于三轴的阳离子层。每个阳离子层由 Fe^{2+} 和 Ti^{4+} 混合形成。因此钛铁矿的浮选行为强烈地受其表面晶格中的不饱和 Ti^{4+}、Fe^{2+} 在水溶液中的行为以及矿浆中的 pH 值所控制。

当钛铁矿破碎后,其表面晶格中的 Fe—O 键和 Ti—O 键机械断裂,表面晶格中的 Ti^{4+} 和 Fe^{2+} 处于不饱和状态,倾向于与水中的 OH^- 作用,形成表面羟基结合物,或溶于水中。Fe^{2+}、Ti^{4+} 形成羟基结合物的能力以及它们在水溶液中的解离程度决定了钛铁矿表面的浮选活性。

在强酸介质中,钛铁矿表面的 Fe^{2+} 被选择性的溶解,钛离子成为其表面的主要活性点。在弱酸和碱性介质中,Ti^{4+} 和 Fe^{2+} 主要以其羟基结合物 $Ti(OH)_n^{4-n}$、$Fe(OH)_m^{2-m}$ 存在于钛铁矿的表面。油酸根离子在钛铁矿表面的吸附是一替代过程,油酸根离子取代其表面羟基离子而固着于金属活性点。计算表明:钛铁矿表面的羟基结合物的浮选活性相差很大。当溶液的 pH 值大于 4 时,钛离子的羟基结合物相当稳定,油酸根难以取代其中的羟基而吸附于钛离子上,亚铁离子及其羟基结合物相对活泼,成为钛铁矿表面的主要活性点,因此尽管钛铁离子共存于钛铁矿的表面,但它们与油酸根离子作用于不同的 pH 值区间,Ti^{4+} 作用于强酸介质(pH 值为 2 ~ 3),Fe^{2+} 作用于弱酸和弱碱性 pH 值区间。在一特定的 pH 值范围内,Ti^{4+} 和 Fe^{2+} 不能同时成为浮选活性点,钛铁矿表面的实际浮选活性点仅为金属离子数量的一半,钛铁矿表现出较差的可浮性。

$Pb(NO_3)_2$是一种有效的活化剂,可选择性地活化钛铁矿,活化后,原生钛铁矿的回收率明显增加。

表面电位研究表明:Pb^{2+}特性地吸附于钛铁矿的表面双电层,改进了钛矿表面浮选活性,加强了油酸根离子的附着,Pb^{2+}在石英表面的吸附为静电吸附,不能促进油酸根在其表面附着。

金红石为四方晶系,为 AX_2 型化合物的典型结构。O^{2-} 作近似六方最紧密堆集,Ti^{4+} 充填其半数八面体空隙。金红石被破碎后,颗粒表面具有带正电的 Ti^{4+} 质点。其他矿物如钛铁矿、铁矿物、硅酸盐矿物等可能存在 Fe^{3+}、Fe^{2+}、Al^{3+}、Ca^{2+} 等质点。如果选择的捕收剂的带负电的集团与带正电的 Ti^{4+} 作用并吸附,该带负电的集团与 Fe^{3+}、Fe^{2+}、Al^{3+}、Ca^{2+} 等质点的吸附力较弱,那么这种捕收剂就可能成为浮选金红石的捕收剂。

3.4.2 钛浮选主要浮选药剂及浮选工艺

钛矿物的浮选首要的是浮选药剂问题,其中尤为重要的是捕收剂,每取得一步进展都与钛矿物的捕收剂有密切关系,为此本节按捕收剂的类型结合调整剂进行介绍。

钛矿物的捕收剂主要有:脂肪酸类捕收剂、膦酸类捕收剂、苄基胂酸类捕收剂及羟肟酸、水杨羟肟酸类捕收剂。

3.4.2.1 脂肪酸类捕收剂

脂肪酸类捕收剂种类繁多,国外多用油酸及其盐类、塔尔油皂或使用捕收剂与煤油结合。

1953 年曾比较了一系列不饱和脂肪酸的捕收性能。首先在不同 pH 值条件下,用油酸钠、粗亚麻酸钠、亚油酸钠和软脂酸钾对钛铁矿(100～200 网目原矿品位 48% TiO_2)进行真空浮选试验,试验表明,在相当宽的 pH 值范围内这四种药剂都可以作钛铁矿的捕收剂。如图 3-51 所示。图 3-51 只表示浮与不浮的范围,不能表示浮选程度的好坏。但是其中的亚油酸和亚麻酸的捕收能力强,而油酸又比软脂酸的捕收能力强。

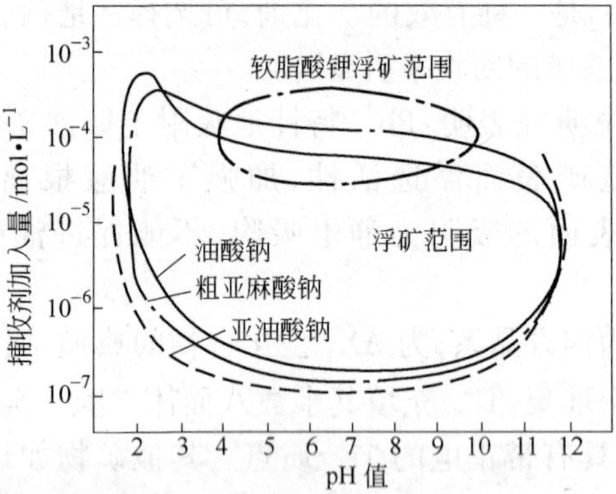

图 3－51　脂肪酸真空浮选钛铁矿

除椰子油脂肪酸外，动植物油脂肪酸多为十八碳脂肪酸。在十八碳脂肪酸中，不饱和的比饱和的效果要好，因为不饱和的十八碳脂肪酸比饱和的熔点低。非共轭体系的脂肪酸越不饱和，熔点越低，在矿浆中越容易分散，浮选效果越好。如油酸含 1 个双键，亚油酸含 2 个非共轭双键，亚麻酸含 3 个非共轭双键，它们的熔点分别是 16.5℃、－6.5℃、－12.8℃。它们的浮选能力为：亚麻酸 > 亚油酸 > 油酸。

如果使用脂肪酸作捕收剂，不宜用醇类起泡剂，因为两者会产生协同作用而使胶粒生成的临界浓度和捕收能力下降。含酮的特别是含醚的起泡剂与脂肪酸作用后，提高了胶粒生成的临界浓度和表面活性，使其在浮选过程中得到更好的效果。

脂肪酸类捕收剂捕收能力强，选择性差、价格较便宜，宜用于脉石种类简单的浮选，如只含石英类矿物的金红石浮选，这样才会得到较高的浮选指标。

国内常用的脂肪酸类捕收剂主要有油酸、塔尔油及氧化石蜡皂，也有人用米糠油松香钠皂进行钛铁矿浮选试验。

试验研究了氧化石蜡皂、粗塔尔油皂、米糠油皂、米糠油硫酸化皂、米糠油松香钠皂的捕收效果。图 3－52 所示为各种捕收剂与浮选指标的关系。

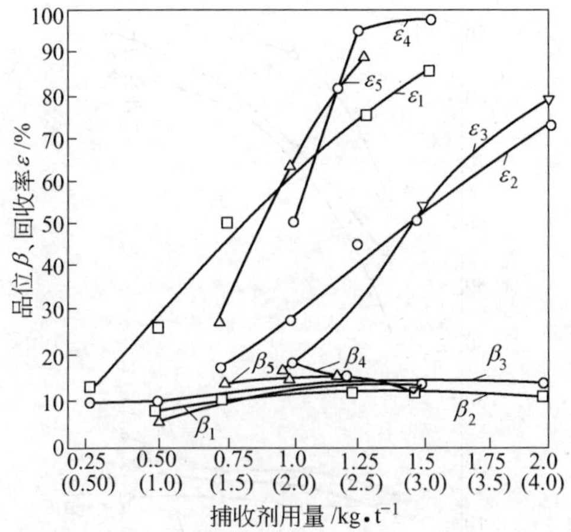

图 3－52　各种捕收剂与浮选指标的关系

下角标意义：1—氧化石蜡皂；2—粗塔尔油皂；3—米糠油皂；
4—米糠油硫酸化皂；5—米糠油松香钠皂；
（ ）中数据为 3、4、5 捕收剂用量

试验条件是以磨矿细度小于 0.074 mm 的占 63%，加硫酸 0.4 kg/t，以捕收剂用量 2.0 kg/t 作为比较起点，各捕收剂的捕收能力按顺序依次降低：氧化石蜡皂、粗塔尔油皂、米糠油松香钠皂（米糠油与松香 1∶1）、米糠油硫酸化皂、米糠油皂。上述捕收剂的效果并不理想。

为改善捕收性能，进行了捕收剂与煤油配用试验，图 3－53 为三种捕收剂与不同比例煤油配用的浮选结果。

图 3－53 表明，加入适量煤油可以提高捕收剂的捕收能力和粗精矿品位。在米糠油松香钠皂与煤油的比例为 1∶2 时，钛精矿产率为 40%～42%，精矿含 TiO_2 23%～25%，回收率为 87%～88%。

矿浆 pH 值试验：在磨矿细度小于 0.074 mm 的占 63% 条件下，用粗塔尔油皂 1.5 kg/t 与煤油 0.8 kg/t 以及用米糠油松香钠皂 2.0 kg/t 与煤油 4.0 kg/t 相配合进行了矿浆 pH 值对钛选别指标的影响试验，pH 值调整剂使用硫酸和碳酸钠，试验结果如图 3－54 所示。

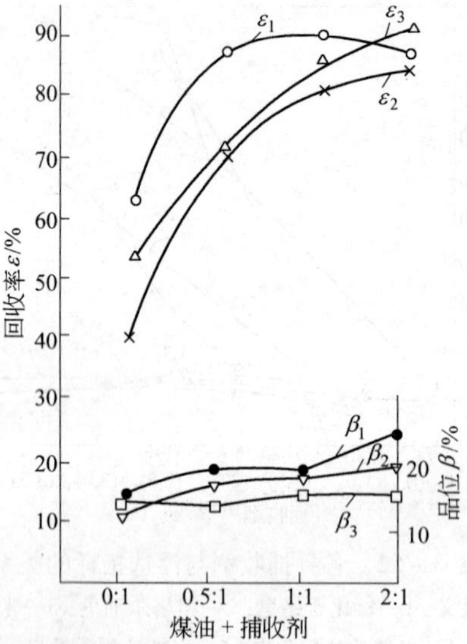

图 3－53　捕收剂与煤油配比浮选结果

下角标意义：1—米糠油松香钠皂 2.0 kg/t；2—粗塔尔油皂 1.5 kg/t；
3—氧化石蜡皂 1.0 kg/t

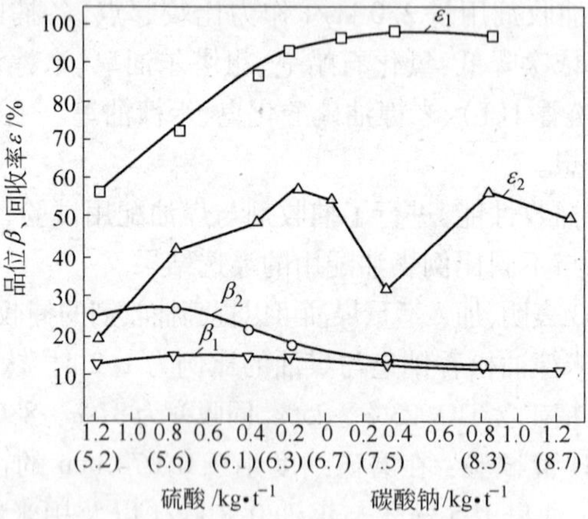

图 3－54　pH 值对钛选别指标的影响

下角标意义：1—粗塔尔油皂 0.15 kg/t，煤油 0.8 kg/t；
2—米糠油松香钠皂 2 kg/t，煤油 4.0 kg/t
( )中数据为 pH 值

从图 3－54 可以看出，钛浮选宜在酸性或中性介质中进行。

还进行过氟硅酸钠、明矾、氟化钠、水玻璃、羧甲基纤维素、六偏磷酸钠、木质磺酸钙、硝酸铅等调整剂的试验，均未获显著效果。

精选试验：精选试验是以矿样磨矿后先进行硫化矿物浮选的尾矿为给矿进行的。钛粗选添加硫酸 0.4 kg/t、米糠油松香钠皂 1.5 kg/t、煤油 3.0 kg/t。精选只添加少量硫酸（每次加 0.05～0.1 kg/t）。曾进行精选次数试验，发现两次精选即可获得含 TiO_2 43% 的钛精矿，增加精选次数精矿品位无明显提高，矿样两次精选结果见表 3－30。

表 3－30 钛浮选开路试验结果

产 品	产率/%	品位（以 TiO_2 计）/%	回收率/%
钛精矿	14.00	43.35	52.87
中矿 1	7.75	26.77	18.07
中矿 2	13.50	10.87	12.78
尾 矿	56.00	2.31	11.27
硫精矿	8.75	6.56	5.01
给 矿	100.00	11.48	100.00

从表 3－30 可知，钛浮选可获得含 TiO_2 43.34 %、回收率为 52.87% 的钛精矿。

闭路试验：为查明中矿的行为，进行了钛浮选闭路试验。闭路试验流程如图 3－55 所示。试验结果列入表 3－31 中。

表 3－31 钛浮选闭路试验结果

产 品	产率/%	品位（以 TiO_2 计）/%	回收率/%
钛精矿	22.11	40.89	77.50
尾 矿	66.84	2.78	15.93
硫精矿	11.05	6.93	6.57
给 矿	100.00	11.66	100.00

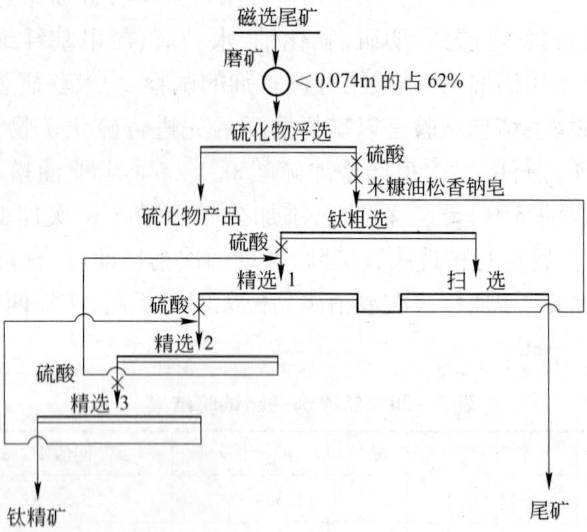

图 3－55　钛浮选闭路试验流程

从表 3－31 可以看出,钛浮选可获得含 TiO 40.89%、回收率为 77% 的钛精矿。

用选铁的尾矿直接用脂肪酸类捕收剂浮选未能得到合格的钛精矿。

傅文章用氧化石蜡皂对原生钛铁矿进行了选矿研究。所用试料含 TiO_2 17.7%、含 Fe 18.86%、含 SiO_2 28.62%、MgO 10.69%。主要矿物为钛铁矿、钛磁铁矿、硫化矿、辉石、长石、绿泥石、橄榄石等。钛铁矿的单体解离度为 90%。TiO_2 在钛铁矿中的分布率为 90% 以上。

试料的粒度组成为:大于 0.2 mm 粒级的占 5.01%,小于 0.043 mm 粒级的产率为 20.30%。试验所用捕收剂为氧化石蜡皂,用量为 3.5 kg/t;调整剂为水玻璃,用量为 260 g/t;硫酸用量 2.1 kg/t。在上述条件下进行了不同类型氧化石蜡皂试验。主要研究了氧化石蜡皂中羟基物(醛和酮)和醇类对钛铁矿浮选的影响。不同氧化石蜡皂对钛铁矿浮选结果的影响见表 3－32 和表 3－33。

表 3-32 含酮类氧化石蜡皂对钛铁矿浮选的影响

氧化石蜡皂		浮选时间/min	精矿品位(以 TiO_2 计)/%	回收率/%	尾矿品位(以 TiO_2 计)/%
脂肪酸皂/%	脂肪酮/%				
100	0	3.5	39.52	70.18	7.32
80	20	3.5	40.12	48.72	11.18
80	20	3.5	40.86	51.55	10.86
80	20	3	38.02	37.40	12.78
90	10	3	40.75	68.85	7.55
95	5	3	39.35	72.42	7.00

表 3-33 含醛类氧化石蜡皂对钛铁矿浮选的影响

氧化石蜡皂		浮选时间/min	精矿品位(以 TiO_2 计)/%	回收率/%	尾矿品位(以 TiO_2 计)/%
脂肪酸/%	脂肪醛/%				
80	辛醛 20	3.5	39.91	38.12	12.70
80	十二醛 20	3.0	40.66	68.98	7.49
80	十二醛 20	5.0	41.52	70.26	7.26
90	十二醛 10	6.0	38.32	78.04	5.57
95	十二醛 5	4.5	40.79	73.73	6.66

研究结果表明,含酮5%时,对钛铁矿浮选无明显影响,含酮达20%时,捕收能力很差。辛醛的存在严重降低了氧化石蜡皂的浮选性能。氧化石蜡皂含醛相对分子质量增大时对钛铁矿的捕收能力影响变小或无影响。当含醛主要是十二醛时,其含量不超过10%都能显著地提高氧化石蜡皂对钛铁矿的浮选性能。氧化石蜡皂中含醛的量应以不超过10%为宜。并着重考查了 $C_{6\sim11}$ 醇、$C_{10\sim14}$ 醇、C_{18} 醇对氧化石蜡皂浮选钛铁矿的影响,含 $C_{6\sim10}$ 醇占10%、$C_{10\sim14}$ 醇占20%和10%的三种氧化石蜡皂,均较不含醇的氧化石蜡皂效果好。试验表明,当氧化石蜡皂中醛、酮、醇含量小于10%时,能明显提高选钛指标;而含量大于15%和小于10%时,均降低浮选钛铁矿的浮选效率。

攀枝花钛铁矿的浮钛作业可用氧化石蜡皂作捕收剂,硫酸、草酸为介质调整剂,必要时加入少量羧甲基纤维素,浮钛铁矿的流程为1次粗选、1次扫选和5次精选,可以获得含 TiO_2 47% ~48%的钛精矿,作业回收率达60%。

承德双塔山铁矿选钛铁矿时,用氧化石蜡皂作捕收剂,用硫酸为介质调整剂,氟硅酸钠为脉石抑制剂,经1次粗选、3次精选,精矿品位可以达到45.55%。

户县金红石矿中主要金属矿物为金红石、钛铁矿、铁矿物,脉石矿物为方解石、绿泥石、石英、白云石和蛇纹石等。金红石含量为2.07%,金红石嵌布粒度细。该矿石先用重选法丢弃部分脉石矿物及细泥,粗精矿再用磁选法除去钛铁矿,磁选的尾矿用浮选法回收金红石。浮选采用脂肪酸作捕收剂,用 Na_2CO_3 作pH值调整剂,羧甲基纤维素作脉石抑制剂,通过1次粗选、1次扫选、3次精选进行的闭路试验,得到浮选精矿,然后再用盐酸和氢氟酸清洗浮选精矿,得到含 TiO_2 87%,回收率为49.4%的金红石精矿。

何国伟等人对攀枝花选钛厂的选铁尾矿经强磁选丢弃部分尾矿后,粗精矿进行了以乳化塔尔油的浮选钛铁矿的试验和研究。乳化是将一种液体以一定大小分散于另一种与它不相溶、不起化学反应的液体中,形成相对稳定的分散体系,分散液滴的大小通常为0.2~0.5 μm范围。乳化之后的塔尔油与矿粒有更多的接触机会,从而可提高分选效率。

攀枝花选铁尾矿经强磁选选出的磁性产品中除含钛铁矿外,还含少量钛磁铁矿、赤铁矿、磁黄铁矿,脉石矿物以钛普通辉石为主,有少量斜长石和角闪石。其中钛铁矿的含量为45.12%,钛辉石含量为48.50%,硫化物含量为3.06%。试验首先以羧甲基纤维素和水玻璃为脉石抑制剂,羧甲基纤维素用量100 g/t,水玻璃750 g/t。以乳化塔尔油为捕收剂,用量为3.5 kg/t,在此条件下进行pH值(硫酸用量)试验,结果见表3-34。

表 3-34 硫酸用量对浮选的影响

硫酸用量/$kg \cdot t^{-1}$	精矿产率/%	精矿品位(以 TiO_2 计)/%	回收率/%
1.25	61.49	27.21	91.15
1.50	45.13	36.37	87.68
1.75	31.31	40.72	68.70

试验结果表明,硫酸用量太少,精矿产率大,精矿品位低;硫酸用量大,回收率较低。综合考虑,硫酸用量以 1.50 kg/t 为宜,此时的 pH 值为 4.5。

对抑制剂的种类进行了对比试验,分别采用水玻璃、羧甲基纤维素、水玻璃与纤维素、纤维素与草酸组合等抑制剂进行浮选试验,试验结果见表 3-35。

表 3-35 抑制剂种类对浮选的影响

抑制剂	精矿产率/%	精矿品位(以 TiO_2 计)/%	回收率/%
水玻璃	41.48	36.47	65.21
纤维素	38.10	37.84	75.50
水玻璃+纤维素	40.25	37.03	82.91
纤维素+草酸	39.89	36.58	76.30

试验结果表明,用水玻璃与羧甲基纤维素作抑制剂时,粗精矿的回收率最高。

在浮选药剂条件试验的基础上进行了精选试验,采用了 4 次精选,每次精选都加入硫酸,使浮选 pH 值保持为 4.6。

开路试验结果见表 3-36。用塔尔油浮选钛铁矿开路试验的流程及药剂用量如图 3-56 所示。

表 3-36 开路试验结果

产 品	产率/%	品位(以 TiO_2 计)/%	回收率/%
硫化矿	4.04	1.01	2.24
钛精矿	25.39	46.4	64.81

续表 3－36

产　品	产率/%	品位(以 TiO_2 计)/%	回收率/%
中矿 4	2.57	41.44	5.86
中矿 3	3.11	34.16	5.84
中矿 2	6.28	26.30	9.09
中矿 1	22.05	11.94	2.35
尾　矿	36.56	4.88	9.81
合　计	100.00	18.18	100.00

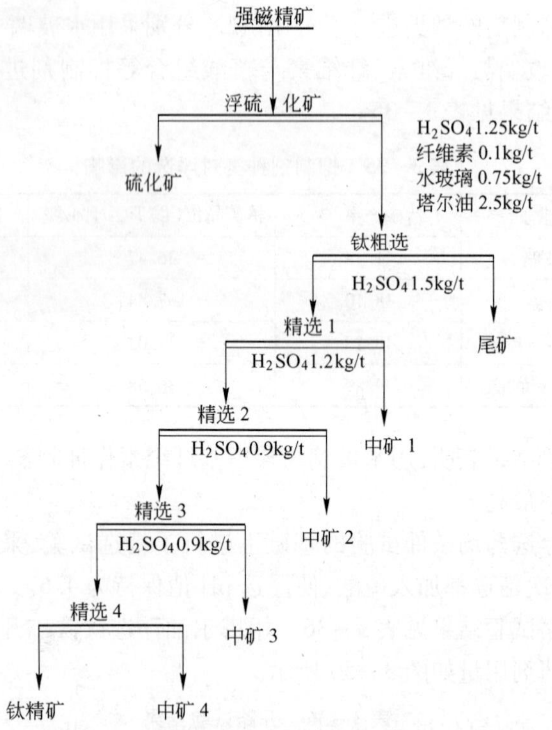

图 3－56　用塔尔油浮选钛铁矿开路试验的流程及药剂用量

开路试验结果：钛精矿含 $TiO_2$46.4%，回收率为 64.81%。

工业试验结果：钛精矿含 $TiO_2$46.44%，回收率为 60.02%。

国外也有用塔尔油来浮选钛铁矿的实例。1961年,欧洲最大的钛铁矿泰坦尼亚公司每天处理含 TiO_2 18 %的原矿2000 t,矿石经过磁选、水力旋流器脱泥之后,再浮选钛铁矿。用氟化钠及氟硅酸作磷灰石的抑制剂。用塔尔油和燃料油的水乳剂为浮选钛铁矿的捕收剂。经1次粗选、3次精选后,钛精矿品位达44% ~45%。

除此之外,在用油酸作捕收剂的浮选过程中发现,油酸充氧有利于浮选。在用油酸乳剂浮选钛铁中,充氧可以提高钛铁矿的回收率,如图3-57所示。

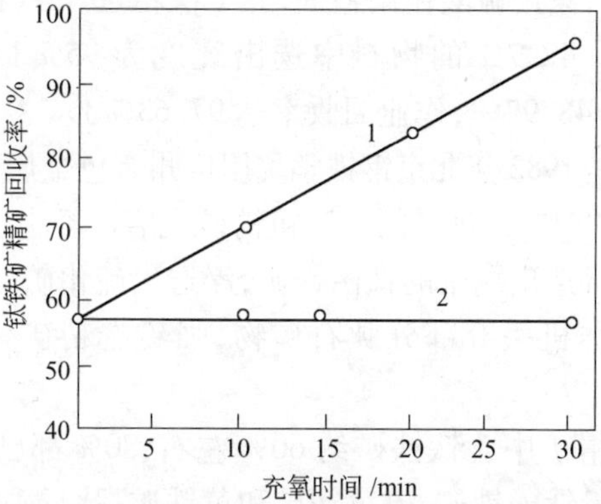

图3-57 充氧油酸浮选钛铁矿

1—原矿含 TiO_2 66%、Fe_2O_3 26%、FeO 3%;2—原矿含 TiO_2 50%、Fe_2O_3 17%、FeO 25.7%

1963年,进一步研究分子氧、氧化了的油酸在优先浮选钛铁矿的作用机理,证明油酸受分子氧的作用自行氧化时,其捕收性能会发生变化。这种变化与在油酸分子中生成过氧羟基有关,与生成的过氧羟基油酸的溶解度有关,也与它变成二聚物之后分子加长有关。钛铁矿是一种含有变价金属的矿物,变价金属离子可以催化油酸的自氧化过程,因而充氧的油酸作捕收剂时,可以明显改善浮选效果。

用充氧的油酸选含氧化亚铁很少(FeO 3%)的钛铁矿时,钛的回收率有很大提高,如图3-57所示。但在浮选含氧化亚铁较高(FeO 25.7%)的钛铁矿时,油酸充氧作用不大。

3.4.2.2　苄基胂酸捕收剂

苄基胂酸是中南大学研制的黑钨矿与锡石的捕收剂,它的结构式为:

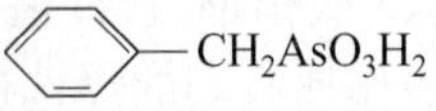

该药剂也能有效地捕收金红石和钛铁矿。

用苄基胂酸为捕收剂浮选攀枝花的钛铁矿,当苄基胂酸用量为600 g/t时,只用硫酸作调整剂,经1次粗选、2次扫选的开路流程,从含 TiO_2 42.7%的物料中选出纯度为95%以上的钛精矿(TiO_2 含量≥48.97%,作业回收率达97.63%)。

该试验是1982年北京钢铁学院用广州有色金属研究院的圆锥选矿机重选的粗精矿进行的。该粗精矿先磨矿至小于0.15 mm,然后用弱磁选机选出剩余的钛磁铁矿,浮选出硫化矿,浮硫后的槽内产品用强磁选机丢弃部分脉石矿物,强磁选精矿作为钛浮选的给矿。

该强磁精矿中含钛铁矿约60%左右,80%都已单体解离,另外还含有少量钛磁铁矿、磁黄铁矿和黄铁矿,脉石矿物的含量约占35%,主要为钛辉石和斜长石。

本试验是采用弱酸性介质,长时间搅拌,清洗矿物表面铁离子,强化浮选的工艺。

试验用硫酸作pH值调整剂,不同pH值下的浮选效果见表3-37。结果表明pH值不宜大于5。

表3-37　不同pH值的浮选效果

pH值	精矿产率/%	精矿品位(以 TiO_2 计)/%	回收率/%
4	47.32	49.93	56.35
5	28.37	49.07	33.49
6	5.14	44.10	5.46

用苄基胂酸作捕收剂需要较长的搅拌时间。见表3－38。捕收剂的用量试验结果见3－39 。浮选工艺的流程如图3－58 所示。

表3－38　不同搅拌时间的浮选效果

搅拌时间/min	产率/%	精矿品位(以 TiO_2 计)/%	回收率/%
5	19.33	49.23	23.01
10	28.37	49.07	33.49
15	41.09	48.13	47.48

表3－39　捕收剂用量试验

捕收剂用量/$g \cdot t^{-1}$	精矿产率/%	精矿品位(以 TiO_2 计)/%	回收率/%
300	28.37	49.07	33.49
400	57.56	49.16	67.26
500	67.88	48.56	79.01

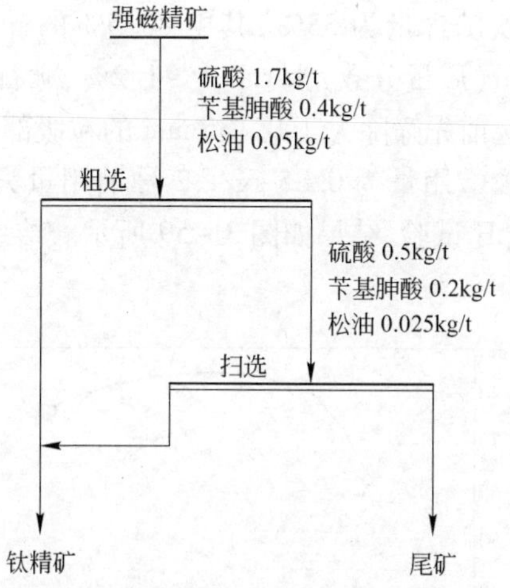

图3－58　苄基胂酸浮选钛工艺流程

综合条件试验结果:精矿产率83.87%,精矿含 TiO_2 48.97%,回收率97.86%。

用苄基胂酸浮选湖北枣阳金红石矿也取得较好的分选效果。浮选的给矿为该金红石矿的重选粗精矿,重选粗精矿中含 TiO_2 为

10.05%，以氟硅酸钠为调整剂，经1次粗选、1次扫选，可以得含TiO_2 84.47%的金红石精矿，作业回收率为86.35%。

有人用苄基胂酸与油酸作混合捕收剂，取得了比单一苄基胂酸作捕收剂更好的浮选效果。

3.4.2.3　苯乙烯膦酸捕收剂

苯乙烯膦酸是由三氯化磷、氯气、苯乙烯、二氧化硫为原料合成的，其分子结构式为：

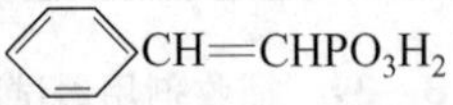

苯乙烯膦酸性质稳定，表面活性小，无起泡性能。其毒性小于胂酸类捕收剂，但由于合成的原因，目前国内并无大规模生产厂家。

以攀枝花选钛厂的强磁选精矿经浮选硫化矿后的尾矿为原料进行苯乙烯膦酸作捕收剂的浮选试验。

给矿中钛铁矿含量为33%，其中80.5%的钛铁矿已单体解离。硫化物含量（质量分数）为1.0%～1.2%，脉石含量为63.9%～67.9%。浮选前先筛除大于0.135 mm的粒级部分。

在苯乙烯膦酸用量为0.85 kg/t、2号油用量为0.234 kg/t条件下进行粗选pH试验，结果如图3－59所示。结果表明pH值以6.1～6.5为好。

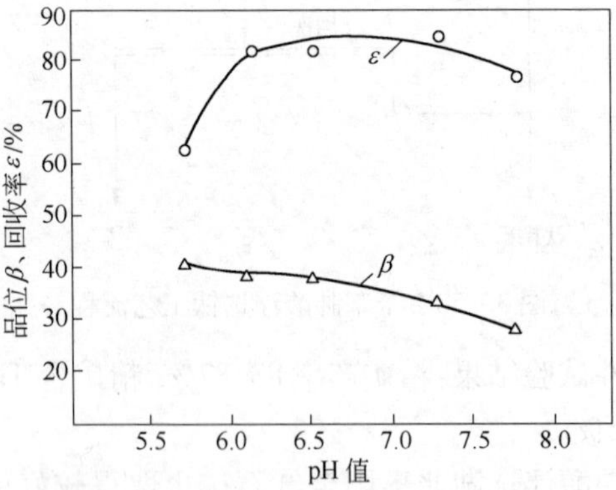

图3－59　pH值与分选指标的关系

由于给矿中含有较多的粗粒级钛铁矿，矿石密度较大，因此矿浆搅拌强度对浮选效果有影响。在 pH 值为 6.1、苯乙烯膦酸用量为 0.85 kg/t、2 号油用量为 0.234 kg/t 条件下进行搅拌强度试验，试验结果如图 3－60 所示。

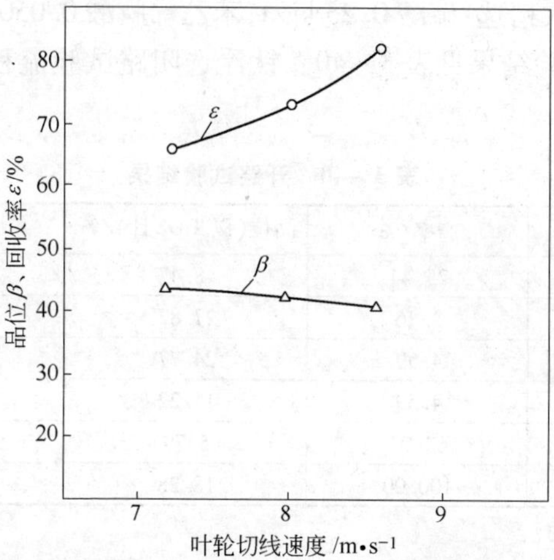

图 3－60 叶轮切线速度与分选指标的关系

试验结果表明，搅拌强度对浮选指标影响较大，以叶轮切线速度大于 8 m/s 为宜。

苯乙烯膦酸用量试验结果如图 3－61 所示。由图可以看出，

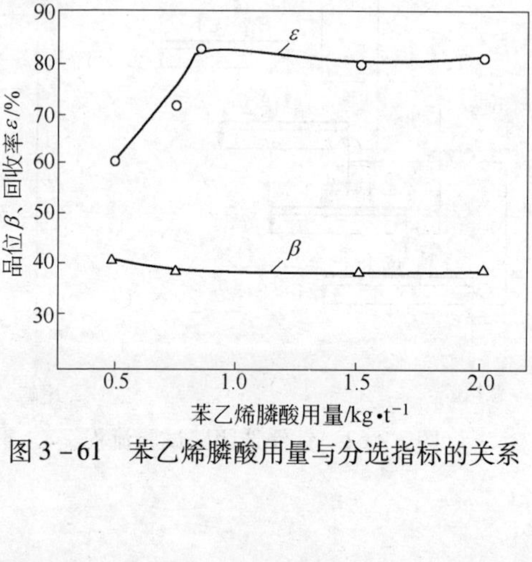

图 3－61 苯乙烯膦酸用量与分选指标的关系

苯乙烯膦酸的用量以 0.85 kg/t 为宜。

在综合粗选最佳条件下，进行 3 次精选试验。精选药剂用量：

(1) 1 次精选：硫酸 0.275 kg/t，苯乙烯膦酸 0.025 kg/t；

(2) 2 次精选：硫酸 0.25 kg/t，苯乙烯膦酸 0.025 kg/t；

(3) 3 次精选：硫酸 0.25 kg/t，苯乙烯膦酸 0.050 kg/t。

开路试验结果见表 3-40。钛浮选闭路试验流程如图 3-62 所示。

表 3-40　开路试验结果

产　品	产率/%	品位（以 TiO_2 计）/%	回收率/%
钛精矿	25.44	48.47	67.47
中矿 3	2.36	27.82	3.52
中矿 2	4.59	24.77	6.22
中矿 1	4.59	11.22	2.82
尾　矿	63.02	5.79	19.97
合　计	100.00	18.28	100.00

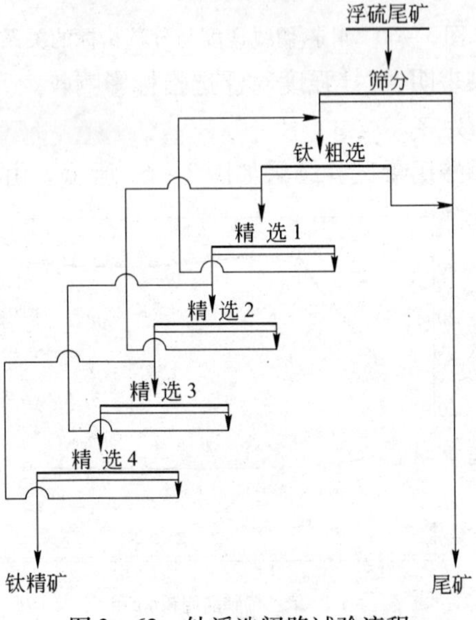

图 3-62　钛浮选闭路试验流程

闭路试验结果:钛精矿产率为29.07%,精矿含$TiO_2$48.27%,回收率为72.96%。

也有人对攀枝花微细粒级钛铁矿的回收进行了强磁选—浮选扩大连续试验。强磁选采用SHP型湿式强磁选机;浮选以苯乙烯膦酸为捕收剂,硫酸和草酸为调整剂,松醇油为起泡剂进行钛铁矿浮选。在浮钛之前先用黄药脱除硫化矿,以保证钛精矿质量。浮钛作业采用1次粗选、1次扫选、4次精选的流程,浮选给矿含TiO_2为21.88%,浮选精矿产率为12.17%,精矿中含TiO_2 46.91%,回收率为50.70%。

对攀枝花选钛厂小于0.04 mm粒级物料钛的回收,也可以先脱除小于0.019 mm粒级的细泥,然后用黄药浮选出硫化矿,再用苯乙烯膦酸作捕收剂浮选钛。经1次粗选和1次精选的开路浮选试验,可以从含$TiO_2$9.93%的浮选给矿得到含$TiO_2$48%、回收率为43.97%的钛铁矿精矿。

朱俊士等人对苯乙烯膦酸浮选钛铁矿的浮选机理进行了研究,认为:

(1) 苯乙烯膦酸通过其膦酸基团中的氧(主要是离解羟基氧)与钛铁矿表面具有未补偿键或弱补偿键的晶格阳离子结合成四元环螯合物或难溶化合物,同时,苯乙烯基的离域π电子与晶格阳离子的π电子相互作用。

(2) 钛铁矿表面的Fe^{3+}、Fe^{2+}、Ti^{4+}与苯乙烯膦酸作用的活性的相对大小为$Fe^{3+} > Fe^{2+} > Ti^{4+}$。

(3) 将钛铁矿预先在空气中加热氧化增大其表面Fe^{3+}的分布密度,则能显著提高其浮选回收率。延长在硫酸pH值调整剂中的充气搅拌时间,也能增强钛铁矿的可浮性,这是因为钛铁矿表面的电化学氧化使其Fe^{3+}的分布密度增大,同时,表面水化和部分离子溶解使残留在表面的晶格阳离子具有更多的Me^{n+}—OH^-(Me^{n+}表示各种金属离子)极性弱补偿键和未补偿键。

(4) 矿浆中的Fe^{3+}、Ti^{4+}、Fe^{2+}、Mg^{2+}对苯乙烯膦酸捕收钛铁矿有抑制作用,其抑制能力依次减小。这可能是由于这些离子与苯乙烯膦酸(HX_2)生成络合物或难溶盐,消耗了矿浆的 HX^- 和 X^{2-}。

(5) 硫酸在弱酸性条件下对苯乙烯膦酸捕收钛铁矿有活化作用,其活化的机理可能是:在硫酸 pH 值调整剂中充气时,钛铁矿表面更易被电化学氧化和溶解;而且,钛铁矿表面特殊吸附的 SO_4^{2-}、HSO^{4-} 易被与钛铁矿表面键能力很强的 HX^- 和 HX^{2-} 置换。在碱性和中性条件下,钛铁矿表面的剩余负电荷多,严重地妨碍 HX^- 和 HX^{2-} 与之接近。用硫酸调 pH 值时,在弱酸性条件下钛铁矿表面剩余负电荷少,且十分接近,HX^- 和 X^{2-} 能有效地捕收钛铁矿,但苯乙烯膦酸的电离度随 pH 值减小而减小,因此,在弱酸性条件下钛铁矿的可浮性最好。

3.4.2.4 水杨羟肟酸捕收剂

水杨羟肟酸是广州有色金属研究院研制的一种用来浮选锡石、黑钨、钽铌铁矿等氧化矿的捕收剂,其分子结构式为:

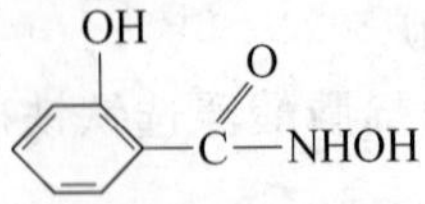

该捕收剂对钛铁矿与金红石都有较好的捕收性能。

贺智明等人用纯矿物进行试验,试验使用了苄基胂酸、苯乙烯膦酸和水杨羟肟酸三种捕收剂。试验结果表明,水杨羟肟酸是钛铁矿和金红石的良好捕收剂,其性能优于苄基胂酸和苯乙烯膦酸。主要优点是药剂用量少,捕收能力强,作用速度快,可以在中性乃至碱性介质中使用。

还发现水杨羟肟酸对钛铁矿和金红石的捕收性能存在较大差异,浮金红石可以在弱酸性至碱性介质中使用,而浮钛铁矿只有在 pH 值为 7.5 左右的较窄范围内可浮性较好。

水杨羟肟酸用量高于 45 mg/L 时,金红石的可浮性比钛铁矿好;低于 45 mg/L 时,则刚好相反。金红石的最大上浮率接近 90%,钛铁矿则只有 80%。但钛铁矿达到饱和上浮量所需的药量比金红石少。金红石和钛铁矿浮选试验上浮率 R 与 pH 值关系如图 3-63 所示。上浮率 R 与捕收剂用量的关系如图 3-64 所示。

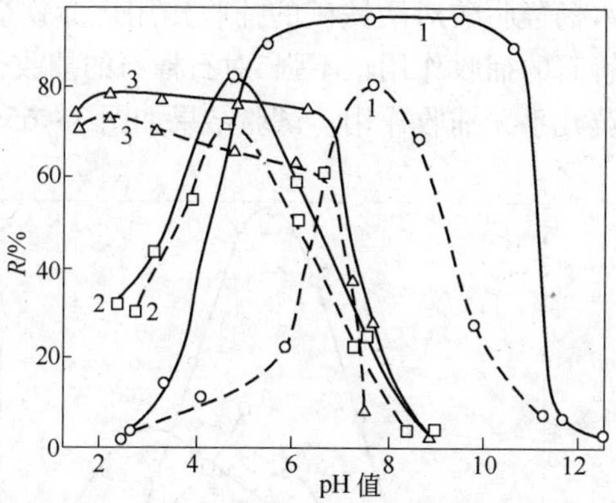

图 3-63 金红石(实线)和钛铁矿(虚线)的上浮率 *R* 与 pH 值的关系曲线

1—水杨羟肟酸 40 mg/L; 2—苄基胂酸 280 mg/L; 3—苯乙烯膦酸 280 mg/L

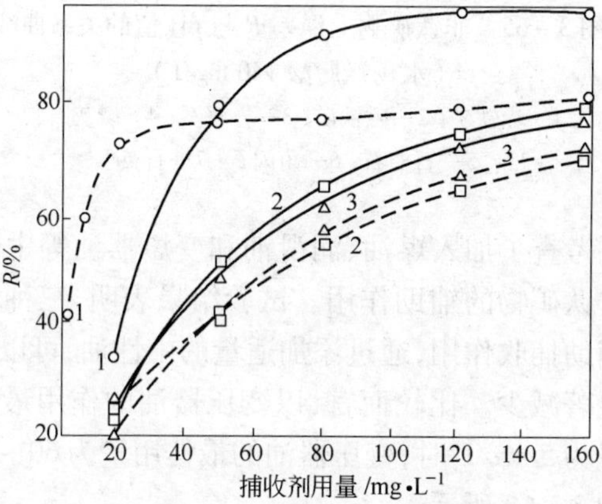

图 3-64 金红石(实线)和钛铁矿(虚线)的上浮率 *R* 与捕收剂用量的关系曲线

(分别在三种捕收剂的近似最佳 pH 值下进行试验)

1—水杨羟肟酸; 2—苄基胂酸; 3—苯乙烯膦酸

水杨羟肟酸对其他铁矿物和脉石矿物也有程度不同的捕收作用。对赤铁矿的捕收能力较强,几乎接近金红石,但浮选的 pH 值范围较窄。水杨羟肟酸对磁铁矿的捕收作用比赤铁矿弱得多，对磷灰石和方解石的捕收作用也不强，对石榴石的捕收作用更弱，对角闪石和石英几乎无捕收作用。试验结果如图 3－65 所示。

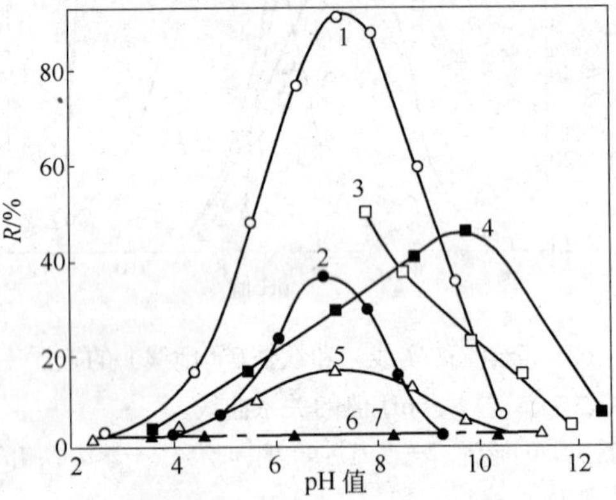

图 3－65 非钛矿物上浮率 R 与 pH 值的关系曲线

（水杨羟肟酸 140 mg/L）

1—赤铁矿；2—磁铁矿；3—方解石；4—磷灰石；

5—石榴石；6—角闪石；7—石英

试验还考查了加入煤油、润滑油和变压器油等中性油对水杨羟肟酸浮选钛矿物的辅助作用。试验结果表明，三种中性油均具有较强的辅助捕收作用，通过添加适量的中性油，可以使水杨羟肟酸的用量显著减少。比较而言，以变压器油的作用最强。水杨羟肟酸的用量为 5 mg/L 时，变压器油的最佳用量为 60～80 mg/L，试验结果如图 3－66 所示。

为考查金属阳离子对水杨羟肟酸对钛矿物浮选的效果，试验还进行了加入 Pb^{2+}、Fe^{2+}、Fe^{3+}、Cu^{2+}、Mn^{2+}、Al^{3+} 等金属阳离子的试验，结果证明，Pb^{2+} 对钛矿物浮选有良好的活化作用，两种铁离子对浮选也有活化作用，其他三种离子对钛矿物的浮选均有不同程度的抑制作用。Pb^{2+} 对浮选的活化作用如图 3－67 所示。

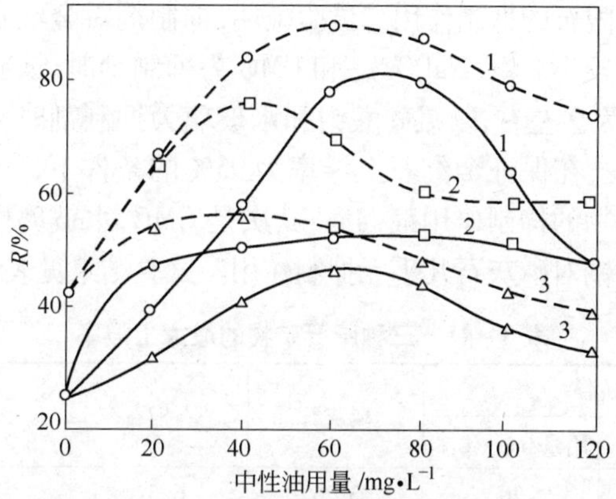

图 3-66 金红石(实线)和钛铁矿(虚线)的上浮率 R 与中性油用量的关系曲线(水杨羟肟酸 5 mg/L;pH 值为 7.5)

1—变压器油;2—润滑油;3—煤油

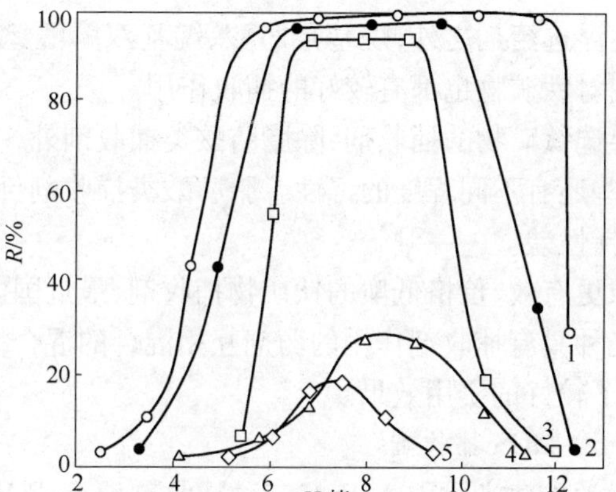

图 3-67 Pb^{2+} 活化下各矿物的上浮率 R 与 pH 值的关系曲线(水杨羟肟酸 20 mg/L;Pb^{2+} 10^{-4} mol/L)

1—金红石;2—钛铁矿;3—磷灰石;4—石榴石;5—角闪石

在用 Pb^{2+} 活化之后,又分别考查了六偏磷酸钠($(NaPO_3)_6$)、羟甲基纤维素(CMC)、氟硅酸钠和硅酸钠对金红石、钛铁矿、磷灰石、石榴石和角闪石的抑制作用。试验证明，抑制剂对金红石和钛铁矿的抑制作用较小。以$(NaPO_3)_6$和CMC为抑制剂时，钛矿物的最佳浮选pH值为9左右；以氟硅酸钠和水玻璃为抑制剂时，pH值最佳为7.5左右。在保证金红石上浮率为95%的条件下，$(NaPO_3)_6$对三种脉石矿物的抑制作用最彻底，其次是CMC，水玻璃抑制作用较差。氟硅酸钠对磷灰石几乎无抑制作用。试验结果见表3－41。

表3－41　三种脉石矿物的最大上浮率　(%)

抑制剂		磷灰石	石榴石	角闪石
种　类	用量/$mg \cdot L^{-1}$			
$(NaPO_3)_6$	30	3.26	6.52	3.73
CMC	30	5.24	9.92	7.36
Na_2SiF_6	200	90.14	8.37	13.78
Na_2SiO_3	200	18.76	9.83	11.24

除上述浮选药剂之外，烷基羟肟酸、烷基双膦酸、烷基双甲膦酸等捕收剂对钛矿物也都有较好的捕收作用。

这些浮选钛矿物的捕收剂，除脂肪酸类捕收剂外，一般价格都比较贵，有些还有不同程度的毒性。脂肪酸类捕收剂价格便宜，但用量大，选择性差。

为寻求更有效、价格低廉的钛矿物捕收剂，最近国内进行了大量的有关几种具有捕收剂作用的药剂互相混合的混合捕收剂的研究，并取得了较好的实用效果。

3.4.2.5　MOS捕收剂

中南大学朱建光采用A、B、C三种捕收剂混合成MOS新捕收剂，它可以产生协同效应，1997年MOS捕收剂浮选攀枝花细粒钛铁矿工业试验成功后，立即投入生产中。

合成MOS的三种药剂为有机物的浓浆状溶液，它按一定比例混合。A、B、C分子中有C、H、O等元素，含有双键和共轭双键的烃基，它们的官能团与钛铁矿表面的金属离子生成难溶于水的盐或螯合物而吸附在钛铁矿表面，烃基疏水。

该药剂为黄色膏状物，可溶于水，不溶于苯、乙醚等极性小或非极性有机溶剂中。

用 ϕ250 mm 旋流器沉砂作试验试料、MOS 为捕收剂来浮选攀枝花选钛厂的钛铁矿，该试料中主要矿物为钛铁矿和硫化矿，脉石以钛辉石为主，其次为长石、绿泥石、角闪石等。

试验以硫酸作 pH 调整剂，水玻璃和 CMC 为抑制剂。浮选首先用黄药浮选硫化矿，而后通过 1 次粗选、2 次精选获得钛铁矿精矿，开路试验流程如图 3－68 所示。试验结果见表 3－42。

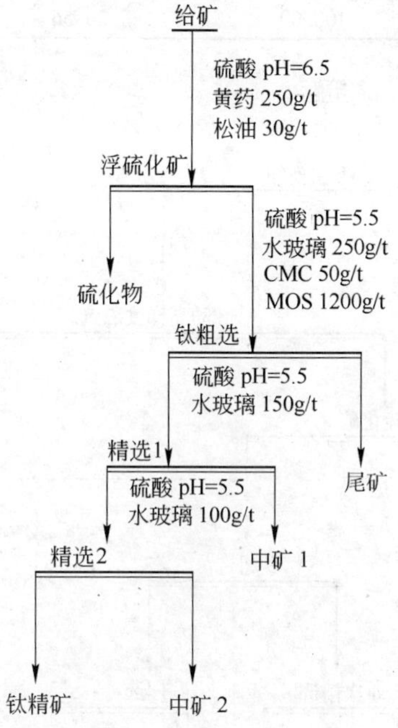

图 3－68 钛浮选开路试验流程

1997 年进行了工业试验，工业试验的流程为：原矿先用斜板分级机分成粗、细两部分，细粒部分用高梯度强磁选机粗选，丢弃非磁性的脉石，磁性部分经浮选浮出硫化矿，然后再进行钛铁矿浮选,经1次粗选、1次扫选、4次精选的浮钛工艺,最终获得钛铁矿精矿。工业试验流程如图3-69所示。

表3-42　开路试验结果

产　品	产率/%	品位(以 TiO_2 计)/%	回收率/%
硫化物	9.45	17.25	7.93
钛精矿	31.25	47.01	71.47
中矿1	12.91	18.74	11.77
中矿2	1.09	36.81	1.95
尾　矿	45.30	3.12	0.88
合　计	100.00	20.56	100.00

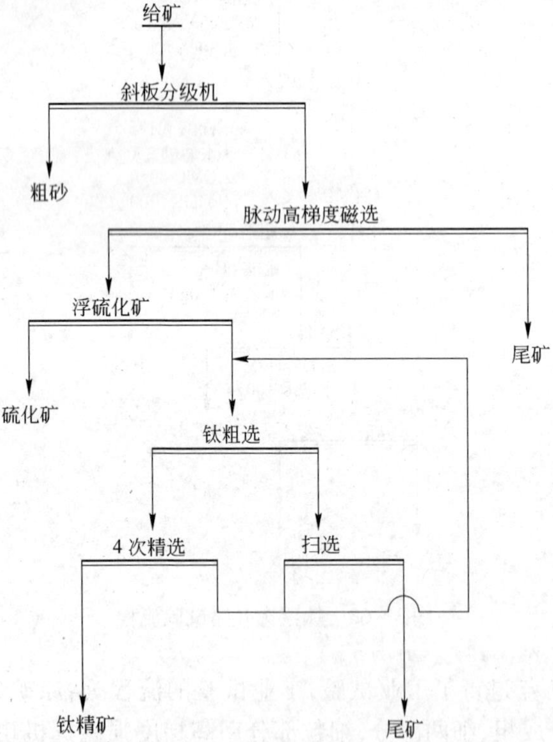

图3-69　钛铁矿浮选工业试验流程

工业试验可以获得含 $TiO_2$47.31%，回收率为59.74%的钛精矿，工业试验指标见表3－43。

表3－43 工业试验指标

产 品	产率/%	品位(以 TiO_2 计)/%	回收率/%
硫精矿	4.23	18.75	3.43
钛精矿	29.21	47.31	59.74
尾矿	66.56	12.87	36.83
强磁精矿	100.00	23.13	100.00

工业试验与实验室开路试验相比药剂用量相差较大，工业试验 MOS 用量为2.15 kg/t，小型开路试验 MOS 用量为1.2 kg/t，主要原因是工业试验的给矿粒度较细，特别是19～39 μm 粒级的量增多，使药剂耗量增多。

3.4.2.6 ROB 捕收剂

ROB 捕收剂是长沙矿冶研究院研制的新型捕收剂，它是由混合有机酸为主体原料，经过预处理、反应、精制和乳化等工艺制得一种含羧基和羟基等极性基团的阴离子型捕收剂。

用该捕收剂对攀枝花选钛厂高梯度强磁选机的精矿进行了选钛试验。试料中含 TiO_2 为17.19%，试样粒度：小于0.074 mm 粒级的占82.4%～88.5%，其中小于0.043 mm 粒级的占61.2%～64.1%。

试验中采用的介质调整剂为硫酸，用酸化水玻璃作抑制剂，SG 为活化剂。粗选适宜的 pH 值为6～4，硫酸用量低于500 g/t（pH 值大于6）时，尾矿品位急剧上升。pH 值对选矿指标的影响如图3－70所示。

随着捕收剂用量的增加，回收率提高，精矿品位有所降低。捕收剂的用量试验结果如图3－71所示。

随着硫酸用量的增加，捕收剂的用量也需要增加，捕收剂最佳的用量为1000 g/t。

添加活化剂 GS 后，尾矿品位明显降低，回收率显著提高。抑制剂采用水玻璃、酸化水玻璃和草酸，试验结果表明，酸化水玻璃的抑制效果最好，见表3－44。

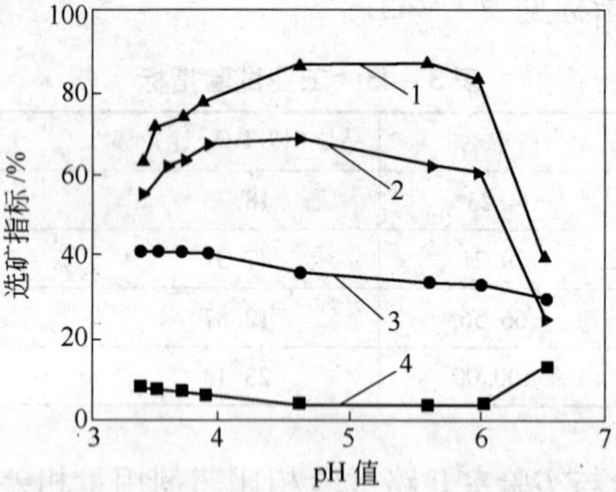

图3－70　pH值对选矿指标的影响

1—回收率；2—产率；3—精矿品位；4—尾矿品位

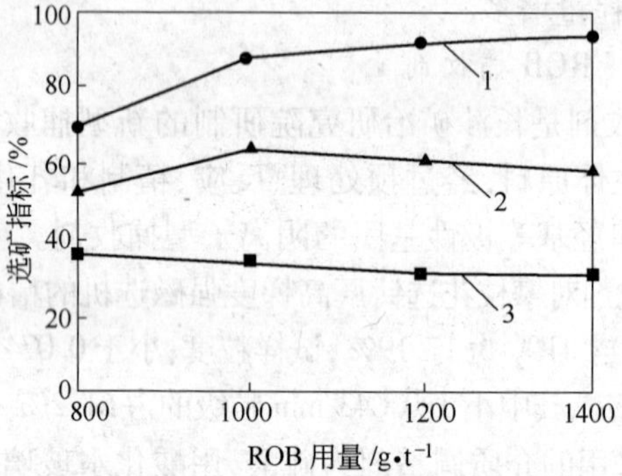

图3－71　ROB捕收剂用量试验

1—回收率；2—产率；3—精矿品位

表3－44　抑制剂种类和用量试验结果

药剂名称	用量/g·t^{-1}	产率/%	品位(以TiO_2计)/%	回收率/%
水玻璃	100	37.28	38.56	83.62
	200	37.82	38.32	84.30
	300	36.32	38.59	81.54
	400	32.08	38.91	72.62

续表 3 -44

药剂名称	用量/g·t^{-1}	产率/%	品位(以 TiO_2 计)/%	回收率/%
酸化水玻璃	100	36.11	39.65	83.30
	200	35.61	40.70	84.32
	300	36.22	40.61	85.56
	400	35.47	41.08	84.76
	1000	35.44	41.80	86.17
草 酸	50	32.76	39.52	75.32
	100	30.89	40.29	72.40
	200	26.84	40.57	63.34
	300	24.96	40.44	58.72
空 白	0	40.96	36.65	87.33

采用 1 次粗选、4 次精选和 1 次扫选的开路和闭路的小型试验结果列入表 3 -45 中。

表 3 -45 开路和闭路试验结果

流程	产品	产率/%	品位(以 TiO_2 计)/%	回收率/%	药剂用量/g·t^{-1}
开路	钛精矿	25.55	49.19	71.69	硫酸 1950; SG150; 酸化水玻璃 375; ROB1200
	中矿	12.23	24.14	16.85	
	尾矿	56.78	2.65	8.58	
	硫化矿	5.44	9.29	2.88	
	原矿	100.00	17.53	100.00	
闭路	钛精矿	31.53	47.75	85.66	硫酸 1900; SG150; 酸化水玻璃 275; ROB1000
	尾矿	62.82	3.06	10.94	
	硫化矿	5.66	10.57	3.40	
	原矿	100.00	17.58	100.00	

在小型试验的基础上进行了工业试验,工业试验采用 1 次粗选、2 次扫选、4 次精选的流程,工业试验获得了含 TiO_2 48.08%,回收率为 75% 的钛铁矿精矿。

3.4.2.7　XT 捕收剂

攀钢钛业公司选钛厂研制了新型钛铁矿的捕收剂 XT。XT 捕收剂是由 A、B、C 三种药剂按最佳配比混合而成的。A 药剂捕收能力强，有一定选择性；B 药剂选择性好，但捕收能力较差；C 药剂有较好的选择性和捕收能力，且在精选时有抗脱药作用。

试验试料是攀枝花选钛厂给料，该物料是经强磁选丢弃部分脉石、用浮选法浮出硫化物后的物料。给矿中含 TiO_2 19.59%，小型开路试验，1 次粗选、2 次精选可得含 TiO_2 47.64% 的钛精矿，稍加酸，进行第三次精选，便可得到含 TiO_2 49%（质量分数）的钛精矿，表明 XT 药剂选择性较好，而且一次粗选可将尾矿 TiO_2 的含量（质量分数）降至 5.18%，表明该药剂具有较强的捕收力。

实验室开路试验流程如图 3－72 所示。小型试验结果见表 3－46。

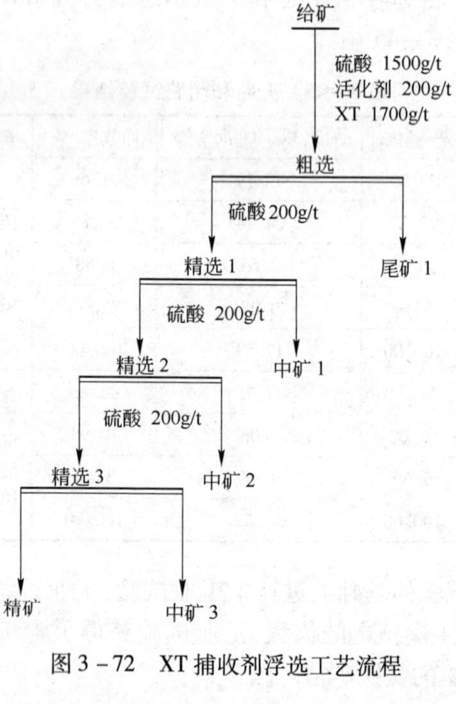

图 3－72　XT 捕收剂浮选工艺流程

表 3-46 小型试验结果

产 品	产率/%	品位(以 TiO_2 计)/%	回收率/%
钛精矿	20.86	49.14	53.44
中矿 1	13.01	15.63	10.38
中矿 2	10.60	27.55	14.90
中矿 3	4.29	35.75	7.74
尾 矿	51.24	5.18	13.54
合 计	100.00	19.59	100.00

在小型试验的基础上,2003 年 5 月进行了工业试验。工业试验采用 1 次粗选、1 次扫选、4 次精选的流程,浮硫作业不在考查范围。

当给矿量为 4.55 t/h、XT 用量为 1.16 kg/t、给矿含 TiO_2 为 17.8% 时,可获得钛精矿品位为 47.82%,作业回收率为 73.28%。

对工业试验获得的钛精矿和尾矿进行粒度分析,其结果见表 3-47。从表 3-47 可以看出,XT 捕收剂对各粒级的回收率较好,特别是对小于 0.074 mm 的各粒级,其粒级回收率都在 80% 以上。

表 3-47 工业试验产品粒度分析

粒级/mm	精矿/%			尾矿/%	
	产率	品位(以 TiO_2 计)	粒级回收率	产率	品位(以 TiO_2 计)
>0.100	2.73	46.16	38.77	11.92	6.61
0.100~0.074	8.16	47.23	46.87	24.48	7.05
0.074~0.045	54.78	49.61	80.36	45.67	5.75
0.045~0.038	21.52	48.17	90.17	8.96	4.98
<0.038	12.83	43.78	81.24	8.97	5.67
合 计	100.00	48.21	75.76	100.00	6.10

除上述混合合成的几种药剂之外,还有人用 R-3、R-2、HO、RST、H717 、ZY、MOH 等捕收剂进行了钛铁矿浮选试验,各种药剂

都有各自的特点和适用范围,药剂的价格也不同。今后这些药剂都有待在生产和试验中进行验证和比较。

3.4.3　浮选机

浮选机是完成浮选工艺的主体设备。目前国内外有几十种浮选机。按充气和搅拌方式不同,可分为机械搅拌式、充气搅拌式、充气(压气)式、气体析出式和喷射旋流式等。其中机械搅拌式浮选机国内应用最广,国产设备型号为 XJK。它是一种带辐射叶轮的空气自吸式机械搅拌浮选机,其结构示意图如图 3－73 所示。这种浮选机一般由两个槽子构成一个机组,第一槽为吸入槽,第一槽与第二槽之间设有中间室,矿浆在下面是连通的,所以称第二槽为直流槽。叶轮安装在垂直轴的下端,垂直轴上部装有皮带轮,由电动机通过三角皮带带动主轴旋转。于是盖板和叶轮之间形成局部真空(负压),空气便由导管经进气管吸入。在叶轮的强烈搅拌作用下,矿浆与空气得到充分混合,同时气流被分割成细小的气泡。叶轮是用生铁做成的圆盘,上面有 6 个辐射状叶片,在叶轮上方 5～6 mm 处装有盖板,盖板的作用一是当矿浆被叶轮甩出时在

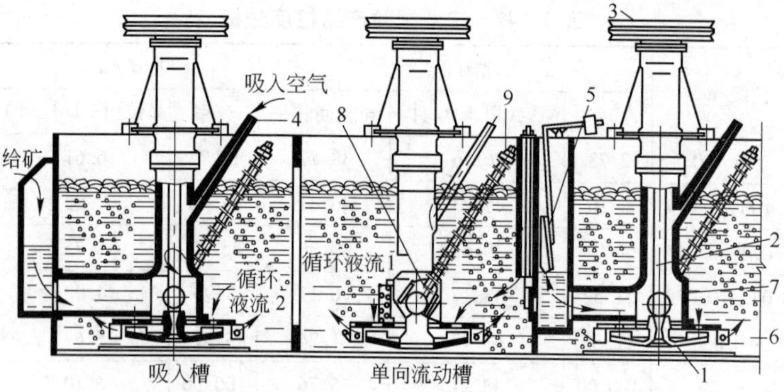

图 3－73　叶轮机械搅拌式浮选机示意图

1—叶轮；2—垂直轴；3—皮带轮；4—导管；5,8—闸门；6—盖板；7—进气管；9—螺旋杆

盖板下形成负压吸气，二是调节进入叶轮的矿浆量，三是停车时可以防止矿砂沉积在叶轮上"压死"叶轮，四是起到一定程度的稳流作用。槽内矿浆循环量可通过转动螺旋杆使闸门移动而调节，每一机组内的矿浆面用闸门调节。在每个浮选槽排矿端的侧壁下部，设置有可调节的排砂阀门，使粗而不浮起的砂粒能通过排砂口流入邻槽，从而减少叶轮下粗砂的沉积量，降低摩擦阻力，延长叶轮的寿命。矿化气泡层由刮板刮出得到泡沫产品，而不浮的矿物和脉石作为尾矿排至下一槽。

4 钛铁矿的选矿

4.1 钛铁矿砂矿的采矿

采矿技术是另一个领域的技术，但砂矿的采矿技术具有其特殊性，往往砂矿的采矿与选矿紧密相连，因此在这里对砂矿的采矿技术作概括介绍。

砂矿是原生矿在海潮及其他自然力作用下，经风化、破碎、分级、富集而成。按其成因可分为海成砂矿及海陆混合成因砂矿。

海滨砂矿一般都比较松散，没有或仅有较薄的覆盖层，因此海滨砂矿的开采不需要像开采原生矿那样需要剥离、井巷工程、穿孔、爆破等昂贵的工程投资及生产费用。采用的采挖机械，如采砂船、铲运机、装载机、斗轮挖掘机等设备都能在高效率情况下进行开采。

砂矿体的开采方法主要有三种，即水力机械化开采法、机械开采法和采砂船开采法。

4.1.1 水力机械化开采法

水力机械化开采是我国小型砂矿常用的开采方法，主要是用水枪进行开采，砂泵运输矿浆。使用的水枪是具有很高压力的喷水设备，直接从具有一定坡度的高处把砂矿冲洗下来，矿浆进入较低处的砂泵池，经砂泵再进入选矿厂进行选矿。这种采矿方法效率较低，采出的矿浆浓度也比较低，不适合大规模开采。

4.1.2 机械开采法

机械开采法是用推土机、铲运机、装载机等设备，配套使用，直接把矿石干式开采、干式运往选矿厂。也可使用斗轮挖掘机配合皮带运输机干采运至选矿厂。

海南乌场钛矿采用了69－4型斗轮式挖掘机进行采矿。采矿方式为前端工作面法，采掘面宽度为15 m，生产能力为100 t/h，斗轮直径为1.6 m，9个挖斗，每个斗容积为11 L，斗轮挖掘机总装机功率为33 kW，总质量为13 t，斗轮挖掘机的排料给入移动式皮带运输机，皮带运输机再给入移动式选矿厂。

机械开采法只能回采潜水面以上的矿量，水下部分矿量大部分损失。

4.1.3 采砂船开采法

采砂船开采法是一种漂浮物式的设备完成水下砂矿的采掘、提升、运输、选矿以及将尾矿排弃等工作的作业方式。

采砂船按挖掘矿石的方式可分为链斗式采砂船、斗轮式采砂船及绞吸式采砂船三种。

4.1.3.1 链斗式采砂船

链斗式采砂船是具有较大挖掘能力的重型设备，能够适用各种地层条件，挖斗具有剪切作用力，效率比较高。

链斗式采砂船的采矿工作示意图如图4－1所示，它的采矿主要是依靠在一条连续提升的带有挖斗的链条上进行的。

链斗式采砂船的挖掘深度通常为20 m左右，钢斗规格一般为0.17～0.67 m^3。

采砂船的传统定位方式是采用船尾锚定桩和两条前侧缆索进行的。采砂船的工作面宽200～300 m，有效作业时间达95%，其缺点是基本投资大。

中国采金船有限公司与秘鲁矿业公司签订了为其制造一艘475－1型链斗式采砂船合同，年设计能力为350万 m^3，挖掘速度10～30斗/min。

荷兰IHC公司从19世纪以来一直建造链斗式采砂船，1979年与印尼采砂锡矿和新加坡造船厂合作，建造了世界上最大的链斗式采砂船。该船能挖水下46 m的砂矿。

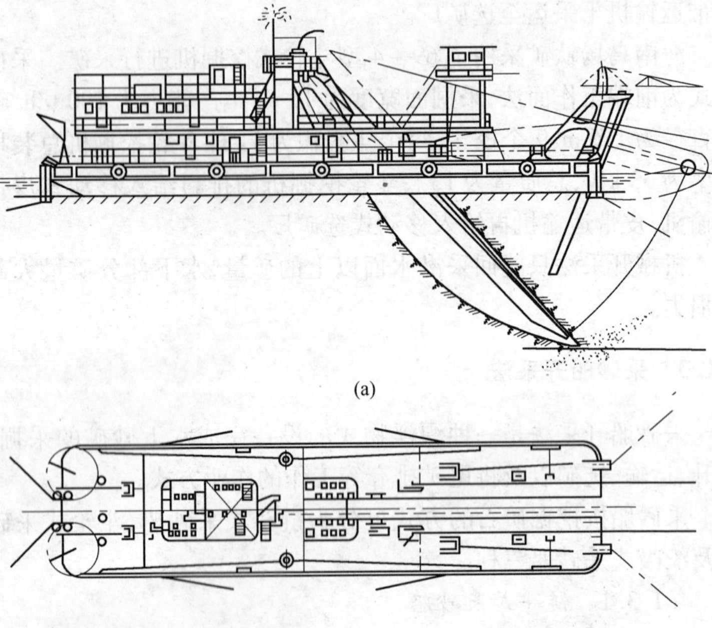
(a)

(b)

图 4－1　链斗式采砂船总布置
（a）平视图；（b）俯视图

4.1.3.2　斗轮式采砂船

斗轮式采砂船是在船采装置的头部装有斗轮，同时砂泵也装在前部，挖掘时均潜入水下，由于吸管短，因此可以获得较高的矿浆浓度。澳大利亚 250 系列的斗轮式采砂船的结构如图 4－2 所示。

该船的生产能力为 600 t/h，挖掘深度为 10 m，矿浆质量分数为 30%，砂泵位于斗臂的前下部，由 1 台 360 kW 的液压马达直接驱动，斗轮挖掘的物料由泵吸入后往船后输送，斗臂后上方装有 3 台 50 kW 的液压马达，1 台为吊臂起升用，另外 2 台分别与潜入水下的锚相连。

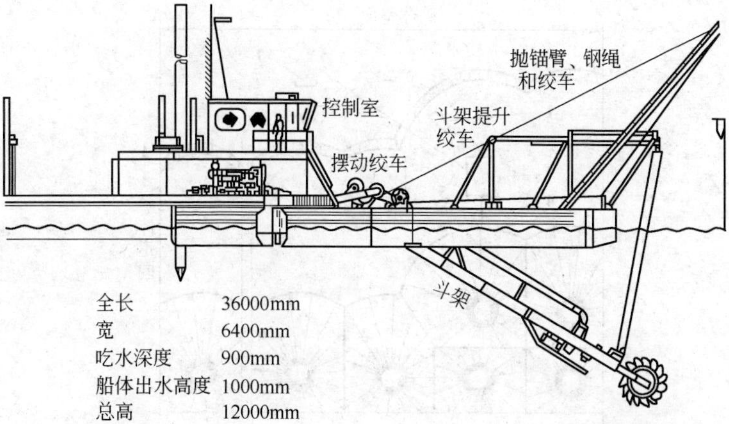

全长	36000mm
宽	6400mm
吃水深度	900mm
船体出水高度	1000mm
总高	12000mm
总重	180t
挖深	10000mm
斗轮直径	2400mm

图 4-2 250-12LE 斗轮式采砂船

4.1.3.3 绞吸式采砂船

链斗式采砂船在采砂锡矿及砂金矿中应用较多,但在海滨砂矿的开采中应用得较少;斗轮式采砂船在澳大利亚海滨砂矿的采矿中应用得较多;此外绞吸式采砂船也有广泛的应用。

长沙矿山研究院为海南沙老钛矿设计了小型吸式采砂船。采砂船与选矿船同时浮在水面上,其示意图如图 4-3 所示。

船体采用浮箱结构。吸式船靠砂泵吸管中产生的负压吸取物料,在吸管的管口附近形成一个环形间隙,通过调整管口与环形间隙的大小可以调整矿浆浓度,间隙小浓度高,间隙大浓度低。在管口处安装了水力松土器,持续的对工作面进行喷射,使原矿在进入吸管之前具有一定的松散度。该采砂船的示意图如图 4-4 所示。

该采砂船的生产能力为 50 t/h,矿浆质量分数为 40%,最大挖深 5 m,船体外形(长×宽×高)6 m×2.6 m×1 m。

澳大利亚采用的是绞吸式采砂船。该船的吸管的前方有直径

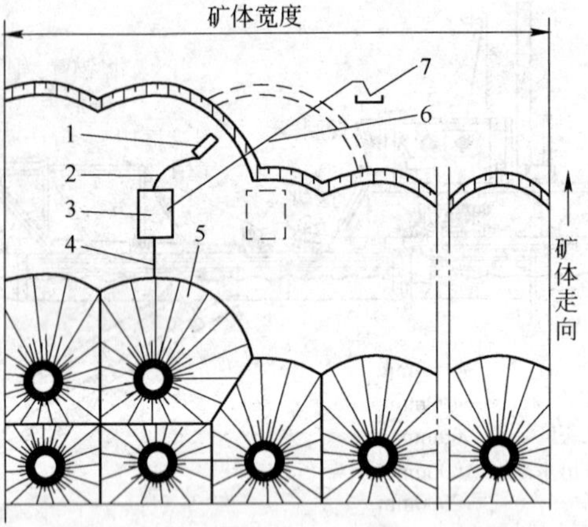

图 4-3　采砂船开采工艺示意图

1—采砂船；2—输浆管；3—选矿船；4—排尾管；5—尾矿堆；6—精矿输送管；7—精矿桶

2 m 的刀盘，刀盘两侧分别焊有 1 排刀具，刀口朝下，从上而下转动时将切割物料往吸管吸口输送。其特点是无论左右摆动时都能切割物料。吸管口与绞刀外缘留有间隙，当刀盘上的树根转到吸口时，便于利用吸口的刀刃将树根切断，如果尺寸过大，不能通过砂泵叶轮时，将集中停留在砂泵前面的一段吸管内，必要时可打开侧面的法兰盘将其取出。刀盘由装在右侧的低速大扭矩液压马达驱动。斗臂长约 8 m，为中空行架式箱体焊接结构，斗臂采用油缸升降，船体横移摆动采用绞车驱动，绞车安装在主船体上，绞车上的钢绳通过斗臂前端的滑轮牵至岸上，或固定在推土机上，采砂船的前进或后退由船尾的锚桩机构和横移绞车配合实施。

船体实际上是一个浮箱组合的浮台，设有泵舱，所有设备均安装在平台上。砂泵吸口中心线高于水面，需灌水启动，因此砂泵这种布置方式并不合理。平台上的设备配置主要包括发电机组、砂泵、液压泵站、高压变压器、电动葫芦等。

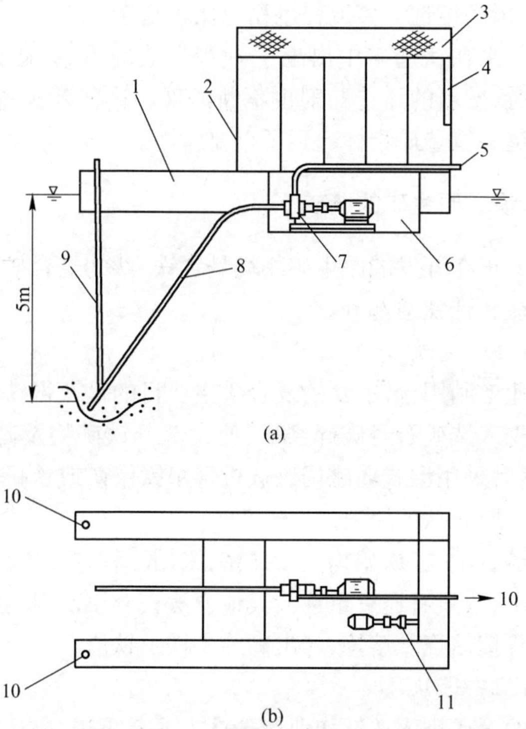

图4-4　采砂船结构示意图
(a) 平视图；(b) 俯视图
1—浮箱；2—棚架；3—帆布棚；4—配电盘；5—输浆管；6—泵仓；7—3PN 泥浆泵；8—挠性吸管；9—操纵杆；10—尼龙绳；11—水泵

砂泵打出的矿浆通过钢管向船尾输送，离船后用胶管输送至选矿厂。

4.2　钛铁矿的选矿工艺

钛铁矿选矿工艺取决于矿床类型、矿石性质及矿物组成等因素。鉴于钛原生矿石性质比较接近，目的矿物比较简单，故采用的选矿方法和工艺流程有共性。砂矿的矿物组成一般比较复杂，往往是钛铁矿、金红石、独居石、磷钇矿、锆英石、锡石等有用矿物共生在一起,因而精选分离流程也相对比较复杂。

近几年来在钛选矿中出现了一些高效的重选、磁选、电选设备,细粒钛铁矿新的浮选药剂也不断涌现。这些新设备和新药剂的使用为提高钛选矿指标起到了重要作用。

4.2.1　钛铁矿原生矿的选矿

工业上正在开发的原生矿物均是含铁、钛的复合矿床,选矿过程分为选铁和选钛两部分。

4.2.1.1　选铁

在工业上利用含铁、钛的复合矿主要目的是获得铁精矿、钒铁精矿。首先入选矿石经破碎磨矿,使大部分铁矿物及其他矿物单体解离,然后采用湿式弱磁场磁选机选出铁精矿或铁钒精矿,磁选尾矿为综合回收钛的原料。

有的矿石中铁、钛矿物嵌布致密,采用一种选矿方法难以得到单独的精矿,故只有通过重选或其他方法丢弃尾矿,将获得的铁钛混合精矿直接焙烧及熔炼,产出高纯生铁及钛渣。

4.2.1.2　选钛

选铁的尾矿进入选钛作业。选钛方法有重选、磁选、电选及浮选。工业上选钛工艺流程有以下几种:

(1) 重选—电选工艺,采用重选法先丢弃低密度的脉石或废石矿物,获得的粗精矿进行电选得到钛铁矿精矿。对于含硫矿石,在电选之前需要用浮选法脱除硫化矿物。

(2) 重选—磁选—浮选工艺。先将入选物料分级,粗粒采用重选粗选、磁选精选的方法,细粒采用浮选的方法获得钛精矿。

(3) 粗粒重选—电选,细粒磁选—浮选工艺。该流程特点是将入选物料分成粗、细两部分,粗粒用重选粗选、电选精选方法处理;细粒则用磁选法进行粗选,然后再用浮选法获得细粒钛精矿。

(4) 单一浮选或磁选—浮选工艺。对嵌布粒度细的钛铁矿石,磨矿选铁后直接用浮选法获得钛精矿或先用湿式强磁选机作粗选设备,然后磁选的磁性部分用浮选法回收钛。单一浮选法或磁选—浮选法工艺流程都比较简单,操作管理方便,但使用浮选药剂会增加选矿成本。

4.2.2　钛铁矿砂矿的选矿

钛铁矿砂矿主要矿床类型为海滨砂矿,其次是残坡积砂矿和冲积砂矿。砂矿是原生矿在自然条件下风化、破碎、富集生成,具有开采容易、可选性好、产品质量好、生产成本低的特点。砂矿是世界上钛铁矿、金红石、锆英石和独居石等矿产品的主要来源。

砂矿除少数矿体上部有覆盖层需要剥离外,一般不需要剥离即可用船采或干采等方式开采。干采机械有:推土机、铲运机及斗轮挖掘机等。船采所用采砂船有链斗式、绞吸式及斗轮式三种。采出矿石经皮带运输机或砂泵管道输送到粗选厂。

砂矿选矿厂分粗选和精选两部分。

4.2.2.1　粗选

粗选厂的入选矿石经除渣、筛分、分级、脱泥及浓缩后,进入粗选流程选别。

粗选的目的是为精选厂提供粗精矿。入选矿石按矿物密度不同的原理,用重选法丢弃大量低密度脉石,获得重矿物含量达90%左右的重矿物混合精矿。

粗选厂一般与采矿作业为一体组成采选厂,为适应砂矿特征,一般粗选厂可建成移动式的,移动方式有水上浮船及陆地轨道,履带托板等可定期拆迁。

粗选一般采用处理能力大、效率高、重量轻、便于移动式选矿厂应用的设备,多数用圆锥选矿机和螺旋选矿机等设备,少数用摇床。上述设备有单一使用的,也有配合使用的。单一圆锥选矿机主要用于规模大或原矿中重矿物含量高的粗选厂,多数选矿厂采用圆锥选矿机粗选、螺旋选矿机精选的工艺。一些规模较小的选矿厂常用螺旋选矿机粗选。

4.2.2.2 精选

砂矿中往往是含多种有价成分的综合性物料，精选的目的是将粗精矿中有回收价值的矿物有效分离及提纯，达到各自的精矿质量要求，使之成为商品精矿。

精选厂一般建成固定式的。精选作业分为湿式精选和干式精选，以干式精选为主。精选工艺的前段往往用湿式作业进一步丢弃低密度的脉石矿物。在精选过程中往往会出现干、湿交替的现象。

干式精选是按矿物的磁性、导电性、密度等性质的差异进行分选。精选厂常见矿物的磁性及导电性见表4－1。

表4－1 精选厂中常见矿物的导电性、磁性

导电性	磁 性	矿 物
导 体	强磁性	磁铁矿、钛铁矿（含铁高）
	中磁性	钨锰矿、钛铁矿
	弱磁性	钽铌铁矿、赤铁矿、褐铁矿
	非磁性	锡石、金红石
非导体	中磁性	独居石、石榴石、钛辉石
	弱磁性	电气石、黑云母、白钛石
	非磁性	铁英石、榍石、长石、石英、黄玉、刚玉

在生产中，有时采用改变磁场及电场强度等操作条件使电选、磁选作业交替进行，以改善分选效果。

砂矿流程结构变化较大。对于矿物组成比较复杂的、综合回收矿物种类较多的粗精矿，选矿工艺更为复杂，作业次数较多；对于矿物组成简单的粗精矿，精选流程则很简单。

4.3 钛铁矿选矿实例

4.3.1 攀枝花选钛厂

攀枝花选钛厂位于四川省攀枝花市，1980年投产。主要产品铁精矿除供攀枝花钢铁公司冶炼之外，还远销昆明、水城、重庆、武汉、包头及上海宝山等钢铁厂。

攀枝花选钛厂是一大型铁、钛选厂，年处理钒钛磁铁矿矿石1350万t，年产铁精矿588.3万t。

攀钢目前所开采的矿区有朱家包包、兰家火山、尖包包、米易茇茇坪、米易田家村等矿区。钛铁矿总储量为2200万t，资源量有6.2亿t，露天开采，选矿采用磁选法选出铁精矿，选铁尾矿即为选钛给矿。于1979年建成了一个带有试验性质的选钛厂，1980年建成了年产5万t钛精矿的选钛厂，经过不断扩产和技术攻关，目前选钛厂钛精矿产量已达到45万t/a。

4.3.1.1 *矿石性质*

攀枝花矿区的钒钛磁铁矿属海西期辉长岩的晚期岩浆矿床。工业矿体在岩体中呈似层岩状产出，规模巨大，层位稳定。后因构造被破坏及沟谷切割，沿走向自北东向南分成朱家包包、兰家火山、尖包包、倒马坎、公山、纳拉箐等6个矿体。攀枝花辉长岩体长约19 km，宽约2 km。

矿石中主要金属矿物有钛磁铁矿、钛铁矿、少量磁铁矿、磁赤铁矿、磁黄铁矿、黄铁矿、镍黄铁矿、紫硫镍矿、硫钴矿等，脉石矿物主要有钛辉石、斜长石、橄榄石、绿泥石等。矿石中铁钛钒元素的赋存状态见表4-2。

表4-2 攀枝花矿区铁、钛、钒赋存状态 (%)

矿区	矿物	产率	Fe		TiO_2		V_2O_5	
			品位	分配率	品位	分配率	品位	分配率
兰家火山、尖包包	钛磁铁矿	43.5	56.70	79.3	13.38	56.0	0.6	94.1
	钛铁矿	8.0	33.03	8.5	50.29	38.7	0.045	1.3
	硫化物	1.5	57.77	2.8				
	钛辉石	28.5	9.98	9.1	1.85	5.1	0.045	4.6
	斜长石	18.5	0.39	0.2	0.097	0.2		
	合计	100.0	31.08	99.9	10.42	100.0	0.13	100.0

续表 4－2

矿　区	矿　物	产率	Fe		TiO_2		V_2O_5	
			品位	分配率	品位	分配率	品位	分配率
朱家包包	钛磁铁矿	44.9	55.99	80.4	13.37	52.1	0.54	97.8
	钛铁矿	10.4	32.81	10.9	49.65	44.8	0.05	2.2
	硫化物	1.5	51.48	2.5				
	钛辉石	26.7	6.64	5.7	13.40	3.1		
	斜长石	16.3	0.88	0.5				
	合　计	100.0	31.24	100.0	11.52	100.0	0.247	100.0

从表 4－2 可以看出，钛磁铁矿中的铁占总铁金属量的 80% 左右，钛铁矿中的 TiO_2 占总 TiO_2 含量的 38% ~44%。钒主要赋存于钛磁铁矿中。

钛铁矿为半自形或它形粒状，与钛磁铁矿密切共生充填于硅酸盐矿物颗粒间，形成海绵陨铁结构、网状结构，属岩浆晚期产物，矿石分布较广，粒度为 0.5 ~0.4 mm，是主要回收对象。少量钛铁矿与钛磁铁矿嵌布于钛辉石、钛角闪石中，形成嵌晶结构，粒度较细；还有少量钛铁矿为伟晶岩期钛铁矿，粒度粗大，但含量少。

有 35% 的钴以微细含钴镍的独立矿物或以类质同象形态赋存于磁黄铁矿中；有 57% 的钴以微细包裹体形式赋存于钛磁铁矿中。

原矿石首先进入选矿厂选铁，采用的工艺为 1 段闭路磨矿、3 次磁选。磨矿使用 ϕ3600 mm × 4000 mm 湿式格子型球磨机与 ϕ3000 mm 高堰式双螺旋分级机组成闭路磨矿。磁选作业为 1 次粗选、1 次精选和 1 次扫选。选矿厂共 16 个系列，磨矿粒度为 0.4 mm，原矿石处理量为 107 t/h，铁精矿品位为 51% 左右，回收率为 71% ~76%。

选铁后的尾矿给入选钛厂选钛。在选铁的磁选尾矿中主要含有钛铁矿、硫化矿物、钛辉石、斜长石等，同时也含有磁选选铁时剩余的钛磁铁矿。

选铁的尾矿一般含有 TiO_2 8%左右，含泥量较高，其中小于0.043 mm粒级的含量达34%~39%；大于0.4 mm粒级中 TiO_2 的含量不高，仅为2%~4%，可作为尾矿丢弃。

在磁选尾矿中钛铁矿的单体解离度为84.2%~87%。钛铁矿与钛磁铁矿紧密共生，在钛铁矿表面分布有网脉状镁铝尖晶石及细脉状赤铁矿，脉宽1~2 μm。钛铁矿的密度实测为4.57 g/cm^3，具有弱磁性和良好的导电性。

选钛厂给矿多元素分析结果见表4-3。粒度组成及主要矿物含量及性质分别见表4-4和表4-5。

表4-3 磁选尾矿主要化学成分(质量分数) (%)

成分	TFe	TiO_2	Co	Cu	Ni	MnO	SiO_2	Al_2O_3	P	S	CaO	MgO
含量	13.82	8.63	0.016	0.019	0.010	0.187	34.40	11.06	0.034	0.609	11.21	7.60

表4-4 磁选尾矿粒度组成 (%)

取样日期	1980年11月22日			1981年11月30日			1983年12月23日			1984年7月5日		
粒级/mm	产率	品位	分布率	产率	品位	分布率	产率	品位	分布率	产率	品位	分布率
>0.63	4.60	2.48	1.32	3.03	1.92	0.74	2.56	2.34	0.70	3.43	1.97	0.68
0.63~0.4	7.38	4.63	3.94	6.36	2.56	2.07	6.71	2.83	2.22	7.26	2.72	2.04
0.4~0.315	4.60	4.63	2.46	4.54	4.39	2.53	4.97	4.01	2.33	4.33	3.84	1.72
0.315~0.25	5.35	5.67	3.50	4.94	6.23	3.91	5.44	5.66	3.61	5.14	4.56	2.42
0.25~0.154	10.37	9.43	11.28	13.52	7.19	12.35	14.49	8.30	14.03	14.62	8.63	13.03
0.154~0.1	11.76	11.35	15.40	14.03	9.91	17.66	12.04	10.38	14.63	8.97	15.34	14.21
0.1~0.071	4.49	10.39	5.38	5.85	10.07	7.48	8.21	10.88	10.46	5.95	10.39	17.12
0.071~0.045	15.72	9.67	17.35	9.89	9.99	12.55	11.39	11.15	14.87	11.39	10.07	11.85
<0.045	35.73	9.51	39.19	34.84	8.47	40.71	34.19	9.27	37.10	38.91	9.19	36.93
合计	100.00	8.67	100.00	100.00	7.87	100.00	100.00	8.54	100.00	100.00	9.68	100.00

表4-5 磁选尾矿中主要矿物含量及性质

项 目	钛铁矿	硫化物	钛磁铁矿	钛辉石	斜长石矿
相对含量/%	11.4~15.3	1.5~2.1	4.3~5.4	45.6~50.3	30.4~33.3
单体解离度/%	84.2~87.0	80.5~84.7	52.6~60.1	89.4~91.4	87.3~92.7
密度/$t \cdot m^{-3}$	4.49~4.71	4.58~4.70	4.74~4.81	3.1~3.3	2.65~2.67
硬度/MPa ($kg \cdot mm^{-2}$)	6987.4~7369.6 (713~752)	2891~4174.8 (295~426)	7369.6~7791 (752~795)	9143.4~9976.4 (933~1018)	7467.6~8761.2 (762~894)
比磁化系数 /$cm^3 \cdot g^{-1}$	240×10^{-6}	4100×10^{-6}		100×10^{-6}	14×10^{-6}
电阻率/$\Omega \cdot cm$	1.75×10^5	1.25×10^4	1.38×10^6	3.13×10^{13}	$>10^{14}$

4.3.1.2 试验研究工作

1975年,为建设钛厂进行了选钛工艺流程的半工业试验,试验方案主要有重选—电选方案和磁选—重选—电选方案。重选—电选方案是以螺旋选矿机作粗选设备,以电晕电选机为精选设备的主体工艺流程方案;磁选—重选—电选方案是用强磁选机和螺旋选矿机作粗选设备,以电选为精选工艺的方案。

重选—电选方案试验流程如图4-5所示。

磁选尾矿先用水力分机分成大于0.1 mm、0.1~0.04 mm和小于0.04 mm三级。水力分级的第一级采用螺旋选矿机粗选,粗选中矿再磨至小于0.074 mm的占40%后再用螺旋溜槽、摇床选。第二级采用螺旋溜槽、摇床选。第一、第二级所得的粗精矿经浮选脱硫后分别用电选法精选,电选经1次粗选、2次精选后可以得到含$TiO_2$48%以上的钛精矿。

磁选—重选—电选方案是为了强化粗选作业,在螺旋选矿机选矿之前用湿式强磁选机对弱磁选尾矿进行强磁选,进一步丢弃尾矿,所获的磁性产品再用螺旋选矿机选。试验流程如图4-6所示。

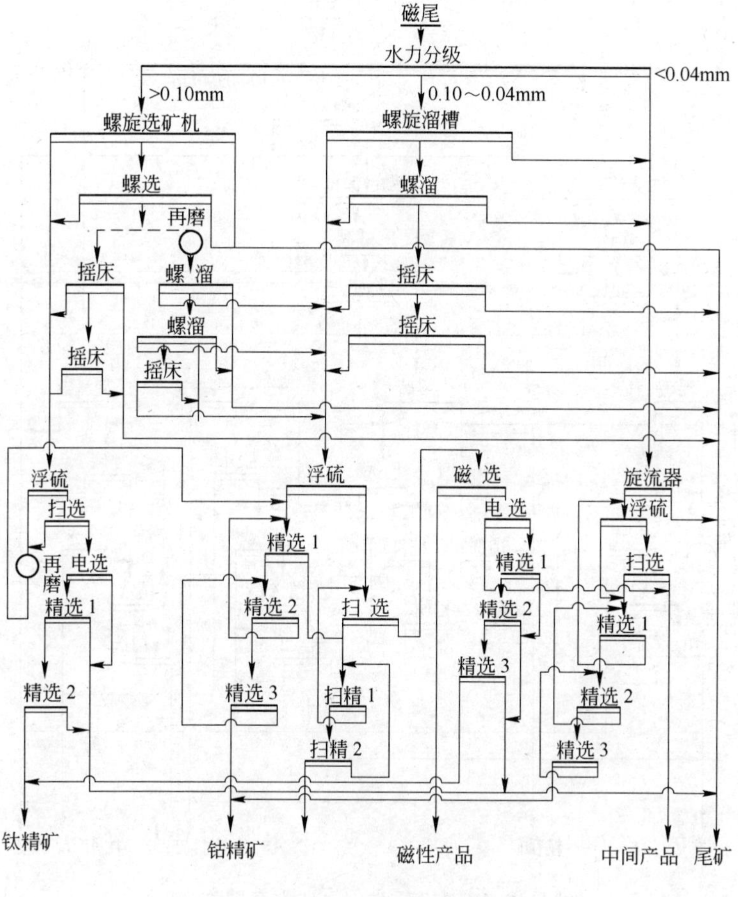

图 4-5　重选—电选方案试验流程

经过一次强磁选，第一级（0.4 ~ 0.1 mm）可以获得含 TiO_2 12.98% 的粗精矿，作业回收率为 87.41%；第二级（0.1 ~ 0.04 mm）可以获得含 TiO_2 为 11.82% 的粗精矿，作业回收率为 89.64%。第一级和第二级强磁选丢弃的尾矿产率分别为 48.28% 和 34.97%，尾矿中 TiO_2 损失率分别为 12.59% 和 10.36%，两个方案的试验结果见表 4-6。

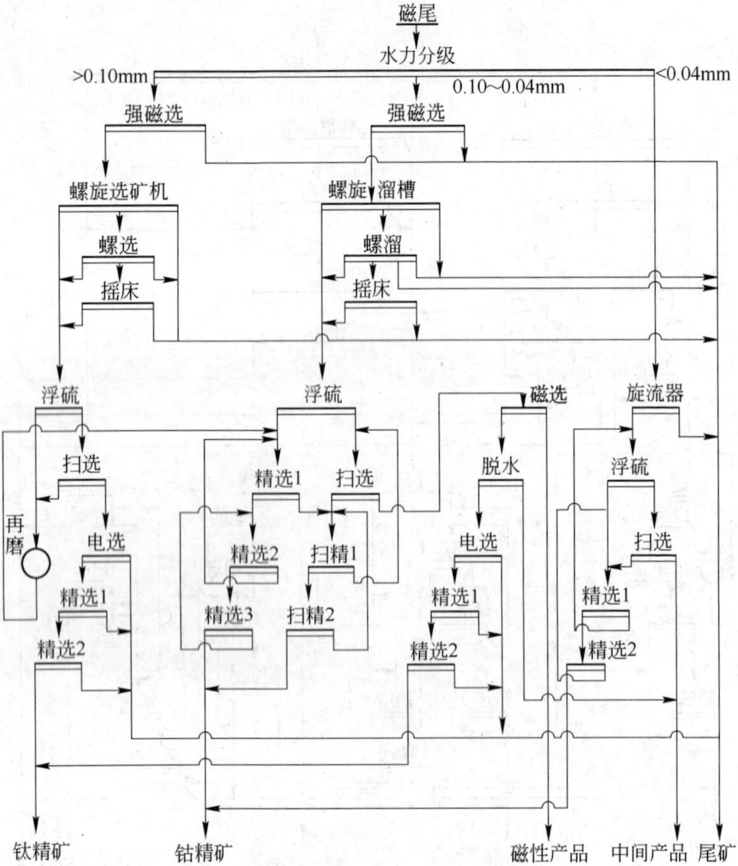

图 4-6　磁选—重选—电选方案试验流程

表 4-6　两个方案的试验结果

方　案	产　品	产率/%	品位（以 TiO_2 计）/%	回收率/%
重选—电选	钛精矿	7.53	48.86	50.07
	硫化矿	0.93	0.16	0.02
	尾　矿	76.92	3.30	34.59
	给　矿		7.35	

续表 4-6

方 案	产 品	产率/%	品位（以 TiO_2 计）/%	回收率/%
磁选—重选—电选	钛精矿	8.66	48.71	53.39
	硫化矿	0.99	0.29	0.04
	尾 矿	77.01	3.46	33.70
	给 矿		7.15	

两个方案的对比试验表明两方案的指标比较接近，磁选—重选—电选方案的指标略高。

两个方案对水力分级第三级（<0.04 mm）物料仅进行了脱泥和硫化矿浮选，并未获得钛产品。该粒级的产率为 16.48%，含 TiO_2 7.67%，钛金属分布率为 16.73%。

4.3.1.3 选钛厂试生产

1979 年建成选钛厂，选矿工艺按磁选—重选—电选方案工艺流程建设，后因强磁选作业所使用的笼式强磁选机的磁感应强度低，达不到要求，因而决定采用重选—电选方案的流程进行生产。选钛厂生产原则流程如图 4-7 所示。

选厂投产后进行了流程调试工作，生产调试数质量流程如图 4-8 所示。调试结果，钛精矿品位为 47.81%，回收率为 25.66%。试生产指标与试验指标仍有较大差距，其原因主要是由于水力分级机分级效果差，重选的给矿中有数量较多的小于 0.04 mm 粒级的细泥，影响了重选指标。

针对试生产中存在的问题，对流程进行了局部改进。摇床是为了回收螺旋重选中矿，由于作业回收率不高因而取消。粗、细粒级粗精矿分别浮选脱除硫化矿，因工艺复杂，不易操作，后改为不分级直接进入硫化矿浮选作业。为了提高干燥能力，在过滤之前增设 ϕ1500 mm×4000 mm 倾斜浓密箱。在电选前增加振动筛，隔除大颗粒，以提高电选效果。

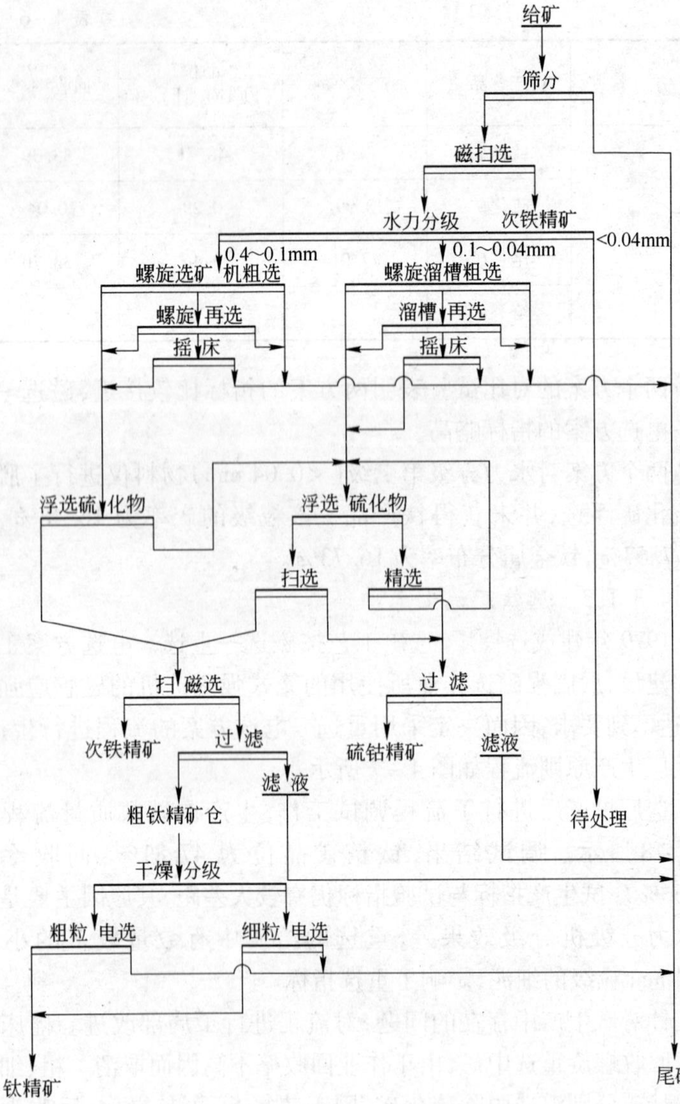

图 4－7　选钛生产原则流程

流程改造后按图 4－9 所示的生产流程进行生产，选钛厂 1983～1992 年的生产技术指标列入表 4－7 中。

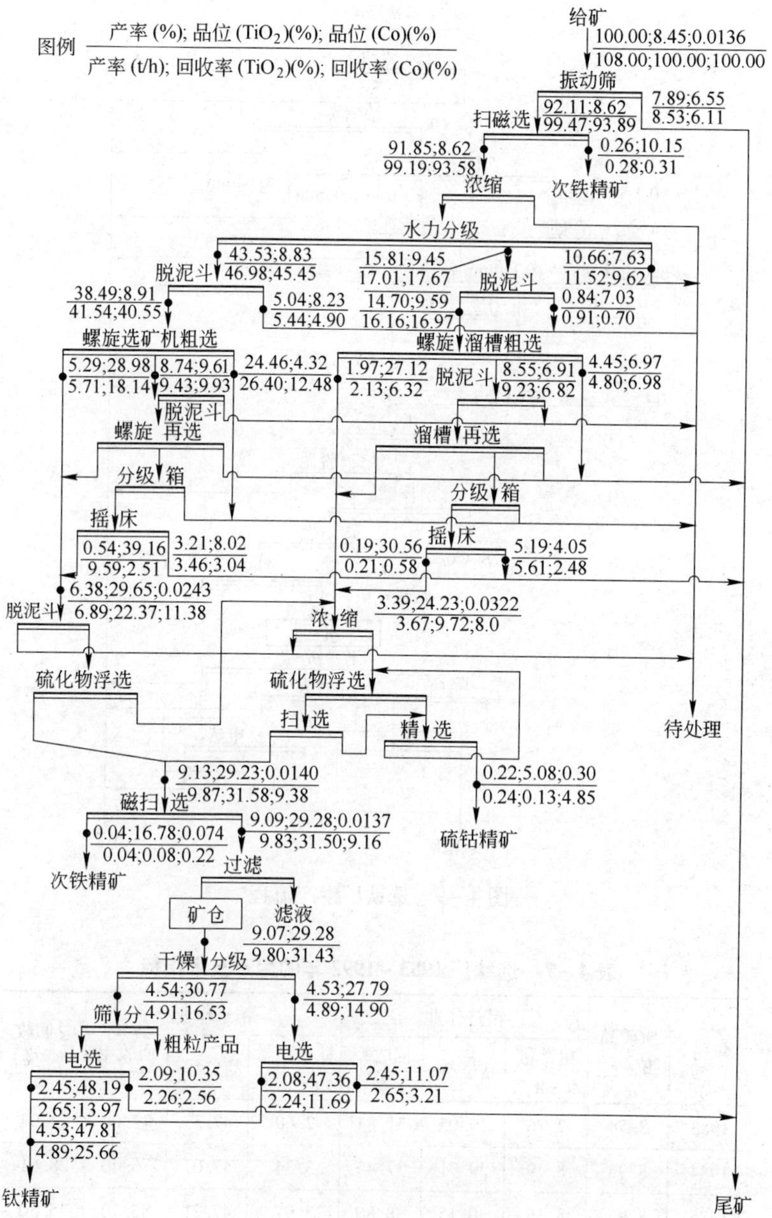

图 4-8 生产调试数质量流程

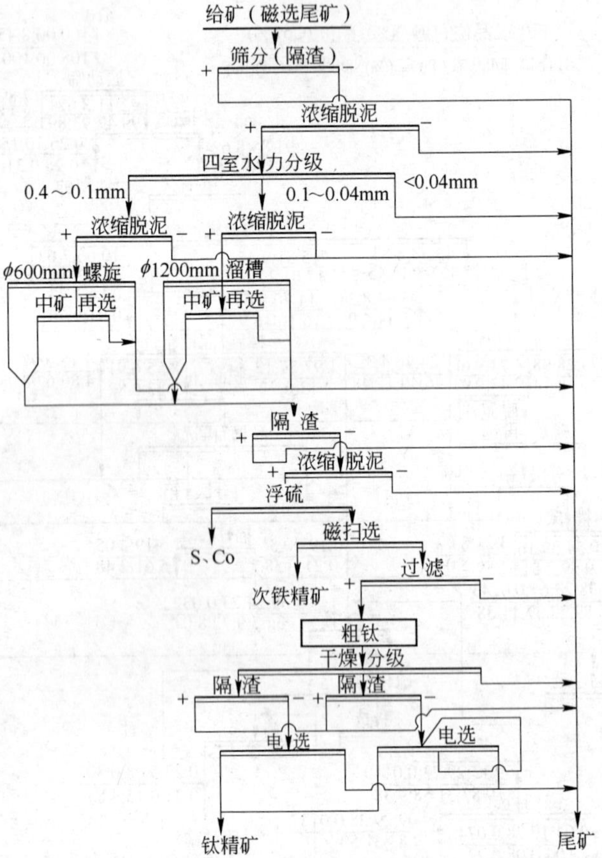

图 4－9　选钛厂生产流程

表 4－7　选钛厂 1983～1992 年的生产技术指标

年份	原矿品位/%	粗选作业			精选作业			总回收率/%
		粗钛量/$t \cdot h^{-1}$	品位/%	回收率/%	钛精矿量/$t \cdot h^{-1}$	品位/%	回收率/%	
1983	8.58	7.76	29.05	31.84	2.60	47.33	72.04	22.94
1984	8.95	8.49	29.71	37.45	3.34	47.07	76.40	28.61
1985	8.95	8.15	30.15	38.80	3.97	47.21	85.70	35.50

续表 4-7

年份	原矿品位/%	粗选作业			精选作业			总回收率/%
		粗钛量/t·h^{-1}	品位/%	回收率/%	钛精矿量/t·h^{-1}	品位/%	回收率/%	
1986	8.72	8.97	30.02	40.48	5.06	46.96	85.63	34.66
1987	9.92	10.24	29.58	45.19	5.51	47.25	84.04	37.98
1988	9.31	10.25	30.62	45.60	6.02	46.84	80.59	36.75
1989	9.23	10.23	29.79	39.17	6.39	46.84	81.41	32.32
1990	9.94	10.06	29.98	34.56	6.38	47.43	82.93	28.66
1991	9.98	9.91	29.74	33.71	5.98	47.83	81.61	27.51
1992	9.89	11.20	29.22	40.38	6.33	47.53	81.43	32.88

4.3.1.4 优化选矿工艺的试验和实践

A 圆锥选矿机选钛工艺及装备的研究

选钛厂的粗选设备为螺旋选矿机和螺旋溜槽,设备台数较多,生产管理困难。为了简化粗选流程,减少设备台数,节省水电消耗,降低选矿成本,广州有色金属研究院从1981年起进行以圆锥选矿机为主体设备的选钛选矿工艺的研究。

圆锥选矿机是一种高效的重选设备,本身处理能力很大,达到60~80 t/(h·台),占地面积小,节水节电,易操作管理,在国外的重选厂,特别是处理海滨砂矿的选矿厂得到了广泛的应用,国内在海南乌场钛矿、广西车河选厂的脉锡矿的选矿工艺中得到应用。

以2.5个系列的选铁尾矿为原料,仅用3台圆锥选矿机就可以完成粗选工作,圆锥精矿品位为26%~28%,粗选回收率为27.17%~32.47%,粗精矿的产量达12.8~1.38 t/h,节省了100多台设备,水电费用降低了45%。

1989年又进行圆锥选矿机为粗选设备的精选工艺的试验。试验流程如图4-10所示。

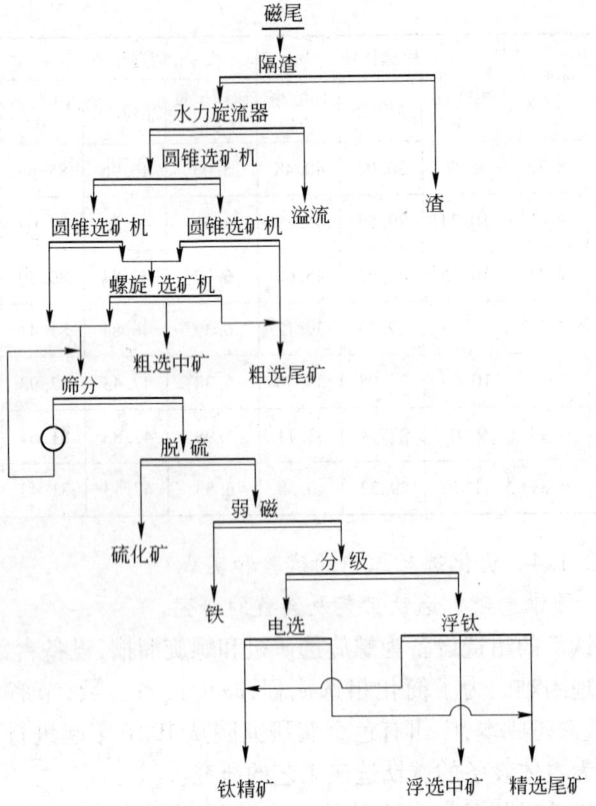

图4-10　圆锥选矿机选钛试验流程

选铁磁尾首先用隔渣筛除掉大于1 mm的粗粒杂物，然后用水力旋流器浓缩和脱泥。水力旋流器沉砂经圆锥选矿机1次粗选、1次精选和1次扫选，得到钛粗精矿和粗选尾矿。精选圆锥选矿机尾矿和扫选圆锥选矿机精矿用螺旋选矿机选，得钛粗精矿。圆锥选矿机精矿和螺旋选矿机精矿合并作为钛粗精矿，含$TiO_2$27.16%，回收率为57.44%。

钛粗精矿经筛分，大于0.32 mm部分磨矿至小于0.32 mm的粒度，然后进行浮选脱硫化矿，浮选槽内产品进行弱磁选选出强磁性铁矿物，然后分级，粗粒级用电选精选，细粒级用浮选获得钛精矿。经过精选后，可获得含 $TiO_2$49.85%、回收率为 51.85% 的钛精矿。

整个选矿工艺比较简单，作业数较少，所用设备数量也比较少。选矿结果列入表 4－8 中。

表 4－8 选矿结果

产 品	产率/%	品位(以 TiO_2 计)/%	回收率/%
钛精矿	10.58	49.85	51.85
浮选中矿	0.44	16.8	0.72
精选尾矿	9.46	3.64	3.37
粗选中矿	1.89	12.10	2.25
粗选尾矿	67.62	5.05	33.57
渣	0.57	3.88	0.22
旋流器溢流	8.40	7.90	6.52
硫化矿	0.42	11.45	0.47
铁矿物	0.62	16.86	1.03
合 计	100.00	10.17	100.00

B 分级设备的优化

钛选矿实践证明，现有的重选设备选钛铁矿对 0.074～0.045 mm 粒级效果较差，粗选粒级回收率仅有 34%；小于 0.045 mm 粒级的钛铁矿几乎没有回收，粒级回收率仅有 18%；最有效的回收粒级范围为 0.25～0.074 mm 粒级，粒级回收率达 55%。因此分级效率的高低直接影响了重选选矿的效率。

原流程中采用四室水力分级机分级，分级效率很低，粗、细粒级分级效率均在 40% 左右，因而影响了重选的分选效果。

分级效率的高低取决于分级设备。昆明冶金研究所研制的斜板浓密分级机，既起到浓密作用，又具有分级作用。该设备单位面积处理能力大，对原矿流量波动、粒度变化的适应能力强，分级效率高,工业试验分级效率为 71.50%(63 μm),沉砂浓度高达 35.9%。采用该设备既提高了分级效率,又简化了流程,从而降低了选矿成本。

C　细粒选别工艺的优化

随着采矿向深部开采,矿石性质发生了变化,采用重选—电选工艺选钛最有效粒级(0.4 ~ 0.045 mm)的含量由原来的 60%左右降低到 40%左右,而细粒(<0.04 mm)部分钛金属量已上升至 60%左右,细粒中的钛金属基本未回收,因而造成选钛厂回收率下降。原生产工艺中重选和电选的粒级回收情况见表 4-9。

表 4-9　主要选别设备对钛铁矿各粒级回收率

粒级/mm	回收率/%		
	600 mm 铸铁螺旋选矿机	1200 mm 螺旋溜槽选矿机	YD-3 型电选机
>0.40	11.31	91.38	
0.40 ~ 0.315	25.12	63.71	95.77
0.315 ~ 0.250	38.82	66.98	95.90
0.250 ~ 0.154	49.37	53.97	95.28
0.154 ~ 0.100	56.98	42.34	90.87
0.100 ~ 0.074	55.52	42.98	81.16
0.074 ~ 0.045	34.12	43.74	59.25
<0.045	18.08	14.36	17.28
合　计	44.85	46.36	84.18

细粒中的钛铁矿最有效的回收手段是浮选法。为了降低浮选选矿成本,需要预先脱除小于 0.019 mm 部分细泥,并用高梯度湿式强磁选机预富集,丢掉大部分非磁性脉石后再进入浮选作业。

赣州冶金研究所研制的 Slon 湿式强磁选机具有不堵塞、精矿富集比高的特点。1995 年用 Slon-1500 型强磁选机对攀枝花细粒钛铁矿进行了工业试验，取得较好的试验指标。Slon-1500 型强磁选机的处理能力为 25 t/(h · 台)。当细粒级物料用 ϕ125 mm 水力旋流器脱除小于 19 μm 的细泥后，沉砂给入强磁选机，强磁选机给矿中含 TiO_2 为 11.36%，强磁精矿含 TiO_2 为 21.23%，作业回收率为 76.24%，丢弃的尾矿产率为 60%。

对于强磁选的精矿，先后有多家研究单位进行了钛铁矿的浮选试验，其中有长沙矿冶研究院、广州有色金属研究院、地科院综合所、攀钢矿山研究院、攀钢矿业公司等单位，它们完成了 R-1、R-2、RST、ROB、F968、HO 等六种捕收剂的试验工作，取得了一定效果。

长沙矿冶研究院以强磁精矿为原料，以苯乙烯膦酸为捕收剂，以硫酸和草酸为调整剂，在给矿品位为 20.98% 时，精矿品位为 46.91%，作业回收率为 76.55%。

地矿部产品综合利用研究所以强磁选精矿为原料，以氧化石蜡皂为捕收剂，调整剂为草酸、水玻璃、硫酸，在给矿品位为 17.66% 时，精矿品位为 47.83%，浮选作业回收率为 60.97%。

1996 年，广州有色金属研究院以强磁精矿为原料进行了细粒钛铁矿浮选工业试验。试验以氧化塔尔油为捕收剂，以硫酸、CMC、水玻璃为调整剂进行 1 次粗选、1 次扫选及 4 次精选试验，当给矿含 TiO_2 为 24.47% 时，工业试验获得 TiO_2 为 45.16%、回收率为 69.74% 的钛精矿。

长沙矿冶研究院进行了用 ROB 浮钛药剂的工业试验，当给矿品位为 21.65% 时，采用硫酸酸化水玻璃为抑制剂，活化剂为 SG，取得的钛精矿品位为 48.41%，作业回收率为 75.03%。

中南大学用 MOS 作捕收剂进行浮选细粒钛的工业试验，以水玻璃和 CMC 为调整剂，给矿含 $TiO_2$23.13%，经过 1 次粗选、1 次扫选、4 次精选的浮选试验，获得了精矿品位为 47.31%、回收率为 59.74% 的钛精矿。从 1997 年至 2001 年，一直以 MOS 为捕收剂进行工业生产。

D　优化后形成的新的生产工艺

攀枝花钛选厂在过去重选—电选工艺流程的基础上，经过多年的技术攻关和技术改造，优化了选矿工艺。选钛厂优化后生产原则流程如图 4－11 所示。原来的选矿工艺由于原矿性质变化，钛铁矿粒度变细，因而生产指标比建厂时有大幅度降低，原流程选矿技术指标见表 4－10。

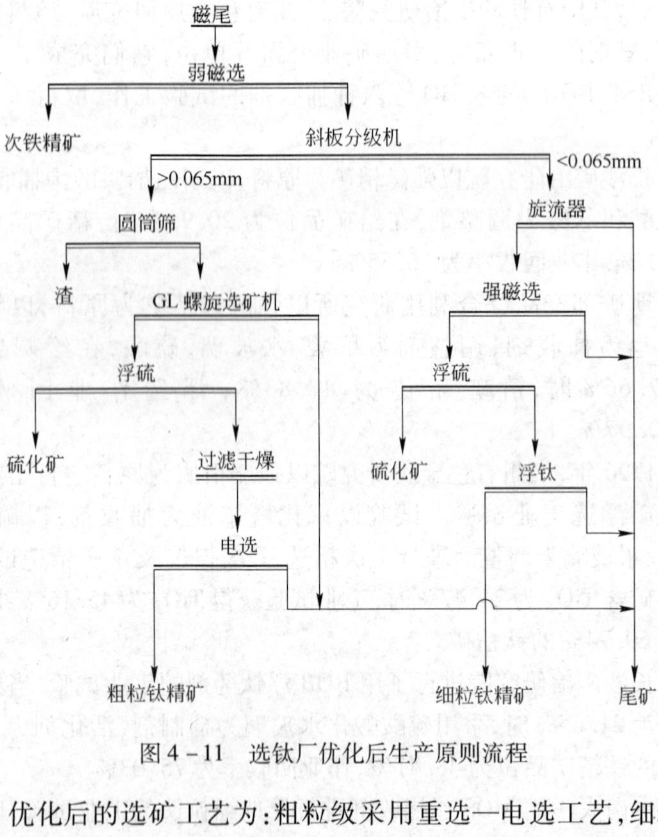

图 4－11　选钛厂优化后生产原则流程

优化后的选矿工艺为：粗粒级采用重选—电选工艺，细粒级采用磁选—浮选工艺。原矿先用斜板浓密机分级，将物料分成大于 0.063 mm 和小于 0.063 mm 两种粒级，大于 0.063 mm 粒级经圆筒筛隔渣后，经螺旋选矿机选得钛粗精矿，该粗精矿经浮选脱硫后，过滤干燥，再用电选法得粗粒钛精矿。小于 0.063 mm

粒级物料用旋流器脱除小于 19 μm 的泥之后,用湿式高梯度强磁选机将细粒钛铁矿选入磁性产品中,然后通过浮选硫化矿和浮选钛铁矿,获得细粒钛铁矿精矿。

选钛厂 2003 ~ 2005 年生产的技术指标见表 4 - 11。

表 4 - 10 原流程选矿技术指标

年 份	钛精矿产率/%	钛精矿回收率/%	钛精矿品位/%
1980	1.31	8.72	46.28
1985	7.5	35.50	47.21
1990	3.27	16.74	47.35
1991	3.63	17.11	47.86
1992	3.73	17.85	47.69
1993	3.98	18.79	47.56
1994	3.59	19.36	47.54
平 均	3.86	20.00	47.37

表 4 - 11 选钛厂 2003 ~ 2005 年主要技术经济指标

项 目	2003 年	2004 年	2005 年
年处理矿石/万 t	442.78	433.72	480.60
钛精矿产量/万 t	19.23	21.82	25.07
钛精矿品位/%	47.67	47.51	47.48
回收率/%	20.88	24.64	24.62

4.3.2 太和选矿厂

太和铁矿厂位于四川省西昌市太和乡境内,东距西昌市 10 km,南距攀枝花市 275 km。

4.3.2.1　*矿石性质*

太和铁矿矿床为晚期岩浆分异大型钒钛磁铁矿矿床，它产于基性—超基性辉长岩岩体中。矿石中赋存着铁、钒、钛、钴、镍、铜、钪等有益元素。

太和铁矿厂1988年投产，采用一段磨矿磁选工艺选出铁精矿，年处理能力达约40万t。选铁的尾矿进入选钛厂。选铁尾矿多元素分析结果见表4－12。

表4－12　选铁尾矿多元素分析结果（质量分数）　　（%）

元　素	TFe	FeO	Fe_2O_3	TiO_2	V_2O_5	SiO_2
含　量	13.42	10.58	7.4	12.58	0.07	35.86
元　素	Al_2O_3	CaO	MgO	Co	Ni	
含　量	11.56	11.32	9.25	0.018	0.013	

在选铁尾矿中主要金属氧化物为钛铁矿和钛磁铁矿，还有少量磁黄铁矿及黄铁矿，脉石矿物有钛辉石、斜长石、橄榄石及极少量磷灰石等。

钛铁矿是选铁尾矿中利用价值最高的工业矿物。钛铁矿的产出形式为粒状钛铁矿、呈固溶体分解产物的叶片状钛铁矿和脉石中包裹的针状钛铁矿。对选矿而言，后两种形式存在的钛铁矿是难以回收的，可以回收的只有粒状钛铁矿。钛铁矿矿物含$TiO_2$50.97%、Fe33.20%。

由于钛铁矿结晶分异不够充分，致使在钛铁矿结晶粒中含有其他成分。因这些外来成分的含量不同，钛铁矿的磁性也有差异。其磁性变化范围为$76.32\times10^{-6}\sim140.26\times10^{-6}$ cm^3/g。

钛磁铁矿是由磁铁矿、钛铁矿、钛铁晶石、镁铝—铁铝尖晶石组成的复合矿物。在选铁尾矿中，钛磁铁矿的特点是有不同程度的磁赤铁矿化。选铁尾矿中的钛磁铁矿的另一特征是绿泥石化强烈，在数量上绿泥石化钛磁铁矿含量比原矿石要高得多。

脉石矿物种类多，对选钛影响较大的有钛辉石、角闪石、橄榄石、绿泥石、斜长石和少量磷灰石等。脉石矿物具有不同磁性，其比磁化系数由小到大的变化范围为 3.81×10^{-6} ~ 206×10^{-6} cm^3/g,其中小于 76.32×10^{-6} cm^3/g 的脉石矿物产率达80%以上。脉石矿物的平均密度为 3.06 g/cm^3。

4.3.2.2 选矿试验和生产流程

1992年进行了磁选尾矿回收钛铁矿的选矿试验,分别采用重选—浮硫—电选、强磁选—浮选流程,其试验结果见表4-13。

表4-13 磁选尾矿综合回收试验结果

试验流程	产品	产率/%	品位(以 TiO_2 计)/%	回收率/%
螺旋—浮硫—电选	钛精矿	12.06	48.08	49.33
螺旋—强磁—浮硫—电选	钛精矿	14.75	47.67	60.35
强磁—浮选	钛精矿	14.94~13.15	48~49	56.64~50.90

太和选钛厂的给料为选铁尾矿,其中含 TiO_2 12%~15%,原生产流程为重选—浮硫流程回收钛铁矿,选钛工艺流程如图4-12所示。

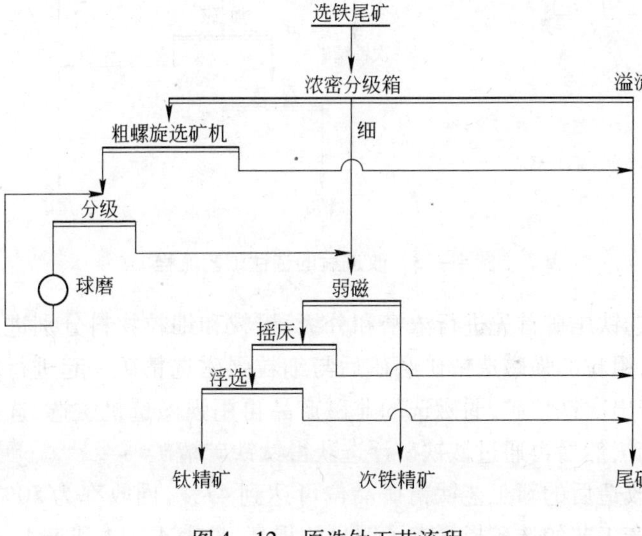

图4-12 原选钛工艺流程

重选段采用螺旋溜槽粗粒抛尾，螺旋溜槽精矿经磨矿后用弱磁选机选出次铁精矿，然后用摇床选，摇床精矿用浮选法得出钛精矿。在流程中，螺旋溜槽的作业回收率为59%，摇床的作业回收率为47%，摇床精矿经浮选后可获得含$TiO_2$47%、回收率为15%的钛精矿。

由矿石性质可以看出，钛铁矿与脉石矿物具有较明显的磁性差异，采用磁选机作粗选设备可以丢弃大量的脉石矿物。因此将原生产流程按照强磁—浮选的流程进行改造。改造后的选钛工艺流程如图4－13所示。

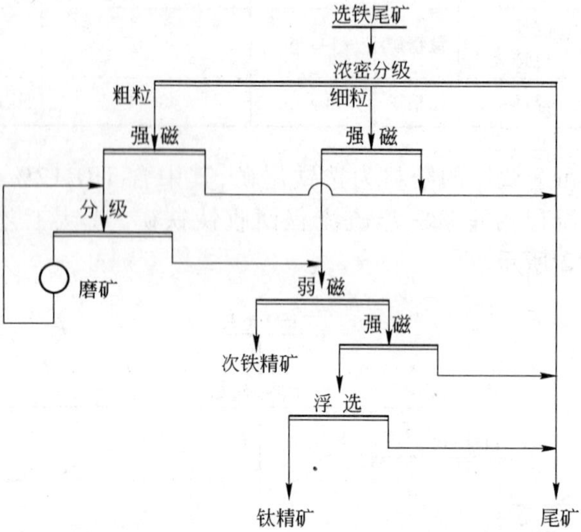

图4－13　改进后的选钛工艺流程

选铁尾矿首先进行浓密和分级，粗粒和细粒物料分别进入强磁选，粗粒的强磁选精矿磨矿后与细粒强磁选精矿一起进行弱磁选，产出次铁精矿，弱磁选的非磁产品再用强磁选机磁选，选出钛粗精矿，然后再通过钛铁矿浮选获得钛铁矿精矿。

改造后的新工艺钛精矿品位可达到47%，回收率为50%，比原生产工艺的选矿指标有了明显的提高，见表4－14和表4－15。

表 4-14 改进前后指标对比

指 标	原流程	改进后	增 减
精矿品位(以 TiO_2 计)/%	47.00	47.00	0
精矿回收率(以 TiO_2 计)/%	15.00	50.00	35.00

表 4-15 不同设备作业回收率对比

方 案	作业设备	作业回收率(以 TiO_2 计)/%
原流程	螺旋选矿机	59.09
	摇 床	47.25
改进后	一次强磁	85.60
	二次强磁	85.70

流程中所使用的强磁场磁选机的背景场强为 0.76～0.86T，在给矿品位为 12.06% 时，磁选精矿品位为 21.23%，回收率达 84.68%。磁选产品筛分和水析结果见表 4-16。

表 4-16 磁选产品筛分和水析结果 (%)

粒级/mm	给矿			强磁精矿			
	产率	品位	分布率	产率	品位	分布率	粒级回收率
>0.4	3.34	3.98	1.18	2.98	6.76	0.94	65.70
0.4～0.2	20.63	7.80	14.30	23.05	14.49	15.47	89.99
0.2～0.154	7.27	11.08	7.16	8.00	21.68	8.03	93.35
0.154～0.125	5.40	13.66	6.56	6.97	23.39	7.55	95.82
0.125～0.105	6.38	12.85	7.29	7.49	22.32	7.71	88.06
0.105～0.074	7.86	13.79	9.63	9.64	25.22	11.26	97.25
<0.074	49.12	12.34	53.88	41.80	25.33	49.04	75.74
合计	100.00	11.25	100.00	100.00	21.59	100.00	83.21

由表 4-16 可以看出，除较粗的大于 0.4 mm 的粒级和较细的小于 0.074 mm 的粒级回收率较低外，其余各级的粒级回收率为 88%～95%。粗粒级的回收率低，主要是由于部分贫连生体损失

造成。较细粒级中有一部分的矿泥入选,造成回收率较低。

4.3.3 双塔山选矿厂

双塔山选矿厂隶属于承德钢铁公司,主要生产铁精矿和钛精矿。双塔山选矿厂东距承德市 15 km,北距大庙铁矿 25 km。双塔山选矿厂处理大庙铁矿的钒钛磁铁矿。

4.3.3.1 *矿石性质*

大庙矿区主要为深成基性火成岩体钒钛磁铁矿。基性火成岩以斜长岩和辉长岩为主,绝大部分遭受次生变化,普遍发育有钠黝帘石化及绿泥石化。斜长岩在区内分布最广,构成矿体外围的主体基性岩;辉长岩大多分布在矿区东侧,呈北东方向延展,其中普遍含有钒钛磁铁矿,当含量增高时即构成具有工业价值的矿石,而且往往是渐变关系,即由致密型矿石到稠密浸染,到稀疏浸染,到矿染辉长岩。产于斜长岩中的矿体则有明显的接触界线。基性及中酸性脉岩出现较多,为成矿后生成,穿插早期各矿岩,产状不规则,矿体呈脉状、扁豆、透镜及瘤块状产出,绝大部分露出地表,向深部变化较大,有膨、缩、分支、复合等多种形式。

矿体规模变化很大,长 10 ~ 360 m,厚 1.5 ~ 60 m 不等,埋藏深度为 40 ~ 300 m。

大庙铁矿的矿石,按其结构分别为致密型钒钛磁铁矿及浸染型钒钛磁铁矿,一般与围岩接触界线明显。主要有用矿物有磁铁矿、钛铁矿、黄铁矿、黄铜矿及次生的赤铁矿、褐铁矿等。脉石矿物有绿泥石、角闪石、斜长石、铁叶云母及磷灰石等。矿物组成见表 4 - 17。原矿多元素分析结果见表 4 - 18。

表 4 - 17 矿物组成(质量分数) (%)

矿 物	磁铁矿	钛铁矿	黄铜矿	方硫钴镍矿	镍黄铁矿
含 量	44.59	9.84	0.123	0.0121	0.014
矿 物	针镍矿	磁黄铁矿	硅酸盐	黄铁矿	
含 量	0.00016	0.00004	43.85	1.47	

表 4－18 原矿多元素分析结果(质量分数) (%)

元素	TFe	V_2O_5	TiO_2	S	P	Co	Ni
含量	29.76	0.288	7.57	0.364	0.36	0.01	0.019

磁铁矿与钛铁矿呈不混溶连晶体共生,共生形式分为:

(1) 钛铁矿呈板状连晶,常沿磁铁矿八面体解理面或定向排列成格子状、平行板状及平行条状;

(2) 钛铁矿呈细粒分布在磁铁矿周围;

(3) 钛铁矿呈粒状分布在几个磁铁矿颗粒的接触处,有时见到钛铁矿包在磁铁矿中间,出现最多的为粒状钛铁矿单独存在状态。

钒的存在形式不是单体矿物,在磁铁矿中以类质同象存在。矿石中钒品位随铁品位由低到高呈正相关关系。

磁铁矿的粒度为 2～0.016 mm,黄铁矿的粒度为 1.88～0.011 mm,钛铁矿的粒度为 0.55～0.01 mm。

4.3.3.2 建厂设计流程和技术改造

1959 年,双塔山按磁选—重选工艺进行选厂设计并建厂。选矿厂设计工艺流程如图 4－14 所示。

该工艺为两段磨矿—两段磁选获得铁精矿,第一段磁选尾矿及第二段磁选尾矿合并进入水力分级,然后各粒级分别用摇床选得钛精矿。设计指标为钛精矿含 $TiO_2$39%,回收率为 34%。

选钛厂生产中主要设备有 KY－4C 四室水力分级机、6S 型摇床。选钛厂投产时选钛工艺流程如图 4－15 所示。

流程所用的四室水力分级机生产效果很差,主要是分级的效率比较低,在分级一室和二室产品中小于 0.074 mm 的泥量分别高达 34.4% 和 24.3%,另外分级产品浓度很低。分级机生产指标见表 4－19。

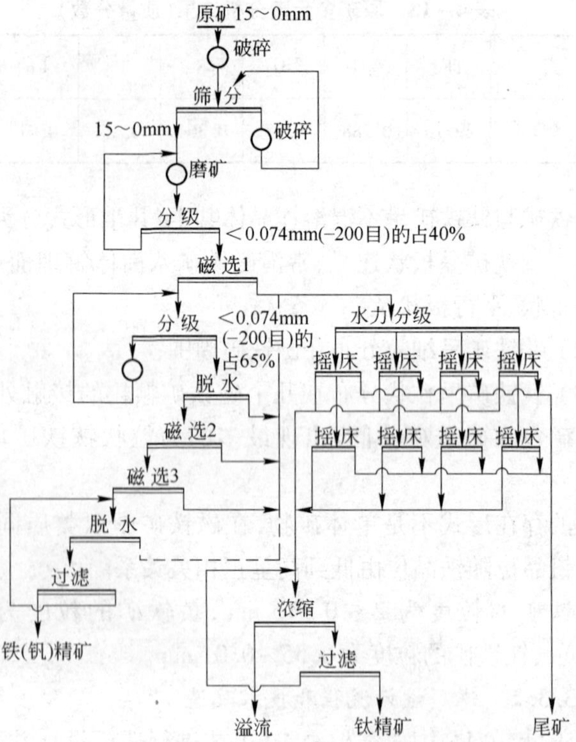

图 4－14　双塔山选矿厂设计工艺流程

表 4－19　四室水力分级机生产指标

给矿浓度/%	各室排矿浓度/%				各室排矿粒度小于 0.074 mm 的比例(－200 目)/%			
	1	2	3	4	1	2	3	4
5	6	4.3	2	5	34.4	24.3	61.0	61.6

投产初期主要生产含 $TiO_2$40% 左右的钛精矿，供锦州铁合金厂冶炼用。

1961 年，为提高钛精矿品位对选钛工艺流程进行了技术改造。原来一、二次磁选尾矿都给到一次四室水力分级机。改造后，一次磁选尾矿给到一次四室水力分级机，二次磁选尾矿给到

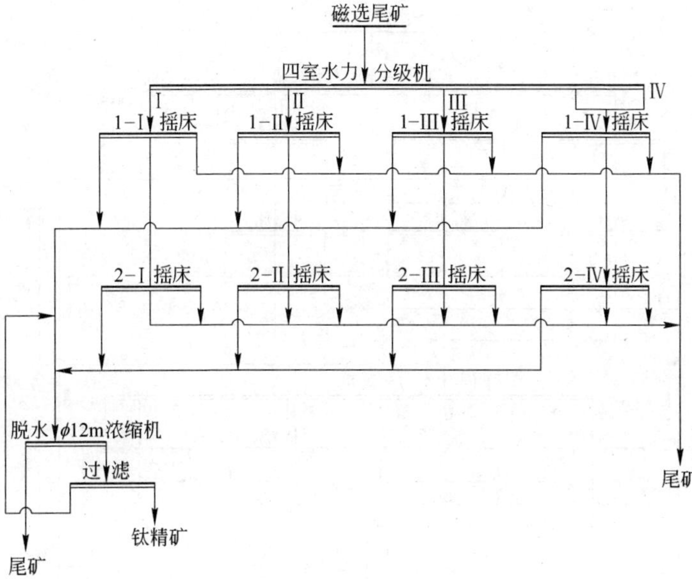

图 4-15 投产时选钛工艺流程

二次四室水力分级机。摇床精矿经扫磁后,其精矿回到选铁系统,其尾矿浓缩过滤后则为钛精矿。改造后的选钛流程如图 4-16 所示。

但在流程中没有除磷、除硫措施,摇床脱除磷、硫的效果不好,后采用浮选流程进行磷和硫的脱除。精矿脱磷和硫浮选工艺如图 4-17 所示。

浮选的给矿粒度为 0.4~0 mm,由于矿粒密度大、粒度粗,造成浮选沉槽现象。后浮选机转数由原来的 470 r/min 提高到 550 r/min,同时电机功率加大,使浮选才能正常进行。由于浮选浓度低,因此药剂用量过大。生产中使用黄药、纸浆废液作捕收剂,水玻璃和苏打为调整剂,纸浆废液用量达 12.7 kg/t,水玻璃用量为 8.5 kg/t,苏打为 3.6 kg/t,这样浮选药剂成本就比较高。

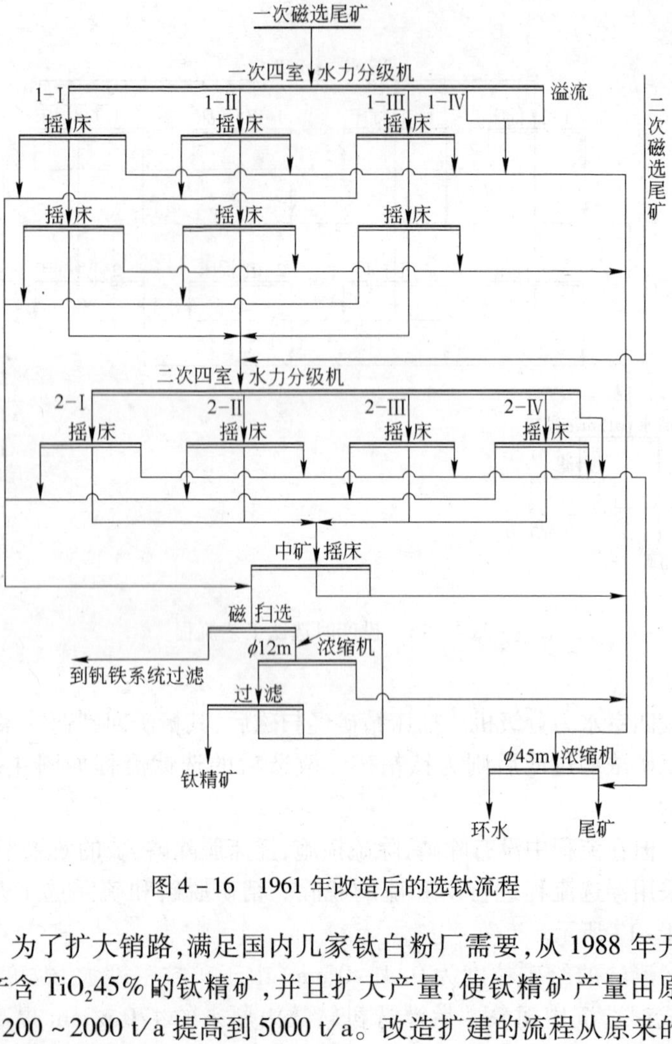

图 4－16　1961 年改造后的选钛流程

为了扩大销路，满足国内几家钛白粉厂需要，从 1988 年开始生产含 $TiO_2$45% 的钛精矿，并且扩大产量，使钛精矿产量由原来的 1200～2000 t/a 提高到 5000 t/a。改造扩建的流程从原来的重选流程改为磁选—重选流程。

磁选设备开始用平环强磁选机，但平环强磁选机的齿板极易堵塞，造成生产不正常，为了提高钛精矿质量和产量，把平环强磁选机改为 ϕ1200 mm × 600 mm 立环中磁场磁选机，与 ϕ600 mm × 900 mm 筒式强磁磁选机联合使用，使钛精矿品位达到了设计要求。

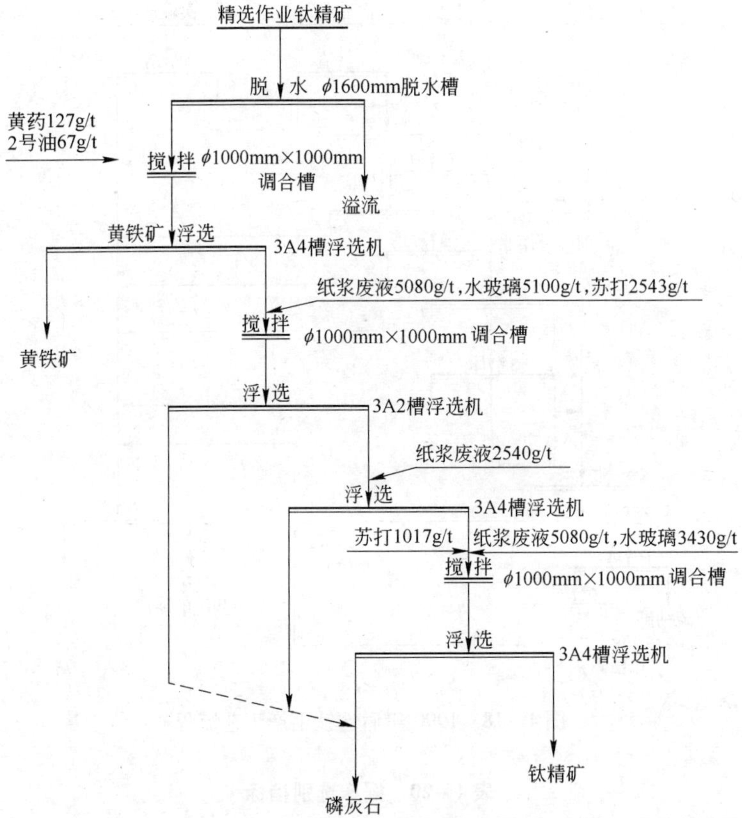

图 4-17　浮选作业工艺流程

1990 年改用 SHP 强磁选机。1990 年后选钛生产工艺流程如图 4-18 所示。

1990 年原矿含 TiO_2 为 6.62%，钛精矿品位为 44.33%，钛回收率为 5.17%，回收率比较低。钛回收率低的原因是强磁选和摇床的作业回收率都不理想。强磁选给矿品位为 9.1%，精矿品位为 16.54%，作业回收率为 59.16%，粗细粒摇床作业回收率仅为 11.63% ~24.63%。摇床选别指标见表 4-20。选矿工艺和设备都有很大潜力。

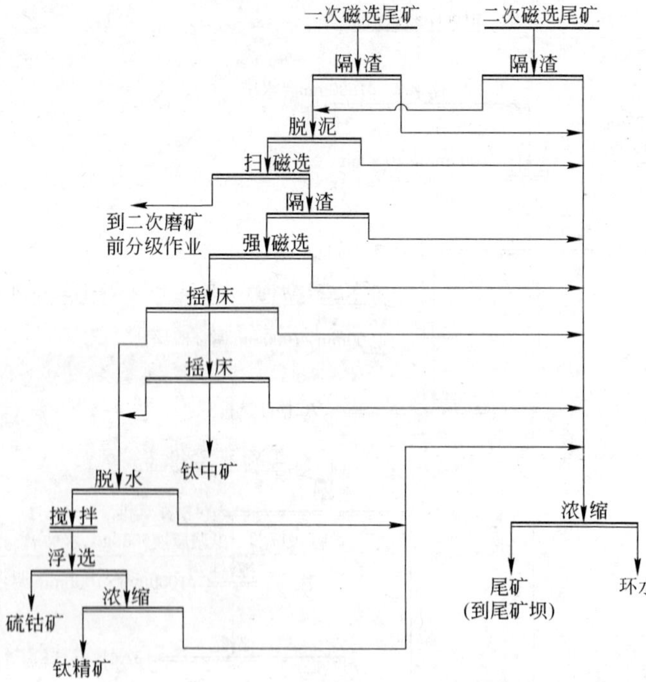

图 4-18　1990 年后选钛生产工艺流程

表 4-20　摇床选别指标

作　业	产品名称	产率/%	品位/%		回收率/%	
			TiO_2	Fe	TiO_2	Fe
粗粒级摇床	精矿	5.76	45.25	35.45	14.63	8.93
	中矿	26.18	31.04	29.31	45.63	33.55
	尾矿	68.06	10.4	19.33	39.74	57.52
	给矿	100	17.81	22.87	100	100
细粒级摇床	精矿	9.44	46.19	35.45	24.63	14.64
	中矿	34.10	27.57	27.64	53.09	41.24
	尾矿	56.46	6.99	17.86	22.28	44.12
	给矿	100	17.71	22.85	100	100

续表 4-20

作业	产品名称	产率/%	品位/%		回收率/%	
			TiO_2	Fe	TiO_2	Fe
中矿再选摇床	精矿	2.34	45.19	36.57	3.55	3.29
	中矿	22.40	35.91	32.52	26.97	28.02
	尾矿	75.26	27.53	23.73	69.48	68.69
	给矿	100	29.82	26.0	100	100

4.3.4 黑山铁矿选矿厂

黑山铁矿选矿厂隶属于承德钢铁公司,是承钢主要矿石原料生产基地之一。位于承德县马营子乡纪营子村南山的北坡,西距黑山铁矿 4 km。

4.3.4.1 *矿床及矿石性质*

黑山铁矿位于"天山—阴山东西复杂构造带"燕山段赤城—平泉东西向的基性、超基性岩带一个基性复岩体中。该基性岩体东西断续延伸 40 km,浸入于前震旦纪混合岩化结晶基底中。岩体以斜长岩为主,自西向东的大庙矿区、黑山矿区、头沟矿区均位于该岩体内,故称该岩体为"大黑头基性岩体"。

黑山铁矿为钛磁铁矿的晚期岩浆矿床。矿体形态主要受岩浆岩的流动构造和原生节理裂隙控制,致使矿体产状及形态较为复杂,成矿作用期间挥发组分虽然促进了岩浆的分异,但分异的作用并不完善,因此出现了大小程度极不相同的块状矿石及块状矿石与浸染状矿石互相混杂的情况,即在矿体中,块状矿石和浸染矿石无规律分布。矿液分异后,有的经过一段运动贯入斜长岩中,构成质量好、规模较大的矿体。矿体的东北方向或上盘磷灰石相对富集,形成铁—磷矿化,使磷达到工业品位。

围岩蚀变不发育,以绿泥石化、云母化和碳酸岩化为主。

黑山矿床已发现大小不等的 60 多个矿体和露头,矿体一般为透镜状、似管状、似扁豆状或不规则的团块状。其中 1 号矿体和 2

号矿体是区内最大的两个矿体，占全矿区储量的80%。

黑山铁矿的矿石分为致密钒钛磁铁矿和浸染型钒钛磁铁矿两种类型。主要矿物是钛磁铁矿、钛铁矿和少量金红石，以及含钴、镍的黄铁矿等。钒以类质同象赋存在磁铁矿中，钛铁矿与磁铁矿成固溶体分离的格子状连晶。钴和镍赋存在黄铁矿和磁黄铁矿中。

其他还有铜、铬、磷、金、银及铂族等有益伴生元素。

黑山铁矿于20世纪70年代建成铁矿选矿厂，采用两段磨矿、两段磁选的选矿工艺得到铁精矿，选铁后的磁选尾矿的多元素分析结果及矿物组成分别见表4－21和表4－22。

表4－21　多元素分析结果（质量分数）　（%）

元　素	TFe	FeO	Fe_2O_3	TiO_2	V_2O_5	SiO_2
含　量	14.68	13.12	6.4	8.63	0.102	33.53
元　素	Al_2O_3	CaO	MgO	P_2O_5	S	Co
含　量	16.27	6.44	4.18	0.19	0.52	0.024

表4－22　主要矿物组成（质量分数）　（%）

矿　物	钛铁矿	钛磁铁矿	赤铁矿	硫化物	绿泥石	斜长石	辉石	其他
含　量	15.6	4.3	3.6	1	24.5	35.6	11.6	3.8

磁选尾矿中金属矿物主要以钛铁矿和钛磁铁矿为主，同时还有少量金红石、锐钛矿、白钛矿、褐铁矿、赤铁矿、硫化矿等。脉石矿物以绿泥石和斜长石为主，还有少量的黑云母、石英、方解石、磷灰石等。

钛磁铁矿的含量达4.3%，它具有强磁性，在后续的钛铁矿选矿中会干扰钛的分选。绿泥石密度较大，它本身含有铁，而且含铁量是变化的，有一部分绿泥石含铁量高，磁性较强，在用强磁选分选时，会进入到磁性产品中去。

矿石中硫化物的含量约1%，它是钛精选时的有害杂质，也必须在选钛时除去。

原矿主要矿物的密度和磁性见表4－23，原矿的粒度分析结果及单体解离度情况见表4－24。

表4－23 主要矿物的密度及磁性

矿 物	密度/g·cm^{-3}	比磁化系数/cm^3·g^{-1}
钛磁铁矿	4.815	7300×10^{-6}
钛铁矿	4.560	113×10^{-6}
硫化物	4.830	$<16\times10^{-6}$
绿泥石	3.187	$(50\times10^{-6})\sim(300\times10^{-6})$
斜长石	2.635	10×10^{-6}

表4－24 原矿的粒度分析结果及单体解离度情况

粒度/mm	产率/%		品位/%	分布率/%		解离度/%
	部分	累计		部分	累计	
>0.63	6.37	6.37	1.09	0.84	0.84	21.6
0.63～0.40	11.53	17.90	2.35	3.29	4.13	50.7
0.40～0.25	13.90	31.80	4.61	7.77	11.90	69.9
0.25～0.16	16.08	47.88	7.31	14.26	26.16	87.8
0.16～0.10	14.64	62.52	10.02	17.79	43.95	90.4
0.10～0.074	18.15	80.67	12.48	27.47	71.42	94.5
0.074～0.050	1.50	82.17	15.17	2.76	74.18	97.7
0.050～0.030	7.49	89.66	14.43	13.11	87.29	98.6
0.030～0.010	8.81	98.47	10.89	11.64	98.93	99.0
<0.010	1.53	100.00	5.82	1.07	100.00	99.5
合 计	100.00		8.25	100.00		

从表4－24可以看出，在大于0.4 mm以上粒级时，产率为17.9%，钛金属分布率仅有4.13%，这部分粗粒可预先筛除。在小于0.01 mm粒级中，钛的分布率为1.07%，在0.16～0.01 mm粒级中，钛铁矿相对富集。大于0.25 mm各粒级钛铁矿的单体解离度相对较低。

4.3.4.2 选矿工艺试验及生产流程

从1955年到1978年先后采取6批矿样进行选矿试验,选钛的工艺流程有重选—电选方案、强磁—浮选方案、强磁—电选方案。获得钛选矿指标为:钛精矿品位35% ~48%,回收率8% ~39%,5次选矿试验结果见表4-25。

表4-25 5次选矿试验结果

试验矿样	产品	产率/%	品位/%			回收率/%		
			Fe	TiO_2	V_2O_5	Fe	TiO_2	V_2O_5
1955年7号矿样	铁精矿	70.40	61.08	8.83	0.66	84.62	49.08	
	钛精矿	2.89	35.86	44.64		1.69	8.42	
	尾矿	27.21	25.16	19.83		13.49	42.50	
	原矿	100.00	50.75	12.68	0.51	100.00	100.00	
1955年10号矿样	铁精矿	33.36	57.90	8.50	0.70	66.74	38.74	
	钛精矿	5.19	31.94	35.31		5.73	25.03	
	尾矿	61.45	12.97	4.31		27.53	36.23	
	原矿	100.00	28.94	7.31	0.25	100.00	100.00	
1958年矿样	铁精矿	51.66	61.32	8.55	0.82	74.92	46.11	96.28
	钛精矿	7.20	34.74	43.10	0.09	5.92	32.39	1.47
	尾矿	41.14	19.69	5.00	0.02	19.16	21.50	2.25
	原矿	100.00	42.28	9.58	0.44	100.00	100.00	100.00
1960年矿样	铁精矿	45.96	59.30	7.69	0.91	79.20	45.53	78.97
	钛精矿	6.28		40.82			32.08	
	硫钴精矿	0.16	40.16	S 38.04	Co 0.45		S 21.41	
	尾矿							
	原矿	100.00	34.41	7.78	0.54	100.00	100.00	100.00

续表 4-25

试验矿样	产品	产率/%	品位/%			回收率/%		
			Fe	TiO_2	V_2O_5	Fe	TiO_2	V_2O_5
1973 年矿样	铁精矿	39.34	59.35	8.32	0.74	70.79	40.35	82.92
	钛精矿	7.98	34.35	40.27	0.144	8.31	39.62	3.27
	尾矿	52.68	13.08	3.085	0.092	20.90	20.03	13.81
	原矿	100.00	32.98	8.11	0.35	100.00	100.00	100.00
1978 年矿样	铁精矿	39.91	60.09	8.30	0.85	73.45	41.72	84.49
	钛精矿	4.72	27.09	48.58	0.096	3.92	28.89	1.12
	硫钴精矿	0.85	Co 0.36	1.61	0.128	0.71	Co19.68	0.27
	尾矿							
	原矿	100.00	32.65	7.94	0.406	100.00	100.00	100.00

1988 年,为了适应国内外钛市场对钛精矿不断增长的需要,长沙矿冶研究院对选钛尾矿进行了选钛试验研究。

选钛试验主要进行了强磁—摇床流程、强磁—电选流程及强磁—摇床—电选流程试验。

强磁—摇床流程,强磁选是用 SHP700 型强磁选机进行,强磁精矿经浮硫化矿后进摇床精选得钛精矿。

强磁—摇床—电选流程主要进行了两种流程试验,一种是对粗粒级进行摇床—浮硫—电选,对细粒级只进行摇床—浮硫;另一种流程是对粗、细粒均进行电选得钛精矿产品。

各种流程试验结果见表 4-26。强磁—摇床—电选试验数质量流程如图 4-19 所示。

表 4-26 选钛流程试验结果

流　程	精矿产率/%	品位/%			钛回收率/%
		TiO_2	S	P	
强磁—摇床	7.10	46.45	0.11	0.006	39.25
强磁—电选	4.91	46.43	0.089	0.009	27.46
强磁—摇床—电选	6.65	47.31	0.034	0.004	37.85
强磁—摇床—粗粒电选	7.37	47.58	0.032	0.003	42.06

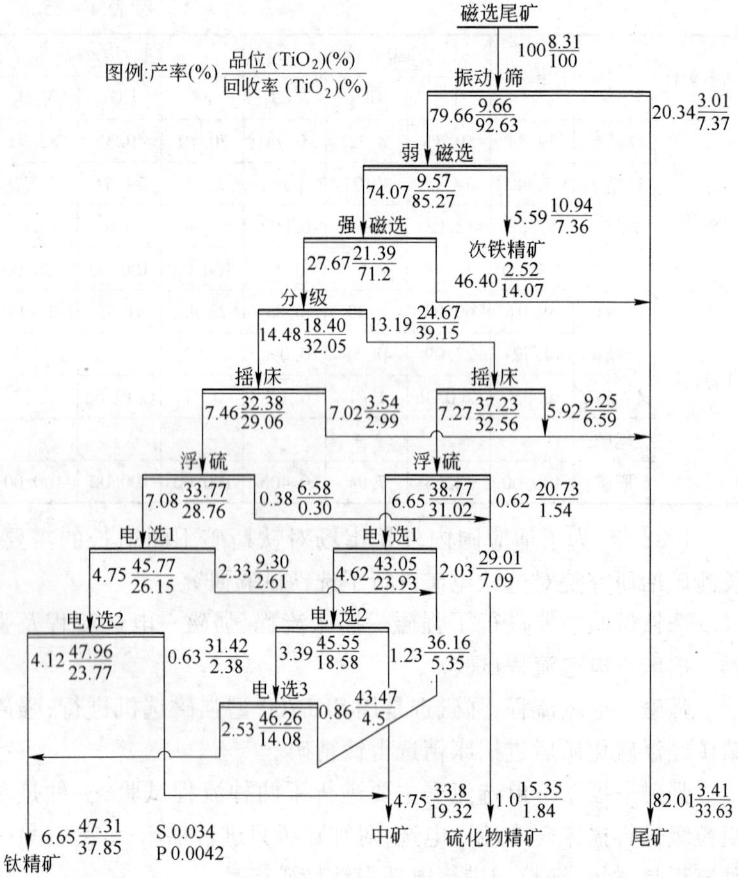

图 4－19　强磁—摇床—电选试验数质量流程

在试验流程的基础上,按重选工艺建成了选钛车间。重选采用一段摇床选别,但处理能力低,产品品位为 35% 左右。1999 年陆续增添了螺旋选矿机、电选机等工艺设备,使产量和精矿质量大大提高,精矿品位可以达 46% 以上,已具有年产 5000 t 精钛矿的能力。

该工艺各作业混选,选别效果不大理想。1999 年选矿生产工艺如图 4－20 所示。

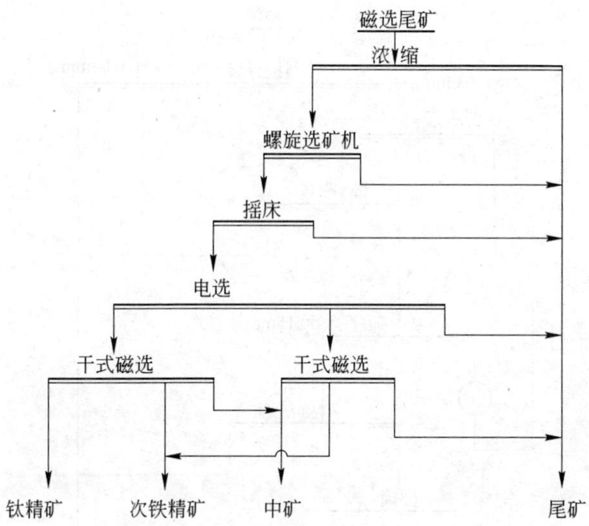

图4-20 1999年选矿生产工艺

重选段粗精矿品位为35%左右,回收率为15%左右。电选给矿中含有的硫化物、钛磁铁矿等金属矿物与钛铁矿同为导体矿物,这造成分选困难,工艺指标受到影响。实际生产过程中,在最终精矿品位为46%时,电选段作业回收率为50%左右。该流程最终产品品位为46%,综合回收率为7.5%左右。

2002年,在小型试验的基础上,按照磁选—浮选流程建设了选钛厂。

选铁尾矿先进入斜板分级机,斜板分级机起到脱泥和浓密作用。通过分级脱除小于0.03 mm粒级的物料。斜板分级机的沉砂由泵送至圆筒式弱磁选机,选出强磁性矿物钛磁铁矿,非磁部分进入湿式高梯度强磁选机进行钛铁矿的粗选,粗选的磁性产品进入高频振动细筛,筛上产物(大于0.15 mm)磨至小于0.15 mm后再进一步进入高梯度强磁选机进行精选,每段强磁选的尾矿都作为最终尾矿丢弃。精选强磁选的精矿含TiO_2为24%左右,该物料先浮选选出硫化矿,然后再进行钛铁矿浮选获得钛铁矿精矿。

黑山铁矿选钛厂原则流程如图4-21所示。

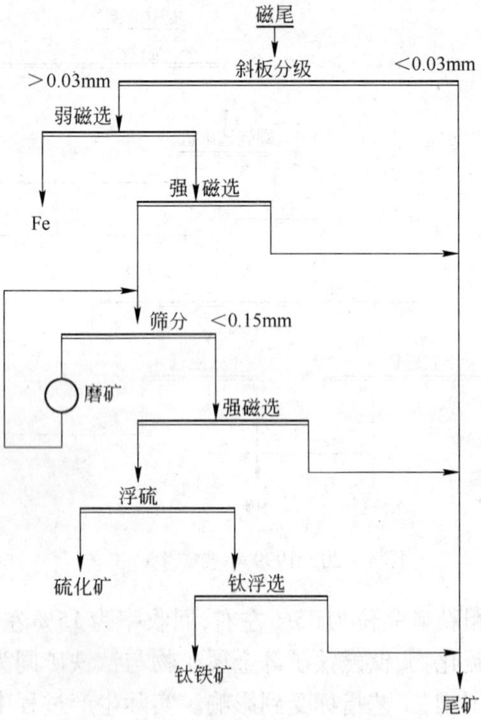

图 4－21　黑山铁矿选钛厂原则流程

在选钛工艺中，首先应对选铁尾矿进行浓缩和脱泥，因选铁尾矿的浓度过低，矿浆流量大，使用斜板浓密分级机脱除的细泥物料产率大，金属损失大。在溢流中损失的钛金属约占 30%。

高梯度强磁选机选钛铁矿，经 1 次粗选 1 次精选的选别工艺，得到的粗精矿含 TiO_2 为 24% 左右，作业回收率为 62% 左右，尾矿中含钛偏高，特别是精选强磁选的尾矿含 TiO_2 为 6% 左右，这部分应该再回收。

钛铁矿的浮选给矿中有较多的绿泥石，而且绿泥石的量和本身的含铁量是不断变化的，这就给浮选分离钛铁矿带来困难，因而有时钛精矿品位难以达到 46% 以上。

该选矿工艺目前的钛回收率为 30% ~35% 左右。

4.3.5 广东兴宁霞岚钒钛铁矿

霞岚钒钛铁矿在广东省兴宁县境内,近年来经过普查和详查,探明矿山远景储量达4.5亿t,第一期已普查探明矿石量为9345万t。

广东兴宁霞岚矿床的含矿母岩为沿北西方向深断裂侵入的燕山期第二期岩株状基性岩体——辉绿辉长岩。岩体结晶分异作用良好,岩石具中细粒全晶质辉绿结构。主要矿物为单斜辉石、基性斜长石,次要矿物有角闪石、橄榄石、黑云母、钒钛磁铁矿、钒铁矿等。岩体地面面积约5 km^2,出露地形为呈舒缓波状起伏的平缓山丘,地表及浅部风化程度很深,易风化的铁镁硅酸盐造岩矿物辉石、斜长石等风化成土状(褐铁矿),大部分风化完全,其中呈浸染状、稠密浸染状的钒钛磁铁矿、钛铁矿以水洗脱泥即可达到初步富集。风化壳矿体厚12.8~65.6 m,平均厚28.2 m,TFe含量为15%~25%。霞岚矿床风化壳矿体的最厚(深)处达到72.34 m(基性岩第一相带),其余相带达20~30 m。

广东省地质局在20世纪70年代勘查霞岚矿床时曾采大样做选矿试验,结果表明:风化壳矿石中铁的回收效果较好。近年来,广东省矿产应用研究所、长沙矿冶研究院选矿研究所先后对风化壳矿石做进一步选矿试验或物质组分研究,也得出相近的论述,三个单位的选矿情况分述为:

(1) 20世纪70年代采取风化矿石做可选性选矿试验。样重875 kg,风化完全,不经破碎即可通过孔径5 mm的筛孔。原矿品位为:TFe 27.45%,TiO_2 7.18%,V_2O_5 0.37%、Co 0.03%。试样中主要矿物为:钒钛磁铁矿32%,钛铁矿8.5%,赤铁矿+褐铁矿1.5%,黏土矿物35%,其他硅酸盐矿物21%。样品经水力旋流器粗选脱泥(小于0.002 mm的占37.85%)后再经磁选—重选,获得铁钒钛精矿、钛精矿。风化壳矿石选矿试验结果见表4-27。从选矿结果看,铁的选矿效果很好,钒也能回收。因铁与钛部分呈固溶体状态,故钛的回收率低,铁精矿中钛的含量也较高。

表 4 - 27　风化壳矿石选矿试验结果

产　品	产率/%	品位/%			回收率/%		
		TFe	TiO_2	V_2O_5	TFe	TiO_2	V_2O_5
铁钒(钛)精矿	32.83	58.19	13.57	1.0	51.21	43.97	65.69
钛精矿	8.50	34.58	43.65	0.17	5.34	24.70	2.15

(2) 1998 年,广东省矿产应用研究所对风化壳矿石的物质组分做了研究。试样的平均品位为:TFe24.93%,$TiO_2$10.09%,V_2O_5 0.35%,Co 0.012%,Sn 0.0054%。主要金属矿物为磁铁矿、钛磁铁矿、钛铁矿、褐铁矿,主要脉石矿物为铁染微晶云母集合体、长石、黏土。磁铁矿、钛磁铁矿粒径 0.1~1 mm 的占 97%,钛铁矿粒径 0.1~1 mm 的占 96%,两者常被赤铁矿、褐铁矿交代。褐铁矿呈土状集合体,易碎成粉状。磁铁矿和钛铁矿除呈独立矿物外,还呈固溶体分离结构,在磁铁矿主晶中包含网格状钛铁矿片晶(宽 0.003~0.01 mm)。矿石中金属矿物的半定量测定结果为:磁铁矿、钛磁铁矿 32.86%,钛铁矿 8.0%,褐铁矿 13.34%。褐铁矿的矿物量占全部铁矿物的 20%~25%。矿石的矿泥量(小于 0.074 mm)约占矿石量的 50%,其成分以褐铁矿为主体,含铁量约占总铁的 28%。

(3) 1999 年,长沙矿冶研究院选矿研究所对风化壳矿石进行了矿石性质的研究和选矿试验。矿石中主要金属矿物是磁铁矿、半假象赤铁矿、褐铁矿、钛铁矿等,脉石矿物主要是黏土矿物和长石、石英等。风化壳矿石的矿物含量(质量分数)见表 4 - 28。

表 4 - 28　风化壳矿石的矿物含量(质量分数)　　(%)

矿物	磁铁矿、半假象赤铁矿	褐铁矿	钛铁矿	锐钛矿	金属硫化物	辉石、云母等	长石、石英	高岭石等黏土矿物	其他
含量	15.13	5.53	5.98	0.23	0.03	6.31	8.64	57.65	0.50

磁铁矿的粒径一般为 0.1~2 mm,大于 0.3 mm 的占 92.87%,含固溶体分离的钛铁矿片晶(宽 0.005~0.02 mm)、尖晶石微粒,

以及呈类质同象形式的 TiO_2(平均含量为 8.64%)。磁铁矿单矿物分析结果为 TFe60.68%、$TiO_2$11.68%、$V_2O_5$1.06%,次生变化主要是假象赤铁矿化。钛铁矿大部分呈粒状集合体,粒径为 0.1~0.8 mm,大于 0.1 mm 的占 91.78%,钛铁矿单矿物分析的 TiO_2 为 49.61%。褐铁矿粒径一般为 0.1~0.5 mm,由假象赤铁矿和辉石等含铁硅酸盐类矿物氧化或蚀变而成。高岭石等黏土矿物被铁染后成浅红色,并包裹磁铁矿等矿物。

风化壳矿石中,铁和钛的赋存状态都比较复杂。表 4-29 为铁和钛的物相分析结果。钛矿物(钛铁矿、锐钛矿)中 TiO_2 的分布率共 53.29%,但磁铁矿和硅酸盐(脉石)中的 TiO_2 分别达到 27.63% 和 19.08%,使 TiO_2 的回收率降低。

表 4-29 铁和钛的物相分析结果 (%)

物相	磁铁矿	半假象赤铁矿	赤铁矿、褐铁矿	钛铁矿	碳酸铁	硫化铁	硅酸铁	合计
铁的含量	5.76	3.25	8.37	3.03	0.03	0.02	2.33	22.79
铁的分布率	25.27	14.26	36.73	13.30	0.13	0.09	10.22	100.00
物相	钛铁矿	磁铁矿	锐钛矿	硅酸盐	合计			
钛的含量(TiO_2)	3.00	1.68	0.24	1.16	6.08			
钛的分布率	49.34	27.63	3.95	19.08	100.00			

风化壳矿石的含泥量较高,小于 0.074 mm 粒级的占含量的 58.45%;经脱泥试验脱泥量约占原矿的 1/4,脱泥效果明显,金属量的损失并不大。风化壳矿石脱泥试验见表 4-30。

表 4-30 风化壳矿石脱泥试验 (%)

产品	产率	品位			回收率		
		TFe	TiO_2	V_2O_5	TFe	TiO_2	V_2O_5
矿砂	74.30	25.94	7.68	0.28	85.3	94.55	91.62
泥	25.74	12.58	1.28	0.074	14.7	5.45	8.36
原矿	100.00	22.51	6.04	0.23	100.0	100.00	100.00

对风化壳矿石中的磁铁矿采用3种弱磁选方法试验：原矿直接弱磁选、原矿磨矿后弱磁选、原矿弱磁选后粗精矿磨矿再磁选。结果表明，3种方法都能得到全铁品位大于55%的铁精矿。但第一种方法的铁精矿品位、回收率都较第二种方法低，且铁精矿的品位很难再提高；第二种方法和第三种方法的铁精矿品位、回收率相近，前者钛的回收率稍高，但后者可节约75%的磨矿量。铁精矿中TiO_2、V_2O_5的含量较高，钒的回收率达70%左右。风化壳矿石磁铁矿选别试验结果见表4－31。

表4－31　风化壳矿石磁铁矿选别试验结果　（%）

选别方案	产品名称	产率		品位			回收率					
							TFe		TiO_2		V_2O_5	
		作业	对原矿	TFe	TiO_2	V_2O_5	作业	对原矿	作业	对原矿	作业	对原矿
弱磁—弱磁	精矿	21.20	15.60	55.18			44.22	37.87				
	尾矿	79.00	58.70	18.50			55.78	47.76				
	原矿	100.0	74.30	26.20			100.0	85.63				
磨矿—弱磁—弱磁	精矿	21.04	15.63	57.78	12.87	0.92	46.60	39.90	36.56	34.57	69.03	63.25
	尾矿	78.96	58.67	17.64	6.44	0.11	53.40	45.73	63.44	59.98	30.97	28.37
	原矿	100.0	74.30	26.09	7.79	0.28	100.0	85.63	100.0	94.55	100.0	91.62
弱磁—磨矿—弱磁	精矿	21.43	15.92	56.86	13.22	0.89	46.96	40.21	35.68	33.74	70.82	64.89
	尾矿	78.57	58.38	17.52	6.50	0.10	53.04	45.42	64.32	60.81	29.18	26.73
	原矿	100.0	74.30	25.95	7.94	0.27	100.0	85.63	100.0	94.55	100.0	91.62

以弱磁选的尾矿对钛铁矿做了多种选别试验。粗选采用强磁选、螺旋、摇床等试验，精选采用浮选、摇床、电选等方法。试验结果表明，浮选和摇床试验获得的钛精矿最高品位TiO_2为45%～46%，电选可获得TiO_2大于47%的钛精矿（入选TiO_2品位需达到45%左右）。表4－32中的两种选别方案均能获得TiO_2含量大于47%的钛精矿，但选矿流程复杂，回收率分别为16.22%和10.34%，与钛的理论回收率相差甚远。这可能与钛铁矿与赤铁

矿、褐铁矿难以分离有关。

表 4－32 风化壳矿石钛铁矿选别试验 （%）

选别方案	产品名称	产率		品位（以 TiO_2 计）	回收率（以 TiO_2 计）	
		作业	对原矿		作业	对原矿
强磁—摇床—电选	精矿	3.69	2.16	47.22	27.05	16.22
	尾矿	96.31	56.51	4.82	72.95	43.76
	原矿	100.00	58.17	6.44	100.00	59.98
摇床—电选	精矿	2.36	1.37	47.03	17.24	10.34
	尾矿	97.64	56.80	5.46	82.76	49.64
	原矿	100.00	58.17	6.44	100.00	59.98

将原矿磁选出铁精矿、钛精矿后，采用强磁选或摇床试验回收赤铁矿、褐铁矿。强磁选获得强磁精矿的全铁含量 TFe 为 30.08%，摇床试验的铁精矿 TFe 为 26.49%。这说明要通过选矿获得高品位赤铁矿、褐铁矿难度很大，回收率很低。

综上所述，三个单位的试验结果表明：风化壳矿石含泥量高（脱泥量约占原矿的 1/3 ~ 1/4），原矿脱泥之后品位略有提高。矿石的铁、钒选矿效果较好，铁（钒）精矿的 TFe 约为 58.00%，铁的回收率约 40%（这已是矿石中磁性铁的最大值），V_2O_5 可富集到 0.9% ~ 1.0%，但钛的含量较高（TiO_2 约 13%），增加了选冶难度。钛铁矿的分选指标差，回收率很低。随着今后勘查工作的深入，风化壳矿石的选矿研究应在已有资料的基础上深入探索适合霞岚矿石特征的工艺流程试验。

4.3.6 海南万宁乌场钛矿

4.3.6.1 概述

乌场钛矿位于我国海南岛境内，是我国海滨砂矿主要的生产厂矿之一。矿区储量大，开采条件较好。采选厂工艺技术水平及装备水平在我国海滨砂矿生产厂矿中居领先地位，综合回收效果好。

该矿于1959年完成地质勘探，从1965年开始建国营矿山，1969年建成了精选厂，1971年完成精选厂扩建，1978年开始采用推土机配合水枪开采、砂泵运输、摇床选矿的工艺进行生产，1982年用干采干运、以圆锥选矿机为主体选矿设备的移动式采选厂处理砂矿。

4.3.6.2 *地质概况及矿石性质*

乌场钛矿目前开采矿区属保定矿区，矿床位于大塘岭至牛庙岭之间，是一个沿海岸线分布的含钛铁矿及锆英石为主并伴生有多种有价矿物的综合性海滨砂矿矿床，矿区火成岩出露较少，属海滨地貌，第四纪地质以海相沉积为主。矿体全长18 km，平均宽度有230 m，海平面以上矿体平均厚度为9.5 m，矿体出露地表，呈沙堤状，无覆盖层。矿石粒度均匀松散，含泥量少，开采条件较好。

矿石中有用矿物以钛铁矿和锆英石为主，钛铁矿、锆英石赋存量比例为(10～19)∶1。除主要有用矿物外，还伴生有独居石、金红石、锡石、磁铁矿及微量黄金等多种有价矿物，可综合回收。脉石矿物以石英为主，其余为少量长石、云母，总量占原矿总矿物量的97%左右。由于矿石粒度均匀，无卵石，粗粒及细泥含量均较少，有用矿物绝大部分是单体存在，而且有用矿物与脉石矿物间有明显的密度差，故可选性较好。该矿区的原矿多元素分析结果、筛分分析及矿物组成分别见表4-33～表4-35。

表4-33 原矿多元素分析结果(质量分数) (%)

元素	SiO_2	Fe_2O_3	Al_2O_3	CaO	MgO	V
含量	81.0	1.14	2.20	1.13	1.07	0.003
元素	P_2O_5	Mn	RE_2O_3	TiO_2	ZrO_2	
含量	0.19	0.03	0.03	1.01	0.09	

表 4-34 原矿筛分分析 (%)

粒度/mm	产率	品位		占有率	
		TiO_2	ZrO_2	TiO_2	ZrO_2
>1.00	2.65	0.073	0.0065	0.18	0.16
1.0~0.8	7.26	0.072	0.0059	0.49	0.39
0.8~0.68	13.55	0.044	0.0063	0.56	0.77
0.68~0.5	11.54	0.058	0.0063	0.63	0.66
0.5~0.4	16.13	0.084	0.0061	1.28	0.89
0.4~0.3	20.74	0.12	0.0076	2.34	1.42
0.3~0.2	17.62	0.44	0.011	7.30	1.75
0.2~0.16	7.16	4.4	0.14	29.67	9.05
0.16~0.1	2.69	19.90	2.06	50.42	50.04
0.1~0.08	0.38	17.83	9.34	6.38	32.00
<0.08	0.28	2.83	1.11	0.75	2.81
合计	100	1.062	0.11	100	100

表 4-35 原矿矿物组成 (%)

矿物	含量	矿物	含量
钛铁矿	1.5028	磁铁矿	0.0338
锐钛矿金红石	0.0231	褐铁矿	0.0189
白钛石	0.0514	铁铝榴石	0.0290
榍石	0.0318	钙铝榴石	0.0086
锆英石	0.1253	尖晶石	0.0118
独居石	0.0314	绿帘石、十字石	0.0360
钍石	0.003	黄玉、蓝晶石	0.0063
磷钇矿	0.008	角闪石、电气石	0.7739
锡石	0.0004	长石、石英、方解石	97.1200
赤铁矿	0.1946	合计	100.00

4.3.6.3　采选工艺流程及技术经济指标

乌场钛矿采选厂采用一套移动式采选联合装置进行生产。全套装置于 1981 年建成,1982 年投产。整套装置由采运系统、储矿给矿缓冲系统及移动式选厂三部分组成。

采矿采用 69 – 4 型斗轮式挖掘机干采。采矿方式为前端式工作面法,采掘面宽度为 15 m,生产能力为 100 t/h。斗轮直径 1.6 m,9 个挖斗,每个斗容积为 11 L。斗轮挖掘机总装机功率为 33 kW,总重 13 t。采矿单位电耗为 0.25 kW · h/t,约为水采的 1/10。

采出矿经斗轮挖掘机排料,皮带运输机给到 2 台长 45 m 的移动式皮带运输机上进行连续运输。斗轮机与 2 台 45 m 运输机配合。每个采矿周期采幅可达 15 m,长 200 m。在此周期内,矿仓及选厂无需移动。依开采厚度而异,每周期可采矿量为 2850 m^3。

移动式矿仓由进料皮带运输机、矿仓、圆盘给矿机及履带式移动装置组成。45 m 皮带运输机来矿经入料皮带运输机给入容积为 55 m^3 的矿仓。其缓冲能力为 55 min。在矿仓底部装有 ϕ2 m 圆盘给矿机 1 台,用于控制给矿量。矿仓至移动选矿厂的排矿皮带运输机上装有 DZB – 2A 型电子皮带秤进行矿量的检测和记录。

矿仓排矿送到移动式选矿厂。移动式选矿厂由电动驱动履带自行移动。选矿厂底盘面积宽 5 m,长 8 m,总高度 11 m,总重量 24 t,行走速度 0.9 km/h。定位工作时有 4 个辅助支撑脚固定。移动式选厂分上下两层,下层为一高 2 m 的工作间,内装驾驶台、砂泵、电器控制等设备,上层为一露天平台,装有斜面打击筛、圆锥选矿机、螺旋选矿机及矿浆浓度测定仪等设备。圆锥选矿机本机有 4 层操作平台,螺旋选矿机设有 2 层工作平台。

干矿入选矿厂,首先加水形成高浓度矿浆,矿浆浓度为 70% ~72% ,矿浆自流至一台五联 500 mm × 1000 mm 斜面打击筛筛分,大于 1.2 mm 以上产物,包括粗砂、贝壳及杂草等异物,作为尾矿丢弃;小于1.2 mm筛下产物由一台砂泵扬送至圆锥选矿机粗选。在圆锥选矿机给矿管上装有QN-1型浓度计,进行浓度检测。原矿经圆锥选矿机粗选丢弃的尾矿由砂泵扬送至采空区复砂堤。中矿返回至本机二段作业再选。精矿送至螺旋选矿机精选。精选分两段进行,一段螺旋选矿机精矿给二段螺旋选矿机精选,中矿返回至圆锥选矿机再选,尾矿丢弃。二段精选螺旋选矿机精矿为最终精矿,中矿返回到本段螺旋选矿机再选,尾矿返至一段精选螺旋选矿机再选。采选厂设备联系图及圆锥选矿机内部流程分别见图4-22和图4-23。

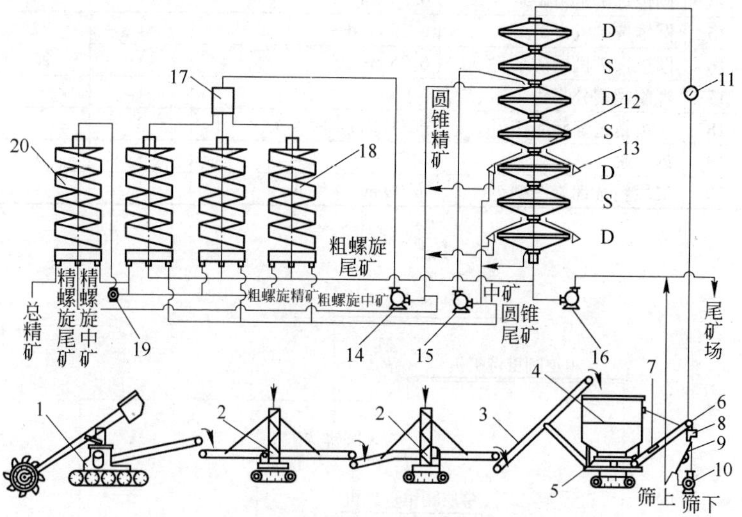

图4-22 海南乌场钛矿移动采选装置联系图

图4-22中各采选设备详细情况见表4-36。

表4-36 采选设备

代号	设备名称	规格型号	数量/台	功率/kW
1	斗式挖掘机	69-4	1	25
2	移动式皮带运输机	L45 m,B0.5 m	2	7.5
3	皮带运输机	L20 m,B0.5 m	1	7
4	移动矿仓	55 m^3	1	

续表4-36

代号	设备名称	规格型号	数量/台	功率/kW
5	圆盘给矿机	φ2 m	1	13
6	皮带运输机	L15 m, B0.5 m	1	4.5
7	电子皮带秤	DZCB-2A	1	
8	造浆斗		1	
9	斜面打击筛	500 mm×1000 mm	5	2
10	原矿砂泵	6.35 cm-PS	1	22
11	浓度计	QN-1	1	
12	圆锥选矿机	7层	1	
13	扇形溜槽	940 mm×290 mm	12	
14	圆锥选矿机精矿泵	6.35 cm-PS	1	13
15	圆锥选矿机中矿泵	6.35 cm-PS	1	22
16	圆锥选矿机尾矿泵	6.35 cm-PS	1	22
17	螺旋溜槽分浆斗		1	
18	一段精选螺旋溜槽	φ900 mm 4圈4头	3	
19	砂　泵	1PN	1	3
20	二段精选螺旋溜槽	φ900 mm 4圈4斗	1	

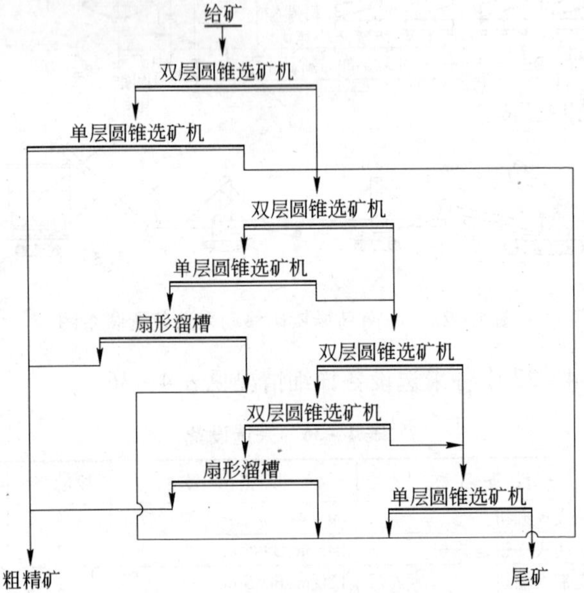

图4-23 圆锥选矿机内部流程

移动选矿厂工业试验及生产指标见表4－37，采选厂电耗为1.75～3.52 kW·h/t，水耗为1.5～2 t/t。

表4－37 移动式选矿厂生产技术指标

项 目	原矿品位/%		精矿产率/%	精矿品位/%		回收率/%	
	TiO_2	ZrO_2		TiO_2	ZrO_2	TiO_2	ZrO_2
工业试验	0.73	0.078	1.650	37.20	4.17	84.20	88.26
生产	1.01	0.123	1.319	33.60	3.85	82.21	77.28

乌场钛矿精选厂是我国规模较大、工艺流程比较完善的海滨砂矿精选厂之一，现有生产能力为年产钛精矿2.5万t，除生产钛精矿外，还综合回收金红石、独居石、锡石等多种副产品。该厂精选流程如图4－24所示。技术指标见表4－38。

表4－38 乌场钛矿精选厂技术指标 (%)

年份	钛铁矿		锆英石		金红石	独居石
	品位(以TiO_2计)	回收率	品位(以$(ZrHf)O_2$计)	回收率	品位(以TiO_2计)	品位(以$RE_2O_3+REO_2$计)
1982	50.25	88.65	65.31	46.0	87.95	61.92
1983	50.31	81.19	65.21	47.0	89.65	61.77
1984	50.26	81.98	65.10	47.5	90.14	61.1
1985	50.46	81.92	65.04	49.5	90.21	61.1
1986	50.40	81.70	65.15	51.0	90.05	60.9

该厂精选工艺采用预先摇床重选丢尾，磁选选出钛铁矿，然后电选分组，再用强磁选、电选、浮选、重选等工艺进行分离提纯，回收金红石、锆英石、独居石等产品。

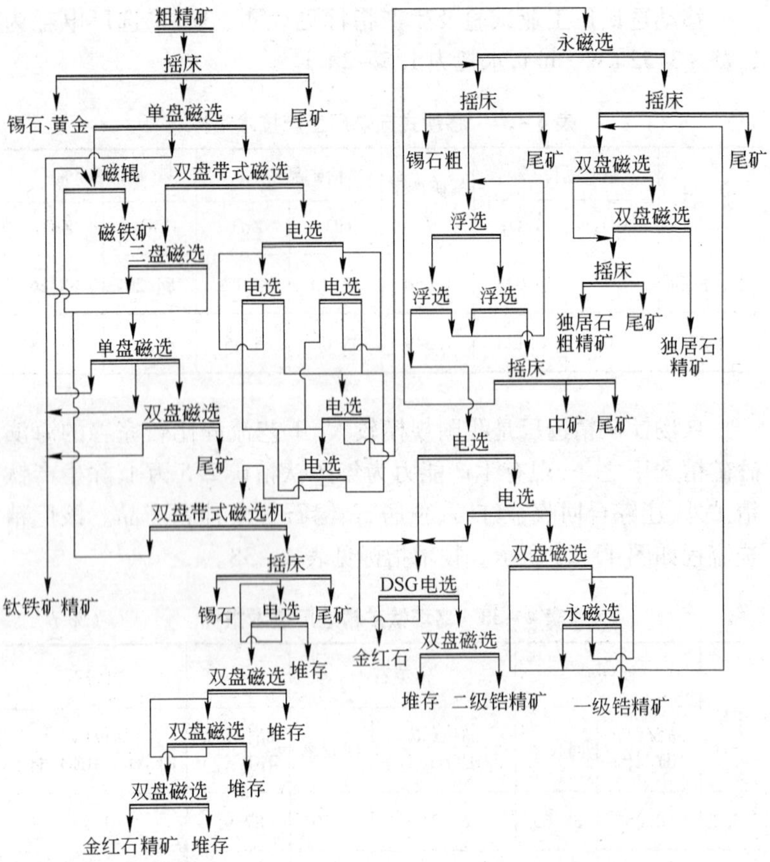

图 4－24　海南乌场钛矿精选厂工艺流程

4.3.7　海南南港钛矿

4.3.7.1　概况

南港钛矿位于海南省琼海县境内。该矿于 1970 年开始筹建，1973 年投产，设计规模为年产钛精矿 1.1 万 t。1982 年建成了年处理能力为 600 万 t 的干采、水运、螺旋溜槽选别的小型采选厂。1987 年建成了年规模为 2000 万 t 的干采、干运、螺旋溜槽选别的移动式采选厂。

精选厂的精选流程为重选—磁选—电选—浮选流程。以回收钛铁矿为主,并综合回收锆英石、独居石等。

4.3.7.2 *矿床概况及矿石性质*

南港海滨砂矿矿区是南北走向沿海岸线分布,地貌为砂堤及砂地两种,矿床属含钛铁矿、锆英石、独居石的综合海滨沉积砂矿。矿体出露地表,形态比较完整,厚度变化不大,位于海平面以上,适合干采。

矿石中有50多种矿物,其中有工业价值的矿物主要有钛铁矿、独居石、锆英石,其次为少量及微量的锐钛矿、金红石、白钛石、磷钇矿、锡石及自然金等。脉石矿物以石英为主,其他为长石、高岭土、角闪石、绿帘石、电气石及石榴子石等。全区矿物平均地质品位为钛铁矿41.6 kg/m^3,独居石0.41 kg/m^3,原矿多元素分析结果及矿物组成分别见表4-39和表4-40。

表4-39 原矿多元素分析结果(质量分数) (%)

元素	TiO_2	$(ZrHf)O_2$	RE_2O_3	Sn	TFe	Al_2O_3
含量	1.16	0.058	0.045	0.0013	2.21	2.12
元素	K	Na	Ca	Mg	P	SiO_2
含量	1.5	0.48	0.6	0.12	0.12	86.24
元素	W	Mo	F	Au		
含量	0.0015	0.0006	0.006	0.1 g/t		

表4-40 原矿矿物组成 (%)

矿物	含量	矿物	含量
钛铁矿	1.665	白钛石	0.118
钛磁铁矿	0.254	锐钛矿金红石	0.015
磁铁矿	0.174	榍石	0.242
褐铁矿	0.291	锡石	0.002
独居石	0.036	磷钇矿	0.001
锆英石	0.087	钍石	0.001

续表 4-40

矿　物	含　量	矿　物	含　量
自然金	0.15 g/t	角闪石、电气石	2.739
铁铝榴石	0.103	石英、长石、方解石	94.142
钙铝榴石	0.102	合　计	100.00
黄玉、刚玉、尖晶石	0.028		

矿石粒度比较均匀，偏粗，含泥量少，90%的矿物集中在0.8~0.2 mm粒级中，有用矿物富集于0.32~0.08 mm粒级中。有用矿物与脉石矿物间存在着明显的粒度差，适用筛选丢弃。原矿筛分分析结果见表4-41。

表 4-41　原矿筛分分析结果　（%）

粒级/mm	产率	品　位			金属分布率		
		TiO_2	ZrO_2	RE_2O_3	TiO_2	ZrO_2	RE_2O_3
>1.6	0.97	0.11	0.01	0.012	0.09	0.14	0.35
1.6~1.25	3.79	0.23	0.03	0.042	0.71	1.39	4.84
1.25~0.80	16.02	0.10	0.013	0.010	1.31	3.09	4.87
0.8~0.63	22.12	0.19	0.01	0.010	3.43	3.28	6.73
0.63~0.50	15.57	0.167	0.015	0.016	2.41	3.47	7.58
0.50~0.40	16.77	0.185	0.016	0.016	3.42	3.24	8.16
0.40~0.32	12.28	0.72	0.02	0.019	7.01	3.64	7.09
0.32~0.2	5.94	3.73	0.05	0.048	21.40	5.15	10.13
0.20~0.10	3.94	15.38	0.85	0.26	49.44	49.68	31.15
0.10~0.08	1.94	11.38	1.65	0.55	9.60	25.46	17.39
<0.08	0.66	2.01	0.14	0.10	0.92	1.16	1.71
合　计	100.00	1.23	0.067	0.033	100.00	100.00	100.00

4.3.7.3　工艺流程及经济技术指标

采选厂技术指标均以干采、干运、筛选、螺旋选矿机工艺为准。

由采运、筛选及螺旋选矿机三部分组成的设备联系图如图 4－25 所示。

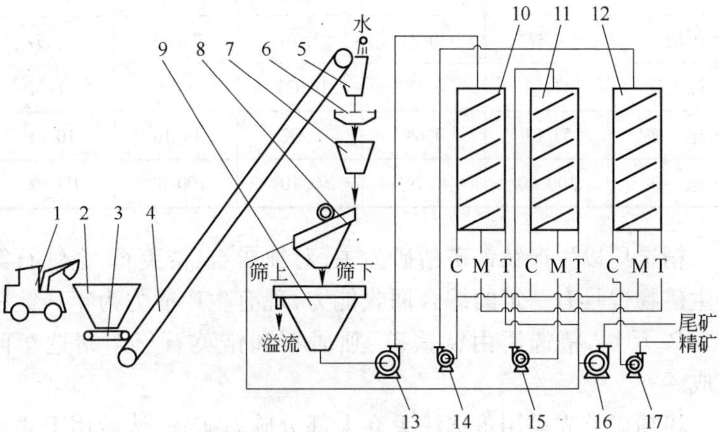

图 4－25　海南南港钛矿粗选工业试验设备联系图

1—ZL－50 装载机；2—矿仓；3—皮带给矿机；4—皮带运输机；5—造浆斗；6—隔渣筛；7—脱泥分浆斗；8—高频细筛；9—浓缩斗；10～12—螺旋选矿机；13～17—砂泵

用 ZL－50 型装载机干采，采出矿石运至矿仓，经皮带给矿机控制矿量，经皮带运输机输送到移动选矿厂。原矿造浆，隔渣筛筛下物给入细筛筛选。采用 YQ3-1007 型高频细筛，筛选用筛采用高频率、低振幅振动、三路给矿、重叠筛网、封闭振动器，具有筛分效率高、处理量大、运转平稳及筛孔不易堵塞等优点。原矿经 0.4 mm 预先筛分，丢弃 40% 左右的筛上物后送螺旋选矿机选别。

螺旋选矿机是澳大利亚矿床公司（MDL）生产的，螺旋断面形状由抛物线、立方抛物线、直线及圆 4 种线形复合而成，不等距螺旋。螺旋选别流程结构为 1 次粗选、中选再选及精选。

筛选—螺旋粗选流程简单，事先筛除去 40% 以上的低品位筛上物，提高了入选矿石品位，减少了入选矿量及设备投资，缩小了入选粒度范围，与单一螺旋溜槽流程相比，投资及动力消耗节省 40%，金属回收率提高 10% 以上。该工艺技术指标见表 4－42。

表 4－42　筛选—螺旋粗选流程技术指标　（%）

产　品	产　率	品　位		回收率	
		TiO_2	ZrO_2	TiO_2	ZrO_2
粗精矿	4.32	30.81	1.76	74.35	77.57
筛上物	41.87	0.28	0.027	6.55	11.62
尾　矿	53.81	0.64	0.02	19.10	10.81
原　矿	100.00	1.79	0.10	100.00	100.00

精选厂以生产钛铁矿精矿为主，对独居石、锆英石、金红石等伴生矿物也具有一定的综合回收能力，现有生产能力为年产钛精矿 1.2 万 t。精选厂由钛铁矿、独居石和锆英石三个精选车间组成。

粗精矿首先采用重选法丢弃大部分脉石矿物，然后用干式磁选获得钛铁矿精矿。选钛的尾矿用重选、磁选、浮选、电选法分别获得锆英石精矿和独居石精矿。

精选厂的原则流程如图 4－26 所示，精选厂生产技术指标见表 4－43。

表 4－43　精选厂生产技术指标　（%）

产　品	品　位	回收率
钛铁矿精矿	以 TiO_2 计，49.7%	77～84
独居石精矿	以 RE 计，60.0%～65.0%	71.0
锆英石精矿	以 ZrO_2 计，60.0%～65.0%	60.0

4.3.8　广西北海选矿厂

北海选矿厂位于广西壮族自治区北部湾沿海的北海市。该厂是我国最大的海滨砂矿精选厂，原设计生产能力为 60 t/d。该厂除生产主要产品钛铁矿之外，还有较好的综合回收能力，可以综合回收锆英石、金红石和独居石及少量锡石、黄金等。

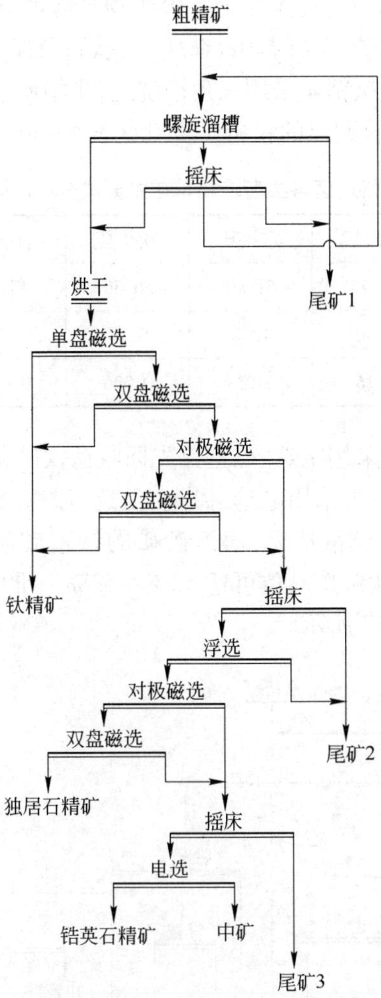

图 4－26 海南南港钛矿精选厂的原则流程

北海选矿厂的粗选精矿全部是收购的，收购的粗精矿有两类，一类为海滨砂矿产品（咸水矿），另一类为内河砂矿产品（淡水矿）。海滨砂矿粗精矿中主要含钛矿物为假金红石（$Fe_3O_4 \cdot 3TiO_2$），即斜钛矿，纯矿物含 $TiO_2$50%～60%。内河砂矿以钛铁矿为主，除钛铁矿外，其他伴生有价矿物与海滨砂矿相近，有锆英石、独居石、磷钇矿、金红石、锐钛矿、白钛石及微量锡石、黄金等。本地区土法生产粗精矿采用三角槽洗选，粗精矿品位（以 TiO_2 计）大于 48%，主要收购点的粗精矿质量见表 4－44。

表 4－44　钦州地区各县所产粗精矿主要成分（质量分数）　（%）

来　源	灵山县	东兴县	钦州县	合浦县	浦北县
TiO_2 含量	49.75	51.50	50.50	47.60	47.20
ZrO_2 含量	1.40	1.00	0.90	2.20	2.80
P 含量	0.16	0.038	0.096	0.493	0.33

北海选矿厂采用电选、磁选首先回收钛铁矿，精选回收率可达 95%～96%，然后再采用电选、磁选、重选、浮选、混汞等工艺综合回收伴生矿物。经精选后，海滨砂矿的钛精矿品位可达 57%～58%，内河砂矿钛精矿品位可达 52%～53%。北海选矿厂精选工艺流程如图 4－27 所示。

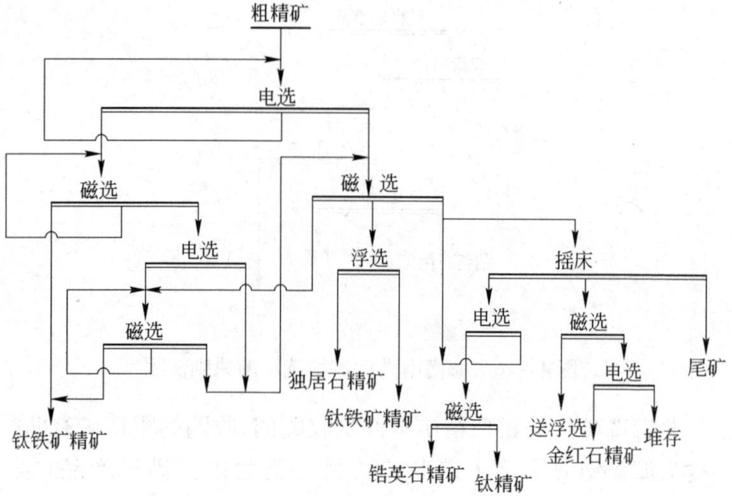

图 4－27　北海选矿厂精选工艺流程

4.3.9 海南沙老钛矿

沙老钛矿位于海南岛琼海县长坡乡沙老河旁。该矿是海南岛东部沿海海滨沉积的钛铁矿、锆英石、独居石砂矿中规模较大的矿床之一。

沙老矿全区共6个矿体,其中Ⅴ号、Ⅵ号矿体最大。矿体分水上矿体和水下矿体。含钛铁矿 22.7 ~ 34.6 kg/m^3,含锆英石 2.3 ~4 kg/m^3。

沙老矿石中除含钛铁矿、锆英石外,还含有独居石、金红石和白钛石等有用矿物,脉石矿物主要有长石和石英,脉石矿物主要集中在大于 0.4 mm 粒级中,各种有用矿物绝大多数呈矿物存在。

采矿采用采砂船开采法,该法是利用一个飘浮式设备完成水下砂矿的采掘、提升、选矿以及将尾砂排弃的作业方式,采用采砂船和选矿船布置在同一湖面上,两者通过输浆管道连接。

采砂船从水下采的矿浆由砂泵运送至选矿船,然后用螺旋选矿机分选出毛精矿和尾矿。毛精矿由砂泵输送上岸,尾矿则用砂泵排放至采空区。由于采矿用水和选矿用水构成闭路循环,对周围环境不会产生污染。

采矿使用绞吸式采砂船,该船由船体、挖掘机构、泵、水枪、定位系统组成。最大挖掘深度 7.5 m,扬程 20.6 m,生产能力 100 t/h,回采时将采矿船绞刀下放至湖底,使之与砂矿层接触,开动绞刀,使砂石松动,并且导向砂泵吸管口,随着水下矿体的采掘,水上矿体自然滑落至矿浆中,砂泵将矿浆吸上,经泵管输送到选矿船顶部。采砂船上还备有水枪,用来冲垮高陡坚实的边帮,使之缓慢滑落至湖中。采砂船的移动、定位由船上的卷扬机完成。

根据原矿矿石性质,选择螺旋选矿机作主要重选设备。选矿船主要由船体、分矿器、螺旋选矿机、起吊设备、定位装置、上下操作平台等构成。

来自采砂船的矿浆通过隔渣筛除掉杂草和卵石后,经分矿器进入粗选螺旋选矿机中。经1次粗选、1次精选及中矿再选,获得粗精矿,并送到岸上的精选厂中。沙老钛矿采砂船的粗选原则流程如图4-28所示。

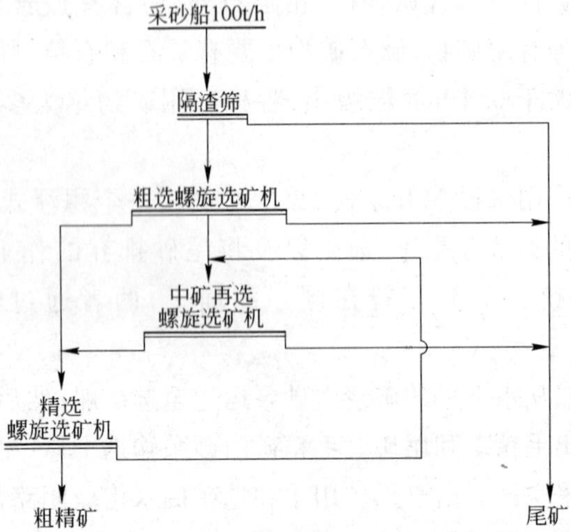

图4-28 海南沙老钛矿采砂船的粗选原则流程

沙老钛矿的精选工艺的特点是采用预先筛分丢弃粗砂,然后进行磁选回收钛铁矿,磁选尾矿再用摇床丢尾并分组,对摇床分组产品采用磁选、电选及浮选等工艺回收锆英石、金红石、独居石产品。该厂精选工艺流程如图4-29所示,技术指标见表4-45。

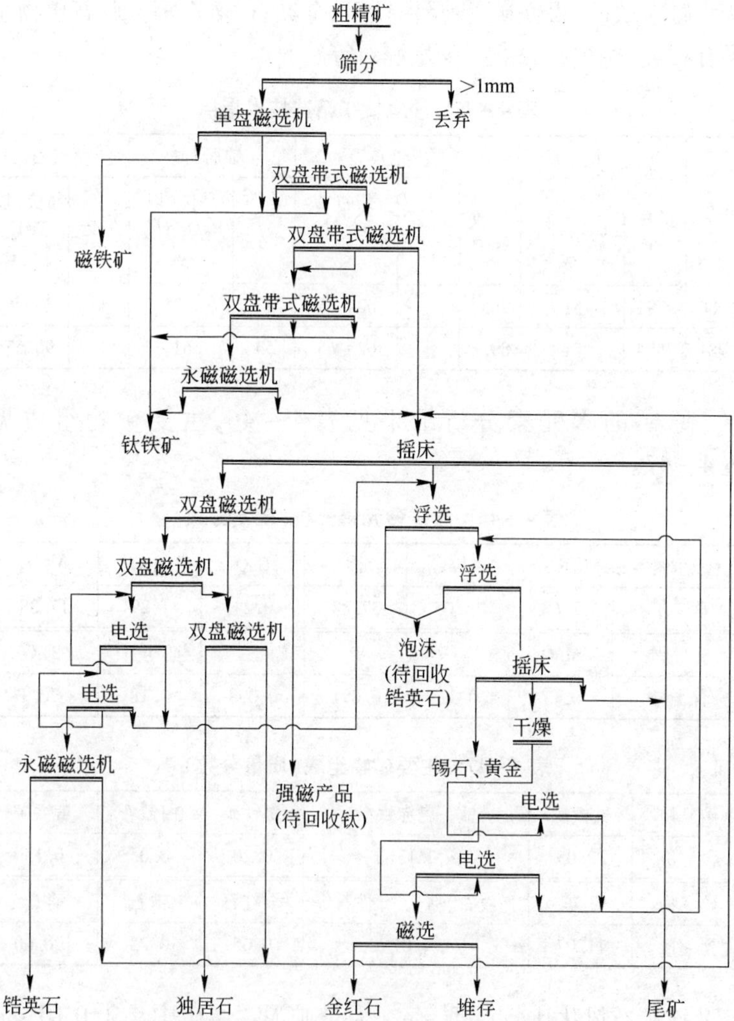

图 4－29　海南沙老钛矿精选工艺流程

4.3.10　云南武定钛矿

云南武定钛矿位于云南省武定境内。该矿属风化壳型砂矿。武定钛矿原矿中含 TiO_2 为 7.68%，主要金属矿物为钛铁矿、钛—磁赤铁矿、褐铁矿、少量白钛石、金红石、锆石等。脉石矿物主要有石英、蛇纹石、黏土、少量蛭石等。

表 4－45　沙老钛矿精选技术指标

年份	钛铁矿			锆英石		独居石		金红石	
	产量/t	品位(以 TiO_2 计)/%	回收率/%	产量/t	品位(以 ZrO_2 计)/%	产量/t	品位(以 R_2O_3 计)/%	产量/t	品位(以 TiO_2 计)/%
1980	9791	51	90.4		62～65	48	63	45	90.76
1981	9574	51	89.6		62～65	54	61	42	90.57

原矿的多元素分析结果见表 4－46，主要矿物组成见表 4－47。

表 4－46　原矿多元素分析(质量分数)　　　(%)

元　素	TiO_2	Fe	SiO_2	CaO	MgO	Al_2O_3
含　量	7.68	16.05	37.88	0.24	1.29	17.38
元　素	MnO	V_2O_5	P	S	$Zr(Hf)O_2$	REO
含　量	0.17	0.32	0.091	0.098	0.18	<0.1

表 4－47　主要矿物组成(质量分数)　　　(%)

矿　物	钛铁矿	钛—磁赤铁矿	褐铁矿	白钛石	黄铁矿
含　量	12.05	2.13	0.20	0.05	0.15
矿　物	石英	蛇纹石、黏土、针铁石等	金红石	锆石	合计
含　量	11.07	74.07	0.05	0.23	100.00

该矿石风化比较严重，存在大量矿泥。原矿中小于 0.01 mm 粒级的矿量占 52%，但钛金属量仅占 11%，这部分泥可以预先脱除。

钛铁矿为镁钛矿—钛铁矿，即 $(MgFe)TiO_2$ 组成的 Mg-Ti 完全类质同象的混合体，因此本矿石的钛铁矿含镁较高。钛铁矿纯矿物含 TiO_2 为 50.46%，小于一般钛铁矿的正常值。原矿中钛铁矿单体解离度测定结果见表4-48。

表4-48 钛铁矿单体解离度测定结果

粒级/mm	产率/%	$w(TiO_2)$/%	解离度/%	TiO_2占有率/%
>0.25	6.70	21.11	86.13	21.05
0.25~0.15	6.88	24.86	95.72	25.46
0.15~0.076	8.05	18.64	98.81	22.33
0.076~0.043	8.77	8.77	99.11	11.45
0.043~0.02	8.81	4.88	99.23	6.40
0.02~0.01	8.49	1.66	99.65	2.10
<0.01	52.30	1.44	99.80	11.21
合 计	100.00	6.72	95.54	100.00

尽管原矿中钛铁矿都呈颗粒状，但有一部分钛铁矿与假象钛赤铁矿连生，要想获得较高的钛回收率，必须磨矿。

原矿中有74%以上的矿物是蛇纹石和黏土，钛铁矿表面几乎全被黏土和蛇纹石所包裹，因此需要搅拌、洗矿。

广州有色金属研究院进行了该矿的选矿试验。试验流程为原矿首先搅拌，然后用斜管分级箱进行脱泥，脱除的细泥量占56.67%，含$TiO_2$1.6%，钛金属量仅占12.83%。洗矿后的物料直接用螺旋溜槽进行选别，分别获得钛粗精矿、中矿和尾矿。中矿经磨矿之后再用螺旋溜槽来选，又产生部分钛粗精矿。经过粗选段选别，可获得含TiO_2 38.8%、回收率为76.83%的钛粗精矿。

粗选工艺流程如图4-30所示。

粗选的粗精矿中除钛铁矿之外，还有钛磁赤铁矿、褐铁矿及石英等。粗精矿的精选流程首先是通过分级脱泥除掉泥质物，然后用弱磁场磁选机选出强磁性铁矿物。用螺旋选矿机丢弃低密度的脉石矿物，精矿为最终钛精矿，中矿用湿式高梯度磁选机选出另一部分钛铁矿。钛精选工艺流程如图4-31所示。最终钛矿精矿含TiO_2 48.34%，回收率为95%。

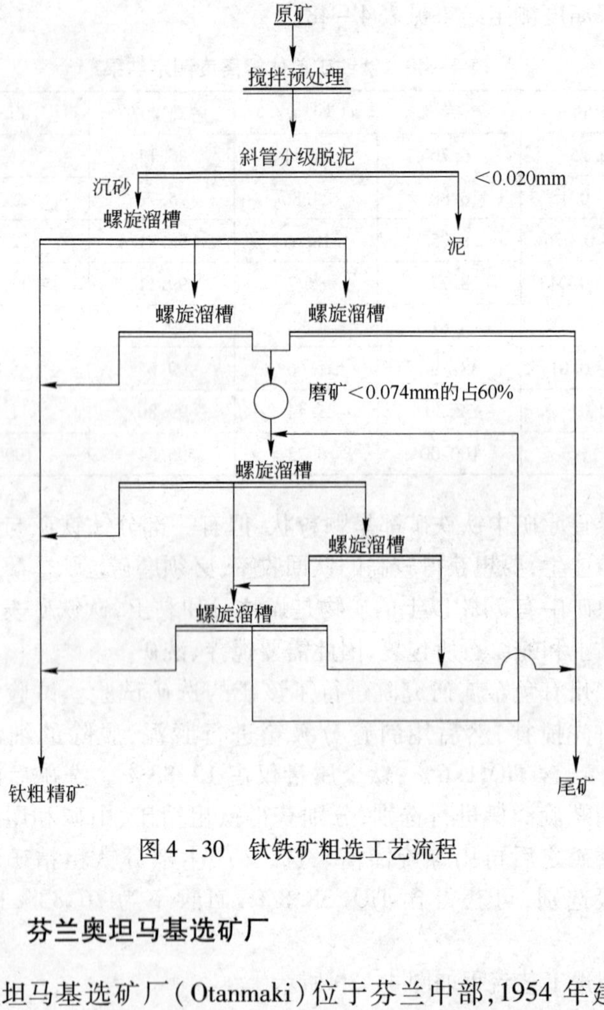

图 4-30　钛铁矿粗选工艺流程

4.3.11　芬兰奥坦马基选矿厂

奥坦马基选矿厂（Otanmaki）位于芬兰中部，1954 年建成投产，处理奥坦马基矿床的钒钛磁铁矿。钒钛磁铁矿储量接近 200 万 t。矿山包括地下采矿（内有一段硐室破碎）、附有干式磁选作业的破碎车间、选矿车间以及有焙烧设备的钒车间四个部分。

选矿厂生产流程为磁选—浮选流程。1972 年处理原矿 105 万 t，获得磁铁矿精矿 25.7 万 t，钛铁矿精矿 14.95 万 t，黄铁矿精矿 0.5 万 t 及五氧化二钒 2124 t。

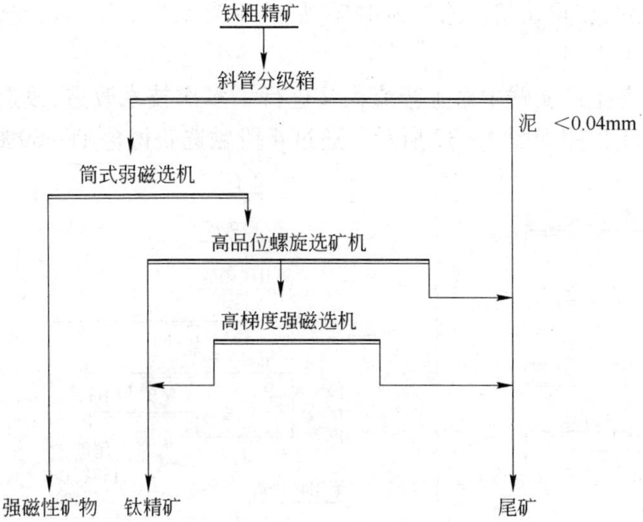

图4－31　钛精选流程

奥坦马基的可采矿体均为扁豆状，矿体长度为20～200 m，宽度为30～50 m不等。选矿厂处理的矿石含磁铁矿38%～40%、钛铁矿10%～20%，其他为硅酸盐脉石（主要为绿泥石、角闪石和斜长石）。单体解离的石英是不存在的，矿石比较难磨。矿石组成不均匀，矿石中主要元素含量为：TFe 40%，TiO_2 13%，V 0.5%，S 1%，P 0.01%。

选矿工艺有两次较大的改造。1958年以前采用粗粒干式磁选方法。粗精矿再磨后用湿式磁选机选出磁铁矿精矿。磁选尾矿在矿浆pH值为6.5条件下用塔尔油浮选钛铁矿，浮选精矿品位（以TiO_2计）为44%，回收率为74%。

1958年以后改用选择性絮凝浮选钛铁矿。其特点是浮硫尾矿直接在高含量（40%～70%）、矿浆pH值为6.2～6.6的条件下，有药剂长时间搅拌（40～60 min），捕收剂为塔尔油和柴油的混合物（塔尔油：柴油＝1：2），并加入占混合药剂量3%～5%的Etoxolo-19作乳化剂。然后调整矿浆pH值为3.2～3.6。实现这一作业后，获得钛精矿品位为 44%，回收率为 88%，比脱泥浮选工艺提高了 14%。

在生产实践中对工艺流程又进行了多次技术改造，改造后的原则流程图如图 4－32 所示。通过 4 段磁选获得含 TFe 69%、含

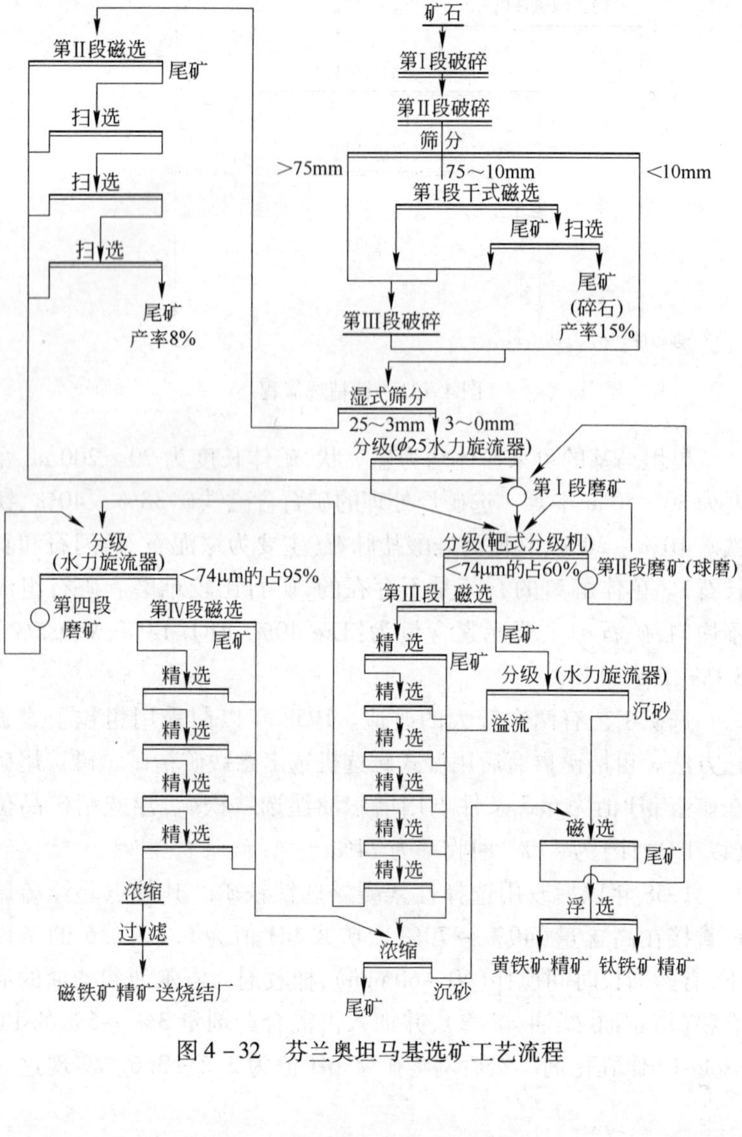

图 4－32　芬兰奥坦马基选矿工艺流程

$TiO_2$1% ~1.5%、含 $SiO_2$2%、V_2O_5 0.5% ~0.6%的磁铁矿精矿，该精矿送到提钒车间经磨矿焙烧后，用浸出法回收钒。磁选尾矿用浮选法得到黄铁矿精矿及钛铁矿精矿。

4.3.12 美国麦金太尔选矿厂

美国麦金太尔(Macintyre)选矿厂位于纽约州东北部阿迪隆达克山区。1942 年投产，原生产能力为 3000 t/d，现处理能力达 10600 t/d。

矿石中的有用矿物为钛铁矿及磁铁矿，脉石矿物为钠长石、角闪石、辉石、石榴子石和黑云母等。矿石坚韧难碎、难磨，不含黏土。原矿石平均含铁 28%。选矿厂采用磁选流程选别磁铁矿，用重选—磁选流程选别粗粒钛铁矿，共有 5 个系列。麦金太尔选矿厂选别原则流程如图 4 -33 所示。

入选原矿预先筛分，筛上产物用 1220 mm×1520 mm 颚式破碎机第一段破碎，破碎粒度为小于 203 mm。一段开路破碎产物和一段筛分作业筛下产物全传送到二段筛分作业，其筛分粒度为 63.5 mm。一、二段筛分作业均采用格条筛。二段筛分作业的筛上产物采用 2130 标准型圆锥破碎机碎至小于 38 mm。二段破碎后产物与二段筛分作业筛下产物合并进入第三段筛孔，19 mm 及 11 mm 两级别进入磁滑轮磁选丢弃部分尾矿。

磁选精矿进 1650 mm 短头圆锥破碎机进行第三段破碎，破碎产品与双层筛筛下小于 11 mm 产品合并进入细矿仓。

细碎后的矿石首先给入棒磨机与弧形筛闭路的磨矿系统，磨矿粒度为小于 0.6 mm。弧形筛筛下产品经带式磁选机粗选，永磁筒式磁选机精选，获得磁铁矿精矿。永磁选溢流及磁铁矿精矿脱水溢流用泵扬送至浮选系统进行细粒钛铁矿浮选。磁选尾矿进行粗粒钛铁矿选别。

粗粒钛铁矿采用重选—磁选联合流程选别。磁选尾矿进入选钛系统后，先用水力分级机分成三个粒级，较粗的两级入摇床重选，小于 0.074 mm 的粒级进入浮选段。摇床重选获得钛铁矿粗精矿、中矿及最终尾矿。

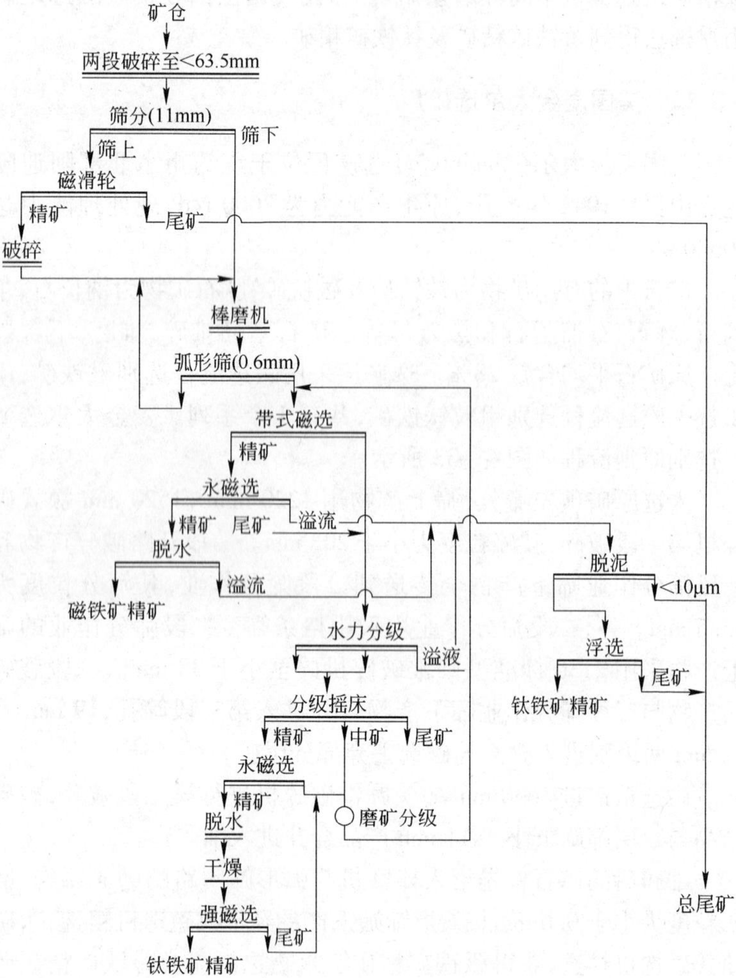

图 4－33　美国麦金太尔选矿厂选别原则流程

摇床中矿经球磨机再磨后再返回到磁选段进行复选。

摇床精矿中含磁铁矿连生体，采用永磁磁选机将其选出，然后经球磨机再磨再选。永磁机磁选尾矿即粗粒钛铁矿粗精矿再经韦瑟里尔型强磁选机选别,获得最终粗粒钛铁矿精矿。

细粒钛铁矿是浮选法回收的。该厂将全厂细泥,包括磁选溢流、磁铁矿脱水溢流、分级机溢流全部集中到浮选段选别。

进入浮选段的矿石采用两段水力旋流器进行脱泥,溢流粒度为小于 10 μm。浮选采用的药剂有塔尔油、燃料油、硫酸、氟化钠及起泡剂。浮选流程为 1 次粗选、2 次精选,得细粒钛铁矿精矿。

设置浮选段是为了获得高品位的纯净钛铁矿。为保证浮选效果,装有检测仪表及某些自动化控制装置。

4.3.13 加拿大索雷尔选矿厂

索雷尔(Sorel)选矿厂位于加拿大蒙特利尔附近,属魁北克铁钛公司(Quebec Iron & Titanium Corp. ,简称 QIT)。该公司是加拿大唯一的开采处理钛铁矿的企业。

矿石采自该公司所属的魁北克拉德湖地区的拉克提奥矿。该矿为目前国外最大的钛铁矿床之一,储量超过 1 亿 t。该矿于 1950 年投产,露天开采,采出矿后就地进行粗碎和中碎,然后运至索雷尔选矿厂进行选矿和冶炼。生产出含 TiO_2 70% ~72% 的钛渣和纯生铁两种产品。

1950 年该厂投产时,矿石经碎矿后直接进行电弧炉熔炼。但因矿石品位波动大,含硫高,致使钛渣含硫量高达 0.6%。为了给电弧炉提供均匀的高品位原料,于 1956 年增加了选矿厂。到 1972 年,原矿年处理量达 200 万 t,钛渣和生铁的年产量分别达到 82 万 t 和 57 万 t。

该矿原矿为块状钛铁矿与赤铁矿的混合矿,其比例为 2:1。脉石矿物主要为斜长石,此外还有少量的辉石、黑云母和黄铁矿。矿石平均含 $TiO_2$35%、含 Fe40%。矿石中的赤铁矿呈细粒嵌布于钛铁矿中,不能用选矿方法分离。黄铁矿遍布于钛铁矿与赤铁矿的晶格间,平均含硫量为 0.3%。矿石中铁和钛氧化物含量平均为 86%,矿石密度为 4.4 ~4.9 g/cm^3。该矿原矿化学成分见表 4 -49。

表 4-49　拉克提奥矿化学成分(质量分数)　　(%)

化学成分	TiO_2	CaO	S	FeO	MgO	Na_2O+K_2O
含　量	34.300	0.900	0.300	27.500	3.100	0.350
化学成分	P_2O_5	Fe_2O_3	Cr_2O_3	SiO_2	V_2O_5	Al_2O_3
含　量	0.015	25.200	0.100	4.300	0.270	3.500

索雷尔选矿厂工艺流程如图 4-34 所示。原矿先破碎至小于

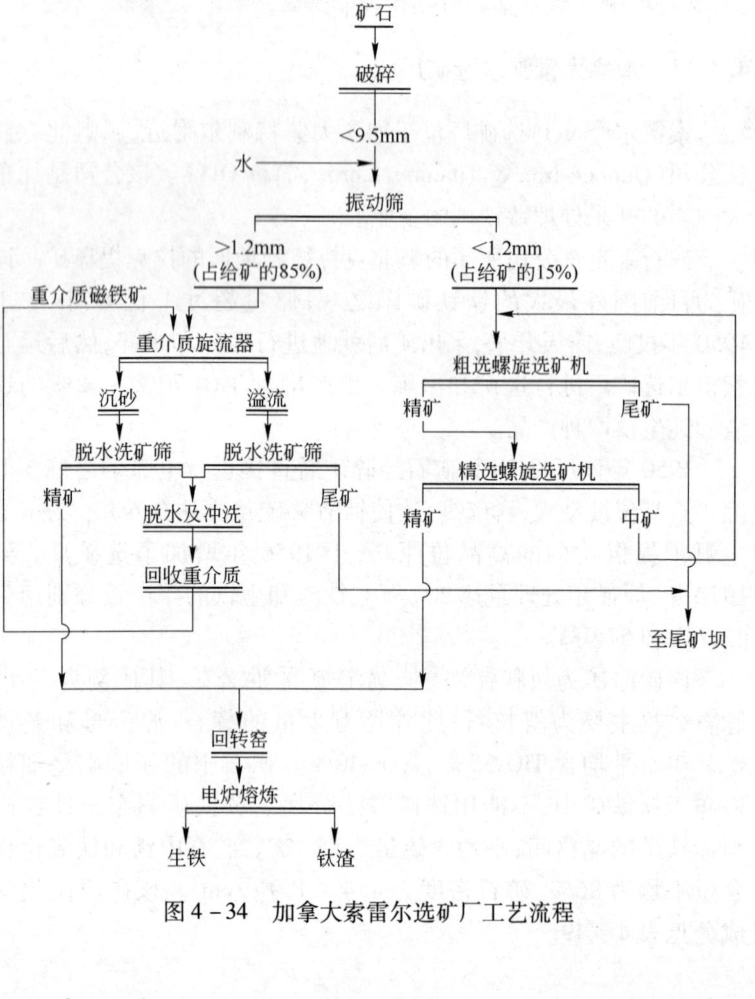

图 4-34　加拿大索雷尔选矿厂工艺流程

9.5 mm,然后用1500×4300泰勒振动筛筛分,大于1.2 mm的粒级含量为85%,进入重介质旋流器进行分选。重介质旋流器用磁铁矿作介质。

小于1.2 mm的物料经浓缩脱泥后,用螺旋选矿机分选。重介质选矿的给料中铁和钛氧化物平均含量为80%,经选别后提高到94%。螺旋选矿机给料中铁钛氧化物含量为75%,经选别后提高到91.5%。两者混合精矿中铁与钛的氧化物含量平均为93%。其中含 $TiO_2$36.8%、Fe41.8%。选矿厂精矿产量为150~200 t/h,回收率约为90%。精矿产品经煅烧脱硫,在电弧炉中用煤粉还原,生产出钛渣和纯生铁产品。该厂钛渣成分见表4-50。

表4-50 高钛渣成分(质量分数) (%)

成分	TiO_2	CaO	C	P_2O_5	FeO	MgO	S	MnO	Fe	Cr_2O_3
含量	70~72	<1.2	0.03~0.1	<0.025	12~15	4.5~5.5	0.03~0.1	0.2~0.3	<1.5	<0.25

4.3.14 挪威泰坦尼亚选矿厂

泰坦尼亚钛矿厂(Titania)位于挪威罗加兰南部,是欧洲已知的最大钛铁矿床。原矿含 $TiO_2$18%,露天开采,平均处理能力为300万 t/a。泰坦尼亚公司属克劳诺斯钛公司(Kronos Titanium Corp.)。

泰坦尼亚选矿厂最初是一座全浮选的选矿厂,投产后,由于矿石性质的变化,采用单一浮选法指标波动较大,回收率低,只有60%~65%,并且浮选过程很难控制。

1986年改变了工艺流程,采用粗粒重选,细粒磁选—浮选的工艺流程,生产指标有了较大提高,并将生产能力扩大到400 t/h。

泰坦尼亚钛铁矿在地质上是 Eger-Sund 斜长岩里的一个侵入体,储量有3亿多吨矿石。

泰坦尼亚钛矿平均矿物组成见表4-51。

表 4-51　泰坦尼亚钛矿平均矿物组成(质量分数)　(%)

矿物	铁钛矿	磁铁矿	斜长石	硫化物	紫苏辉石	磷灰石	黑云母	次要矿物
含量	39	2	36	<1	15	<1	3.5	2.5

主要有用矿物为钛铁矿、磁铁矿和少量硫化矿。脉石矿物主要有斜长石、紫苏辉石、磷灰石和黑云母。另外由于矿体的蚀变作用,使得矿石中含有一定数量的黏土、绿泥石、滑石、石灰石等裂隙矿物。

原矿经三段破碎,将矿石碎至小于 12 mm。磨矿采用一段磨矿作业,球磨机与水力旋流器成闭路,磨矿粒度为小于 0.4 mm。磨矿产品先用弱磁选机选出磁铁矿及强磁性硫化矿,非磁产品经三段水力旋流器分级和脱泥,一、二段水力旋流器的溢流粒度为小于 0.074 mm。第三段水力旋流器是脱除小于 0.01 mm 的泥,直接丢弃。一、二段水力旋流器沉砂进入重选回路。选矿原则流程如图 4-35 所示。

重选回路是用圆锥选矿机作粗选设备,圆锥选矿机选出的精矿用螺旋选矿机 2 次精选得粗粒钛铁矿精矿。

重选回路中共使用了 18 台圆锥选矿机,每台圆锥选矿机的处理能力为 70~90 t/h,给矿浓度为 60%~68%。精选用的螺旋选矿机共 240 台。螺旋选矿机的尾矿返回至圆锥选矿机再选。圆锥选矿机产出的带连生体的中矿再返回到磨矿机。选矿原则流程如图 4-35 所示。

磨矿产品中 0.074~0.01 mm 部分及重选回路的尾矿用强磁选机进行选钛磁选,磁选可以丢弃大部分脉石矿物。磁选给矿含 TiO_2 15% 左右,富集后精矿含 TiO_2 32%,作业回收率为 93%。强磁选的精矿进入浮选选钛作业。因为回收细粒钛铁矿使用了磁选—浮选工艺,使入浮选的矿量比过去减少了 80%,原来的浮选给料含 TiO_2 为 17%~18%,现在浮选给料含 TiO_2 可达 30%~32%。

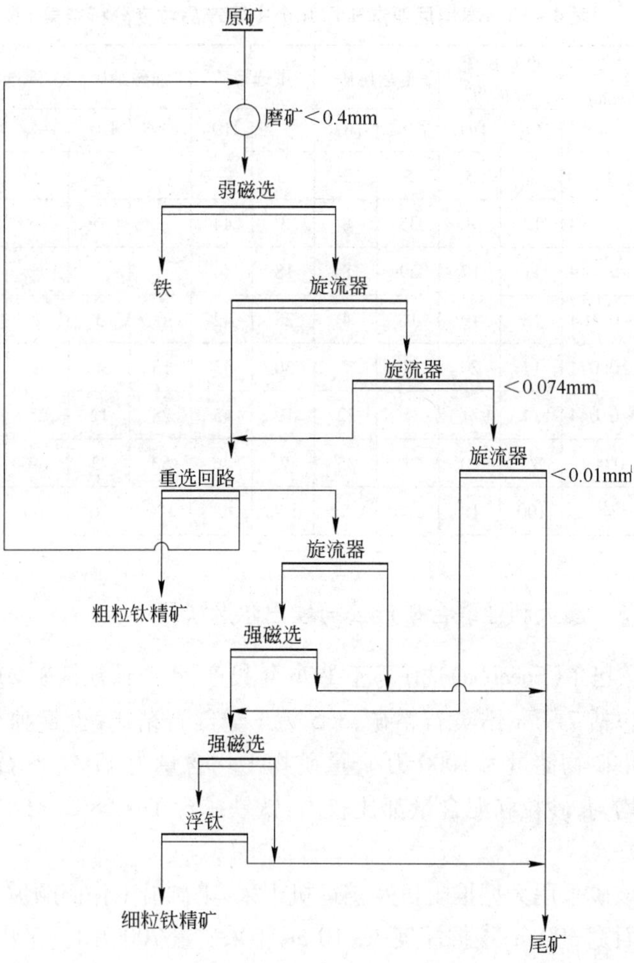

图4-35 挪威泰坦尼亚选矿厂原则流程

浮选采用脂肪酸作捕收剂,中间有浓缩及调 pH 值作业。

重选的钛精矿品位为44%,回收率为46%;浮选钛精矿品位为44%,回收率为29%。总回收率为75%。

泰坦尼亚选矿厂几个主要产品粒度分析结果见表4-52。

表 4-52　泰坦尼亚选矿厂几个主要产品粒度分析结果（%）

粒度/mm	磨矿旋流器溢流		重选尾矿		重选精矿		强磁给矿		浮选给矿	
	产率	TiO_2	产率	TiO_2	产率	TiO_2	产率	TiO_2	产率	TiO_2
>0.417	2	3	5	2						
0.417~0.218	12	8	35	8	3	44				
0.218~0.149	11	17	29	8	18	44				
0.149~0.104	15	19	16	4	28	42	6	3	2	7
0.104~0.074	14	20	8	7	30	43	13	4	6	10
0.074~0.044	14	21	4	22	19	45	28	12	23	26
<0.044	32	20	3	35	2	46	53	23	69	37
合　计	100	18	100	5	100	44	100	16	100	32

4.3.15　澳大利亚联合矿产公司埃巴尔选矿厂

埃巴尔(Eneabba)选矿厂于1976年投产,年产钛铁精矿20万t,其中包括7万t锆英石精矿,3.5万t金红石精矿,少量独居石。矿区重矿物储量为1000万t,重矿物平均含量为17%,矿石粒度极不均匀,砂粒和泥含量都比较高,钛铁矿含$TiO_2$58%~60%,质量很好。

该矿采用大型推土机及铲运机干采,采矿沿工作面顺坡采矿,工作面宽300 m,挖掘深度3~10 m,年采矿量700万t。采出的矿石先定点堆放,然后采用大型前端式装载机给入一段筛分,筛下产物二次筛分,通过两次筛分除去卵石、杂草及大于3 mm的粗砂,二次筛分筛下产物经旋流器脱泥,底流再经过一次控制筛分(筛孔尺寸为3 mm)及浓缩后进入圆锥选矿机选别,产出粗精矿和尾矿。

该矿区严重缺水,为了充分利用回水,采取了两项措施:一是将粗选厂溢流放入3个直径为80 m的大型浓密机中,浓密机溢流返回再用;二是将筛分砾石分段筑坝,将浓密机沉淀的矿泥及粗选尾矿输送至库内,经澄清、渗滤的水返回到水源地。

精选厂按图 4－36 所示的流程进行生产,产出了钛铁矿、金红石和锆英石精矿。

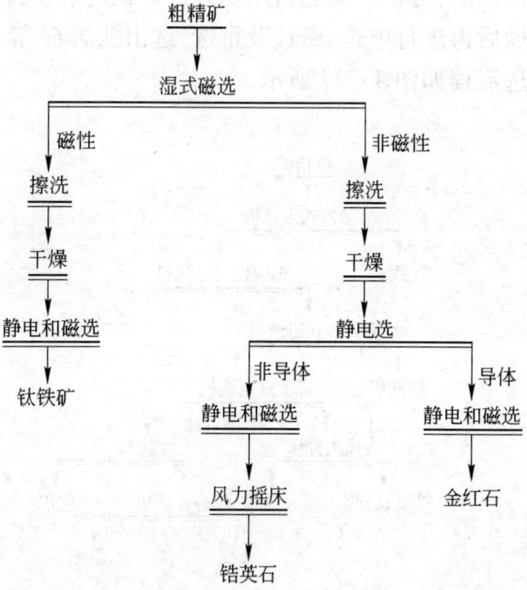

图 4－36 澳大利亚埃巴尔精选厂生产流程

4.3.16 澳大利亚西澳砂矿公司凯佩尔选矿厂

凯佩尔(Capel)矿区距海岸约 15 km,矿体与海岸线平行,原矿重矿物含量为 12% ~15%,其中钛铁矿占 75%,白钛石和锆英石各占 10%,金红石占 1%,独居石占 0.5%。该矿采用 25 m^3 铲运机干采,并用 1 台推土机松动板结地段的矿石,采出的矿先运往堆矿场,运输距离约 400 m,然后用装载机给入筛孔为 150 mm 的振动格条筛筛分,筛下产物经二、三段筛分,筛上物经擦洗圆筒筛及气动筛筛分,筛除大于 2 mm 粒级的物料作废石丢弃,筛下小于

2 mm 的粒级经旋流器浓缩后与三段筛筛下物合并入粗选段选别，全部用圆锥选矿机粗选，通过 1 次粗选、1 次扫选、2 次精选的选别，获得供精选用的粗精矿。

粗精矿中有用矿物以钛铁矿为主，进入精选段后，先用干式磁选机选出钛铁矿，选钛后的物料用螺旋选矿机进一步排除轻矿物，然后经干燥后再进行电选、磁选及重选，选出独居石、锆英石、白钛石等。精选流程如图 4－37 所示。

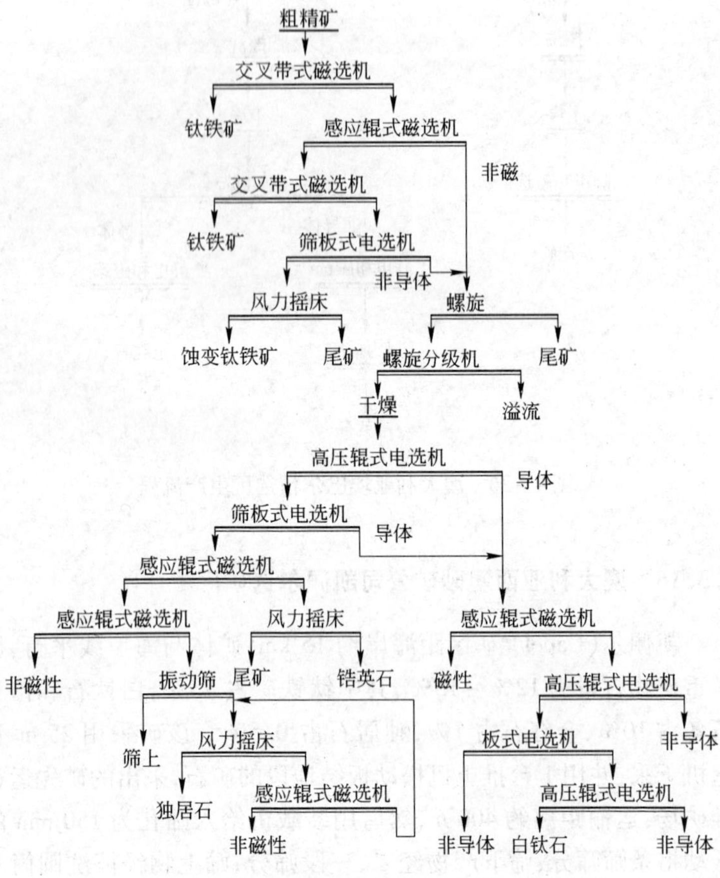

图 4－37　澳大利亚凯佩尔选矿厂精选流程

4.3.17　澳大利亚西部钛矿公司选矿厂

西部钛矿公司选矿厂自1965年开始生产，选别澳大利亚西部的海滨砂矿，矿石含 Cr_2O_3 较低（0.03%～0.04%），含 TiO_2 54%～60%。该矿采用重选、磁选、电选联合流程，每小时处理原矿60 t。精矿重矿物含量为93%～95%，产量为每小时25～35 t。重矿物组成为：钛铁矿70%～85%、锆英石3%～5%、独居石小于4%、金红石小于5%、白钛石1%～20%、石榴石小于15%，还有少量电气石、十字石、尖晶石、黑云母及褐铁矿等，该厂通过两次湿选、两次干选选出钛铁矿精矿，并综合回收金红石、白钛石、锆英石、独居石等精矿。

原矿入厂先经筛孔为9.5 mm的圆筒筛筛分，筛下产物再进行筛分，大于4 mm的筛上物丢弃，小于4 mm的筛下物分级脱水。分级箱的粗砂再经1台弧形筛、1台艾利斯·查尔默斯（A. C.）筛分机筛分，筛下产物粒度小于0.6 mm，送至螺旋选矿机粗选及三段螺旋选矿机精选，产出粗精矿。一次湿选流程如图4－38所示。

一次湿选粗精矿先在木板或混凝土的棕席疏干72 h，使精矿含水降低到5%～7.5%，然后送入旋转干燥机（长10.7 m，直径1.95 m），在温度55～65℃下干燥，干燥物经在运输机上冷却后进行筛分（0.6 mm），筛上物返回一次湿选厂，筛下物采用32台拉彼德四极三盘磁选机和1台交叉带式磁选机选收钛铁矿，磁选尾矿采用四辊高压电选机和3台拉彼德四极三盘磁选机回收剩余的钛铁矿。一次干选流程如图4－39所示。

一次干选尾矿再进行二次湿选，二次湿选时，为了在常温下脱除矿物表面的氧化铁，采用低浓度氢氟酸和焦亚硫酸钠清洗，以利于分选。清洗后的物料经螺旋选矿机粗选，螺旋选矿机的精矿分级入摇床选，螺旋选矿机的中矿再用螺旋选矿机选，中矿再选的精矿返回至摇床选，摇床的精矿经浓缩加药、擦洗后入二次干选厂。

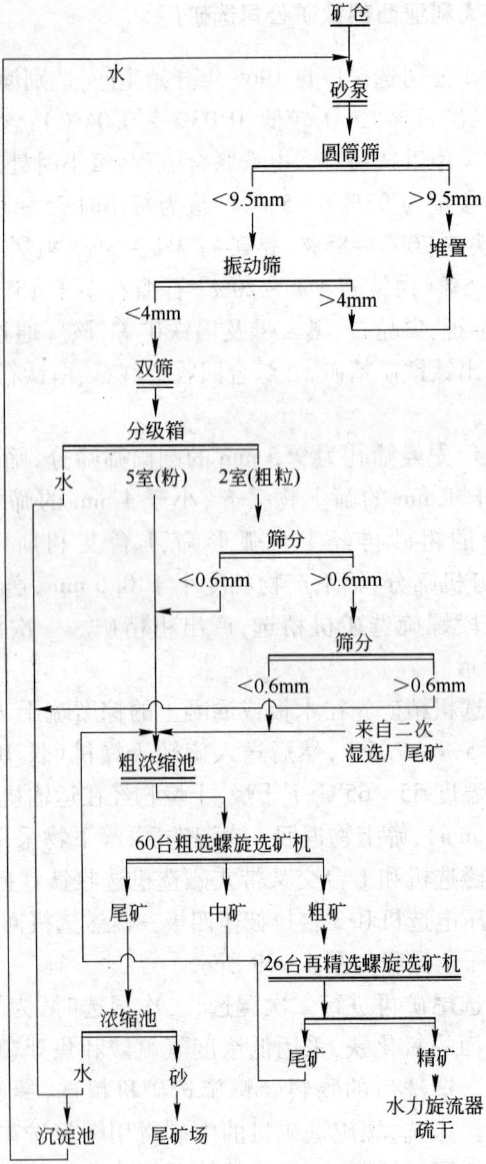

图4－38 澳大利亚西部钛矿公司选矿厂一次湿选流程

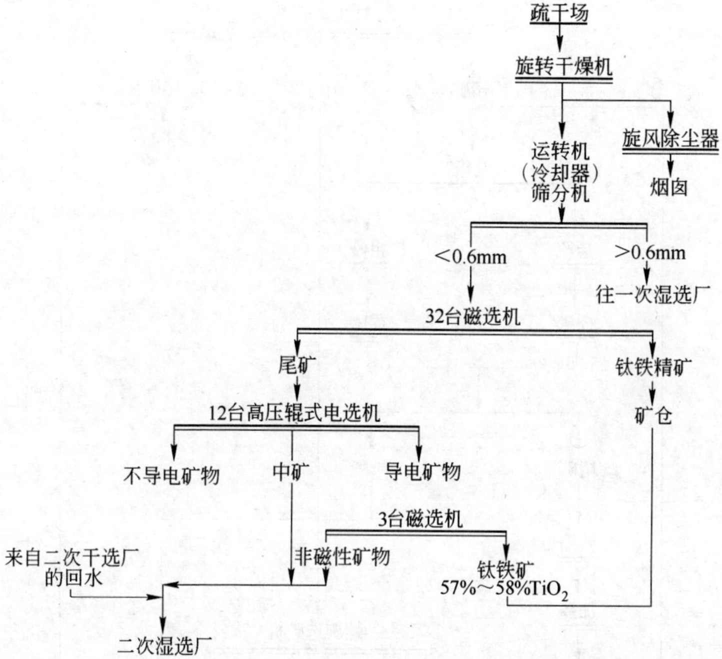

图 4-39 澳大利亚西部钛矿公司选矿厂一次干选流程

二次干选采用四段筛板式静电选矿机分选,在二次干选中还采用了极性交替方式,改善了分选效果,静电选后的导体部分再经电选、磁选与其他矿物分离,获得锆英石、独居石、金红石、白钛石精矿。二次湿选流程如图 4-40 所示,二次干选流程如图 4-41 所示。

4.3.18 印度特拉凡科尔选矿厂

印度喀拉拉邦的特拉凡科尔(Travacore)砂矿是世界上较大的含钛铁矿、锆英石、稀土的矿床之一。由于原矿中含重砂矿物达 60% 以上,因此不需要粗选作业,直接进行精选分离,其流程如图 4-42 所示。原矿先经筛孔为 0.6 mm 的振动筛筛分,除去贝壳

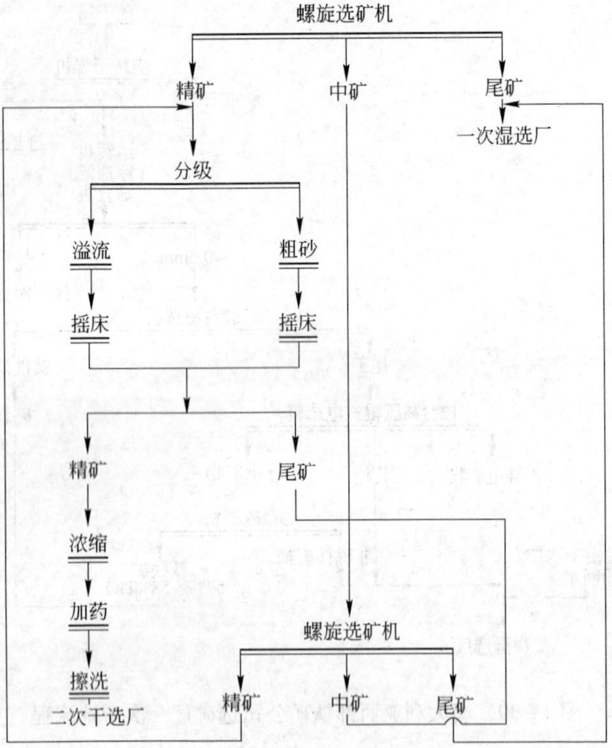

图 4-40　澳大利亚西部钛矿公司选矿厂二次湿选流程

及粗砂，筛下物入矿仓，再由矿仓通过 ϕ50 mm 管自流到湿式磁选机选出钛铁矿精矿，磁选尾矿再经摇床选出富含独居石的粗精矿及锆英石、金红石中矿和尾矿三种产品。独居石粗精矿经干燥后，采用风力摇床、磁选及电选获得含独居石 99% 的独居石精矿；含锆英石和金红石的摇床中矿及尾矿分别经磁选、电选、浮选、风力摇床选别，获得含金红石 98% 的金红石精矿及锆英石精矿、硅线石精矿（含硅线石 80%）和白钛石精矿。

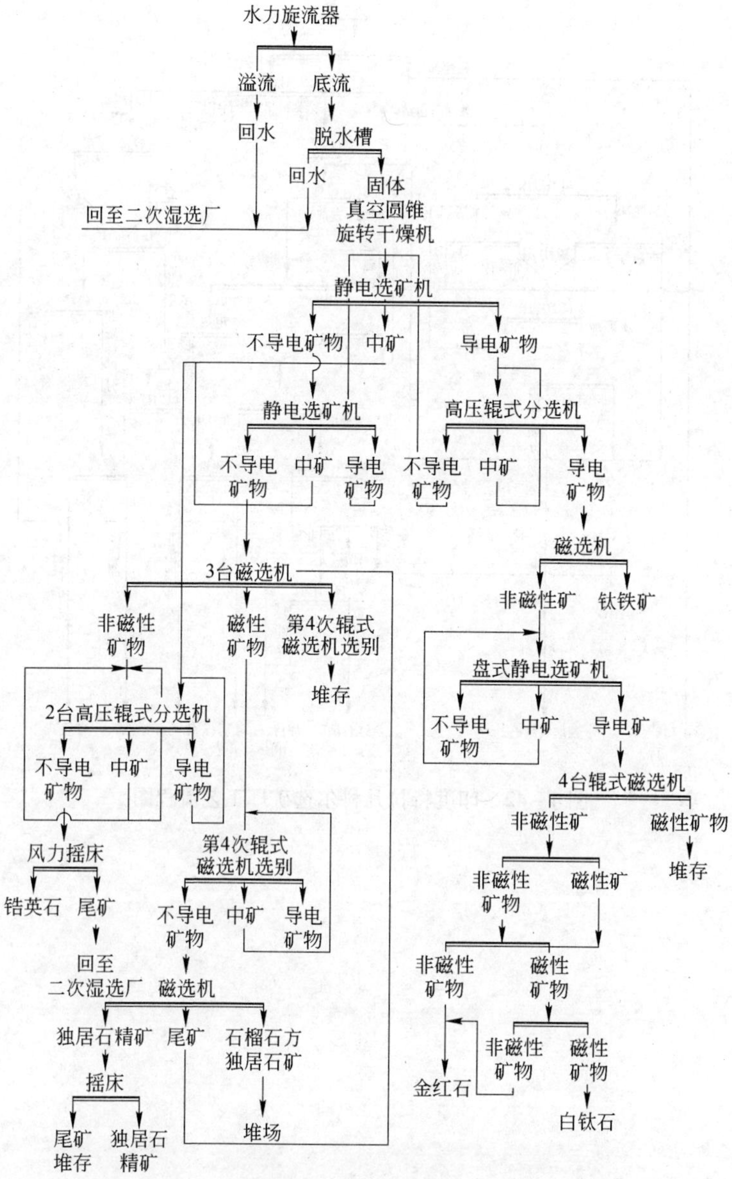

图4-41　澳大利亚西部钛矿公司选矿厂二次干选流程

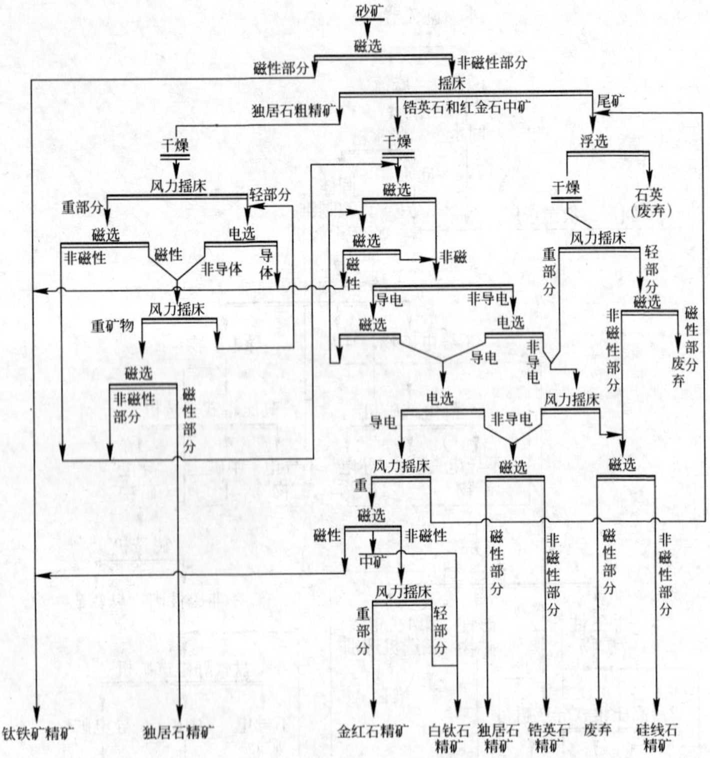

图 4－42　印度特拉凡科尔选矿厂工艺流程图

5 金红石的选矿

金红石是自然界中含钛最高的矿物，是提取金属钛、制造钛白粉和二氧化钛的主要原料。

我国金红石的储量比较少，基础储量约2000万t，占总钛资源基础储量的2%左右。

我国金红石矿的开发处于初级阶段，年产量大约2500 t，其中90%来自砂矿。金红石精矿的主要产地为广东、广西和海南，此外在山东和安徽也有少量生产。国内原生金红石矿尚未大规模开发利用，年产量仅几百吨，目前原生金红石矿的生产仅湖北枣阳大阜山金红石矿一处，年处理能力为9万t，现已建成年产1200 t金红石的选矿厂。其他少数金红石矿仅断续或小量生产。

5.1 金红石砂矿的矿石特性

金红石是简单的氧化物 TiO_2，理论上它的化学组成为含 Ti 60%、含 O 40%，实际上常含 Fe^{2+}、Fe^{3+}、Nb^{5+}、Ta^{5+}、Sn^{4+}，有时还含 Cr^{3+} 或 V^{3+}。金红石是自然界中 TiO_2 分布最广的变体。在 TiO_2 的各种变体中，它的分子体积最小，因而趋向于在高压、高温条件下形成。在岩浆岩中作为副矿物呈细小颗粒产出，有时在热液脉、伟晶岩中也有大粒金红石出现。砂矿是脉矿的次生作用形成的。

金红石密度为4.2~4.3 g/cm^3，非磁性，具有导电性能。因成矿作用不同，金红石的颜色、晶形、物化性质及化学成分也不尽相同，矿物的颜色可为黑色、黄褐色、褐色等。

海滨砂矿的特点是有用矿物种类多、单体解离好，常含有钛铁矿、锆英石、金红石、独居石、磷钇矿、板钛矿、锐钛矿、白钛石等。海滨砂矿中金红石的含量一般处于钛铁矿、锆英石之后，位居第三位。

钛铁矿具有强电磁性，锆英石不具有电磁性，都易于分选。独居石和磷钇矿含量少，一般作副产品回收。金红石往往与板钛矿、锐钛矿、白钛石共存形成金红石产品。

板钛矿、锐钛矿的化学成分与金红石相同，矿物性质相似，是金红石同质多象变种，通常把它们划为金红石范畴。白钛石（$TiO_2 \cdot nH_2O$）是钛铁矿等含钛矿物的氧化物，其性质变化极大。在生产实践中，无论采取任何选矿手段，都会有白钛石进入金红石产品中去。白钛石是影响金红石产品品位的最主要原因，含铁金红石也会影响金红石品位。含铁金红石的磁性比金红石强，白钛石的导电性比金红石弱。

另外，金红石矿床中往往还存在含磷和含硫的矿物。

海南东海岸海滨砂矿的金红石精矿中含 TiO_2 为85% ~90%，影响精矿品位的主要原因是含有含铁金红石和白钛石。表5－1列出了某海滨砂矿金红石精矿的矿物组成，该矿的主要矿物电子探针分析结果列入表5－2中。

表5－1　某海滨砂矿金红石精矿的矿物组成（质量分数）　（%）

矿　物	金红石	锐钛矿	含铁金红石	白钛石	其　他
含　量	43.08	24.70	9.32	17.63	5.27

表5－2　电子探针分析结果（质量分数）　（%）

矿　物	TiO_2	SiO_2	Al_2O_3	FeO	MnO_2	CaO	MgO	K_2O	P_2O_5
金红石	98.193	0.539	0.277	0.022	0.000	0.003	0.143	0.012	0.000
含铁金红石	65.216	0.067	0.292	28.64	4.854	0.006	0.021	0.011	0.005
锐钛矿	95.410	0.000	0.046	0.742	0.000	0.000	0.008	0.022	0.000
白钛石	65.814	12.10	7.297	2.112	0.004	0.453	0.067	3.352	0.180

金红石、锐钛矿、含铁金红石和白钛石在不同磁性产品中的分布见表5－3。它们的粒度分布情况见表5－4。

表 5-3　各矿物在不同磁性品中的分布　（%）

磁感应强度/T	金红石	锐钛矿	含铁金红石	白钛石
0.3			2.14	
0.45			7.63	3.27
0.6		0.43	21.12	4.76
0.8	0.85	0.82	47.51	10.34
1.2	3.86	4.91	20.73	21.36
2.5	59.02	55.34	0.87	55.28
≥2.5	36.27	38.50		4.99
合　计	100.00	100.00	100.00	100.00

表 5-4　各矿物的粒度分布　（%）

粒度/mm	金红石	锐钛矿	含铁金红石	白钛石
>0.2	1.76	0.81	0.92	5.30
0.2~0.17	1.85	1.23	1.47	9.48
0.17~0.14	29.53	33.41	37.41	59.23
0.14~0.08	65.24	58.64	58.64	23.09
<0.08	1.62	1.56	1.56	2.90
合　计	100.00	100.00	100.00	100.00

从表 5-2 可以看出，影响金红石精矿品位的主要原因是金红石产品中存在着含铁金红石和白钛石，两者的纯矿物含 TiO_2 仅为 65% 左右。从表 5-3 可以看出，含铁金红石的磁性比金红石强，在 0.3~0.8 T 磁感应强度下有 78% 的含铁金红石可被选入磁性产品中，金红石和锐钛矿则无磁性或磁性很弱。白钛石的磁性与金红石相近，但白钛石的导电性比金红石差。

通过表 5-4 各矿物粒度分布可以看出，金红石、锐钛矿粒度偏细，在小于 0.14 mm 的粒级中金红石的分布率为 66%，白钛石则略粗，在大于 0.14 mm 的粒级中白钛石的分布率为 74%。这样通过磁选、电选、重选的联合流程可以将大部分含铁金红石、白钛石分离出去。金红石和锐钛矿同属含钛很高的矿物，两者没有必要分开。

5.2　金红石砂矿的选矿工艺

一般海滨砂矿先用重选法粗选获得粗精矿，粗精矿中往往有钛铁矿、锆英石、独居石、磷钇矿、白钛石和金红石，通过精选把这些矿物彼此分开。海滨砂矿经过粗选获得的粗精矿进入精选厂。在粗精矿中除了重矿物之外，还有部分密度较小的轻矿物存在，需要用重选法先除之。在重砂矿物中，铁矿物、钛铁矿、磷钇矿、独居石及含铁金红石都具有磁性，可以调整磁感应强度大小使它们彼此分开。金红石和锆英石为非磁性矿物，但金红石在电场中为导体，锆英石为非导体，两者通过电选可以分开。白钛石也是非导体，但密度比锆英石略小，用重选法将它们分开。

表 5－5 为金红石砂矿中几种主要矿物磁选时所需要的磁场强度。图 5－1 所示为海滨砂矿精选原则流程图。

表 5－5　几种主要矿物磁选时所需要的磁感应强度

矿　物	磁感应强度/T
铁矿物	0.1～0.2
磷钇矿	0.4～0.6
独居石	0.65～1.4
金红石	无磁性
锆英石	无磁性
钛铁矿	0.3～0.5

在生产中可依据各种磁性矿物的数量，按照矿物的磁性强弱，逐次将磁性矿物分开。也可以将某几种磁性矿物或把全部磁性矿物选在一起，然后再改变磁感应强度，将磁性不同的矿物彼此分开。在精选过程中，可以把磁选作业和电选作业交替使用，或者电选、磁选、重选、浮选作业交替使用。

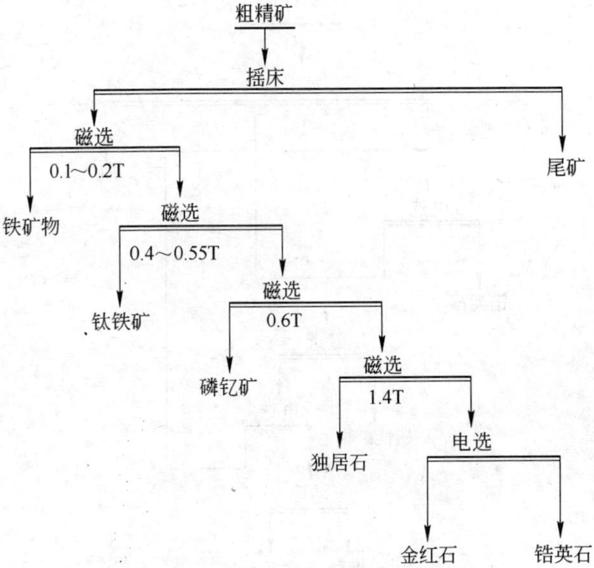

图 5-1　海滨砂矿精选原则流程图

在摇床重选作业中，主要是把石英、电气石、石榴子石及一部分白钛石作为尾矿分选出去，大部分锆英石在摇床精矿产品中，大部分金红石在摇床中矿产品中。进入精矿中的金红石待选锆英石后再返回金红石选别系统。在生产中，通过磁选可以把钛铁矿等磁性矿物选入磁性产品中，但也有少量含铁金红石进入其中。通过电选可以把非导体的锆英石和白钛石分离出去，以提高金红石精矿的品位。

为了进一步降低金红石精矿的杂质含量，可以用浮选法除杂，即在 pH 值为 8～9 时，用纯碱、水玻璃作调整剂，用煤油、肥皂作捕收剂进行反浮选，把少量白钛石及其他杂质矿物浮选出来，通过浮选能使金红石精矿品位进一步提高，而杂质磷含量可控制在 0.04% 以下。

通过磁选选出钛铁矿等磁性矿物后，其磁选尾矿选金红石的选矿原则流程如图 5-2 所示。

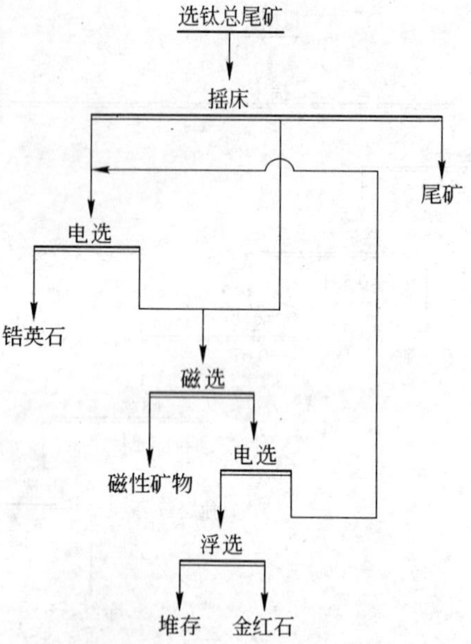

图 5－2 金红石选矿原则流程

各地海滨砂矿的矿石性质不同,因此在金红石选矿过程中往往需要使用各种分离手段,才能选出合格产品。

5.3 金红石脉矿的矿石特性

原生金红石一般在岩浆岩中作为副矿物呈细小颗粒产出,偶见在伟晶岩中出现。在区域变质过程中,金红石由含钛矿物(如钛铁矿)转变而成,在角闪石、榴辉岩、片麻岩和片岩中出现。

我国原生金红石矿普遍存在着贫、细、杂的特性。尽管各地所产矿石在性质方面有些差别,但也有一些共同特性:

(1) 原生金红石矿一般矿物组成复杂,除含金红石外,还伴生有钛铁矿、钛赤铁矿、赤铁矿、磁铁矿等有用矿物。脉石矿物常有石英、长石、白云母、黑云母、绿帘石、斜长石、石榴石、绿泥石、电气石、透闪石、滑石、蛭石、重晶石等。在这些矿物中,钛铁矿、钛赤铁矿、赤铁矿和磁铁矿都具磁性,且密度与金红石相似,均大于4.2 g/cm^3。

(2) 原矿品位低，金红石矿含 TiO_2 一般在2%～4%之间，个别矿山或个别矿山的个别地段含 TiO_2 较高，有的达5%。湖北枣阳大阜山金红石矿含 TiO_2 2.66%，山西代县碾子沟金红石矿含 TiO_2 2.37%，河南方城五间房金红石矿含 TiO_2 2.19%，河南新县杨冲金红石矿含 TiO_2 1.97%，河南西峡八庙金红石矿含 $TiO_2$4.84%。由于原矿品位低，每获得1 t金红石精矿需要处理75～150 t原矿石，在现在的经济技术条件下，一般处理1 t原矿的采选加工费用需60～100元。因此金红石精矿的选矿成本就很高。

(3) 金红石的嵌布粒度细，与其他矿物共生关系复杂，如湖北枣阳金红石矿，金红石常与白钛石、角闪石、钛铁矿共生，有的呈单个颗粒或集合体与其他矿物连生，有的呈尘埃状浸染分布在角闪石中，一般嵌布粒度为0.03～0.1 mm。河南西峡金红石矿，金红石嵌布粒度为0.09～0.03 mm。河南方城金红石矿，金红石嵌布粒度为0.074～0.037 mm，并且金红石和铁矿物间关系非常密切，它们互相穿插、互相包裹。

(4) 矿石易泥化，待选物料中常含有大量原生泥。由于金红石嵌布粒度细，一般磨矿粒度也较细，这样就会产生较多的次生泥。

(5) 矿石中常含有影响金红石精矿质量的黄铁矿和磷灰石等矿物，这些矿物若进入金红石精矿中，将会影响产品质量。

5.4 金红石脉矿的选矿工艺

由于金红石脉矿的矿物组成复杂，矿石中一般含钛铁矿、赤铁矿、磁铁矿、褐铁矿等大密度矿物，金红石的嵌布粒度细(大部分金红石的嵌布粒度小于0.1 mm)，因此在制定选矿工艺流程时应考虑以下原则：

(1) 根据矿石中所含主要矿物的可选性，一般采取多种选矿方法组成的联合选矿工艺来处理金红石原生矿。

1) 重选—磁选—重选流程。该工艺的特点是通过重选丢弃大量脉石矿物，得到含金红石等重矿物的粗精矿，然后用磁选法选出其中的钛铁矿及其他磁性矿物。非磁部分用重选法获得金红石精矿。

2）重选—磁选—电选流程。该工艺的特点是非磁部分用电选法获得金红石精矿。当原矿中的金红石的嵌布粒度细时，电选法往往效果不理想。一般电选法适宜的粒度范围为大于0.04 mm，当处理小于0.04 mm的物料时，往往分选效果差，而且电选时会产生较多的粉尘。

3）重选—磁选—浮选流程。该工艺的特点是采用浮选法来分离磁选后的非磁性产品，得到金红石精矿。

4）浮选—磁选流程。该工艺流程的特点是原矿磨矿后通过硫化矿浮选选出含硫矿物，然后进行金红石浮选，得到金红石粗精矿。在金红石粗精矿中必然存在钛铁矿及其他含铁矿物，需用磁选法除去这些杂质才能获得合格的金红石精矿。由于浮选的回收粒度下限低于重选，因此往往会获得比重选法更高的技术指标。但是由于浮选需要添加浮选药剂，因而会增加选矿成本。金红石原生矿的粗选作业采用何种选矿方法，应进行技术经济对比后再决定。一般当原矿品位高、金红石的嵌布粒度较细时，可以考虑用浮选直接选原矿。

5）浮选—磁选—焙烧—酸洗流程。该工艺的特点是当用浮选法和磁选法得到的金红石精矿中杂质含量高时，用焙烧、酸洗法除掉其中可溶于酸的杂质矿物，以得到合格的金红石精矿。

6）粗粒级采用重选—磁选流程，细粒级采用浮选—磁选流程。该工艺是将磨矿后的物料分为粗粒级和细粒级两部分，粗粒级采用重选—磁选法获得粗粒金红石精矿。细粒级部分通过浮选—磁选法回收细粒金红石，这样进入浮选的矿量可大为减少，从而降低浮选成本。同时粗、细粒级采用不同的选矿工艺，可以发挥重选、浮选各自的特点，从而获得较好的技术经济指标。

（2）选矿流程要适应矿石中金红石矿物呈不均匀嵌布的特性，为了尽量避免在磨矿过程中有用矿物经过粉碎而造成的金属损失，应该加强磨矿过程中的分级作业，尽量采用高频振动细筛作分级设备与磨矿机闭路，代替常用的螺旋分级机。螺旋分级机的分级过程是按轻、重矿物的等降比进行的，在螺旋分级机的返砂中往往会有大量粗粒已单体解离的金红石矿物存在，若返回磨矿机将会产生过粉碎现象。用筛子分级，过磨现象可大为减轻。

（3）根据金红石的嵌布粒度可选择多段磨矿、多段选别的工艺，或把粗粒未单体解离的物料返回至原矿磨再磨再选。

（4）对入选物料应预先脱泥，以消除其对选别过程的不利影响。特别是浮选作业，在浮选之前一般要脱除小于 0.01 mm 粒级的细泥，以改善浮选作业条件，提高浮选指标并降低浮选药剂成本。脱除小于 0.01 mm 粒级细泥的脱泥设备可以用小直径的水力旋流器、离心选矿机、斜板分级机或斜管浓密机。

（5）应重视综合利用伴生有价成分。根据伴生有价成分的可选性特点，应尽量使这些有价成分在某产品中最大限度地富集。如矿石中的钛铁矿、云母、蒙脱石、石榴子石、钾长石、磷灰石、蓝晶石、辉绿石等，为下一步综合回收创造条件，但应指出，回收伴生有价成分的价值应与流程复杂所增加的基建费和生产费用相适应。

5.5　金红石矿的选矿实例

5.5.1　广东东里浅海砂矿

东里地区浅海砂矿位于广东省徐闻县新寮岛东部水深小于 5 m以上海域，矿体宽 1500 ~ 5000 m，长 15300 m，矿石中主要有价矿物为金红石、锐钛矿、白钛石、钛铁矿、独居石等。主要脉石矿物为石英、长石、海绿石、云母等。

原矿多元素分析结果为：TiO_2 0.25%，ZrO_2 0.073%，REO 0.031%。

矿物组成：钛铁矿 0.231%，锆石英 0.116%，金红石和锐钛矿 0.031%，白钛石 0.077%，独居石 0.012%，磷钇矿 0.001%，磷灰石 0.014%。

广州有色金属研究院 1990 年进行了选矿试验，由于矿石中有用矿物的品位较低，粒度细，矿石较难选。粗选采用摇床选。粗选钛铁矿的矿物回收率为88.25%,金红石和独居石的矿物回收率为84%~85%,锆英石的矿物回收率为88.67%,粗精矿产率为0.99%,含TiO_2 21.69%、ZrO_2 6.98%、REO 1.05%。

该精选原则流程如图5-3所示。

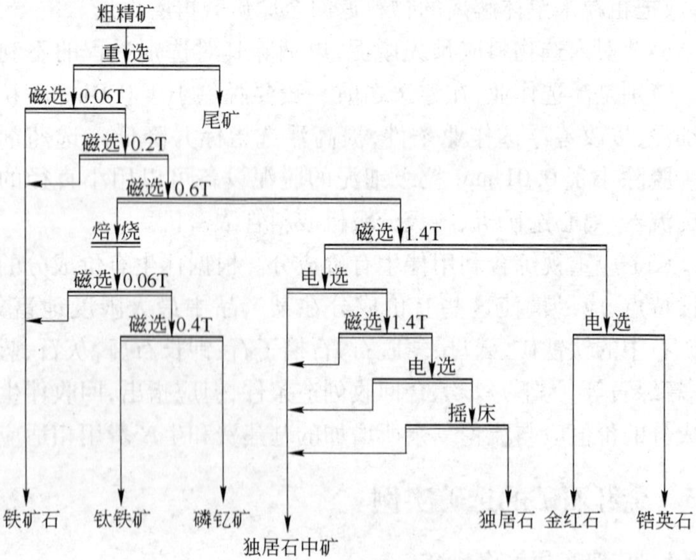

图5-3　精选原则流程图

该粗精矿先经重选再富集,然后按磁性进行分组,经弱磁选和焙烧后的弱磁选作业,在场强为0.06~0.2 T时选出铁矿物。在磁感应强度为0.2~0.6 T和0.6~1.4 T的条件下,各磁性组中分别用磁选、电选、重选等联合方法选出钛铁矿、磷钇矿、独居石、金红石和锆英石。最终获得的钛铁矿精矿含TiO_2 51.25%、金红石精矿含TiO_2 85.32%、锆英石精矿含ZrO_2 61.5%~65.16%、独居石精矿含REO 62.14%的4种精矿产品。

5.5.2　湖北枣阳金红石矿

枣阳金红石矿是我国目前已开发利用的一个特大型金红石原

生矿床，自投产以来由于矿石性质复杂，选矿指标一直很低。1983年以前生产总回收率仅有16.65%，以后进行了流程改造，总回收率也仅有23%～26%。

5.5.2.1 *矿石性质*

枣阳金红石矿是变质基性岩矿床，主要有用矿物有金红石、钛铁矿、磁铁矿、榍石、白钛石、黄铁矿等。脉石矿物主要为石榴石、角闪石、绿泥石、云母、长石、石英等。

原矿多元素分析结果及矿物组成分别见表5－6和表5－7。

表5－6 原矿多元素分析结果(质量分数) (%)

元素	TiO_2	SiO_2	Al_2O_3	FeO	Fe_2O_3	CaO
含量	2.90	41.41	16.85	13.91	4.10	8.45
元素	MgO	P_2O_5	S	V_2O_5	Na_2O	ZrO_2
含量	0.45	0.15	<0.027	0.14	2.70	0.044

表5－7 矿物组成(质量分数) (%)

矿物	金红石	钛铁矿	角闪石	石榴石	绿帘石	绿泥石
含量	2.60	0.80	67.90	9.30	11.70	4.50

有部分金红石矿物本身含铁，或颗粒内有含铁矿物(主要是铁矿物、角闪石等)，因而带有磁性，金红石常与白钛石、角闪石、钛铁矿、榍石共生，有的呈星星尘埃状浸染分布在角闪石中或呈筛孔状包裹在角闪石中。一般嵌布粒度为0.1～0.03 mm，最大为0.9 mm，最小为0.015 mm，见表5－8。

表5－8 金红石嵌布粒度

粒度/mm	1～0.5	0.5～0.1	0.1～0.015	<0.015
金红石分布率/%	7.6	56.86	11.54	24

钛在脉石中的分散率高，脉石中含钛金属量占原矿钛总量的15%～20%。

5.5.2.2 选矿工艺及技术指标

原生产工艺为一段磨矿，磨矿粒度为小于0.074 mm 的占32%，磨矿产品经水力分级机分级、脱泥。水力分级各粒级分别用摇床选别。摇床粗精矿干燥后用磁选法选出磁性物。非磁部分再经摇床选，其精矿经浮选脱除硫化矿后，再用磁选法脱除磁性物得金红石精矿。

该工艺的粗选 TiO_2 的回收率仅为37.25%，62.75%的 TiO_2 损失在摇床尾矿中，经过精选后，最终可以得到含 TiO_2 为87%的金红石精矿，回收率为16.65%。原选矿原则流程如图5－4所示。

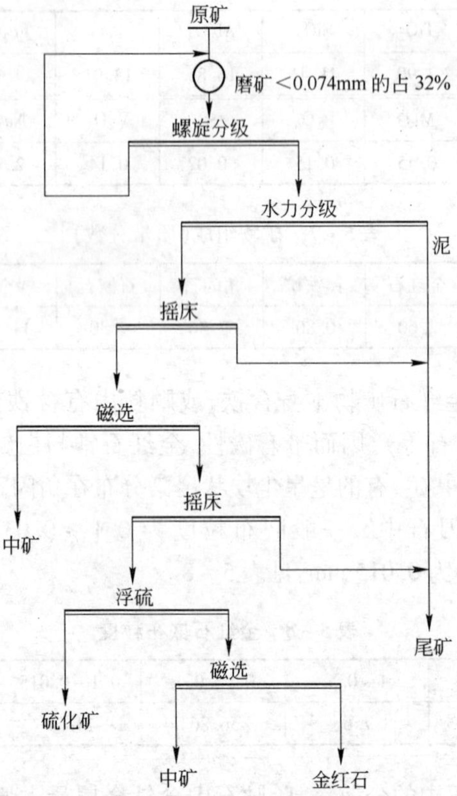

图5－4 枣阳金红石矿原选矿原则流程

1983 年,在原有流程的基础上进行了技术改造,改造后的选矿原则流程如图 5-5 所示。改造后的流程特点是采用二段磨矿,二段选别。即第一段的磨矿粒度为小于 0.074 mm 的占 32%,脱泥后进一段摇床选别,摇床中矿再磨至小于 0.074 mm 的占 65%,使连生体进一步单体解离,然后进入第二段摇床选别。重选回收率由改造前的 37.25% 提高到 49.45%,全厂总回收率由 16.65% 提高到 23%。

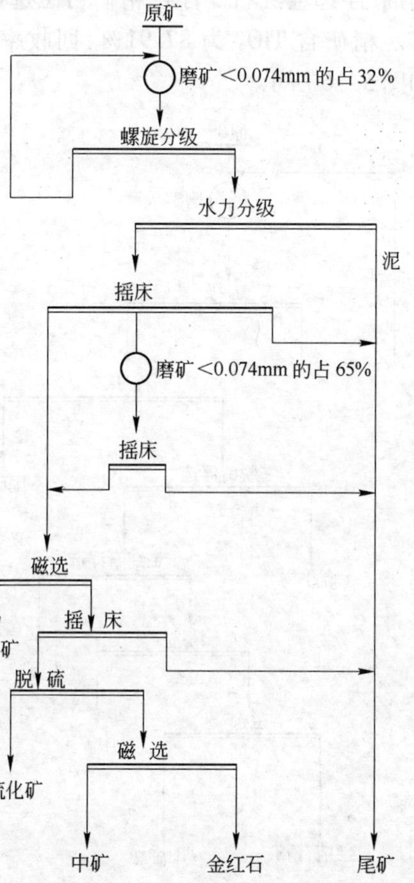

图 5-5　改造后的选矿原则流程

5.5.2.3 不同方案的小型试验对比

对枣阳金红石矿曾进行了各种方案的小型对比试验。采用重选—磁选—浮选流程，可获得含 TiO_2 为 85.92%、回收率为 43.23% 的金红石精矿。

1985 年进行了重选—浮选—磁选流程试验。流程的粗选作业是以重选为主，重选的粗精矿脱硫以后用浮选法浮选金红石。浮选在矿浆温度为 30℃，pH 值为 5 时，以苄基胂酸为捕收剂，氟硅酸钠为抑制剂，浮选金红石。浮选精矿再磁选选出磁性矿物获得金红石精矿。精矿含 TiO_2 为 87.91%，回收率为 41.61%。试验原则流程如图 5-6 所示。

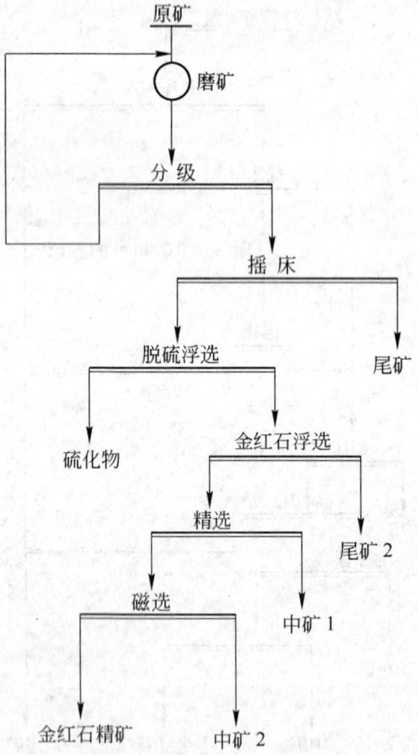

图 5-6 重选—浮选—磁选试验原则流程

1984年,曾进行了浮选—磁选流程的小型试验,该流程是将原矿磨至小于0.074 mm的占80%,脱泥后先浮选硫化矿,然后再浮选金红石,浮选精矿经磁选选出磁性物后得金红石精矿。金红石精矿含$TiO_2$97.98%,回收率为63.59%。试验原则流程如图5-7所示。

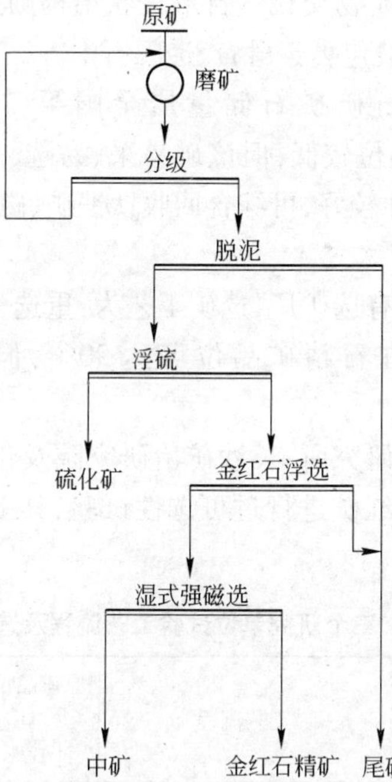

图5-7 浮选—磁选试验原则流程

从试验结果看,生产技术指标与试验指标相差较大,说明生产工艺本身还有潜力。在各试验方案中,以浮选—磁选流程指标最佳,但浮选会增加浮选药剂成本,需要详细进行技术经济对比后才能选出最佳方案。

5.5.3 山西代县碾子沟金红石矿

5.5.3.1 *矿石性质*

碾子沟金红石矿床为蚀变岩原生矿,矿石中主要金属矿物有金红石、钛铁矿和磁铁矿。脉石矿物主要为透闪石、滑石、角闪石，其次为阳起石、绿泥石、黑云母、石英等。矿石的结构和构造比较简单。金红石呈半自形粒状结构和交代残余结构及少量自形柱状结构。金红石粒度较粗，一般为0.5～1 mm。交代残余结构的金红石大部分被脉石矿物交代。自形柱状结构则为少量细粒(0.05～0.1 mm)金红石被包裹于滑石、透闪石中。

碾子沟金红石矿矿石储量居全国第二位，原矿平均含$TiO_2$1.92%，原矿品位较低，但该矿易采、易选，金红石纯度高、杂质少，开发利用条件较好，可综合回收钛铁矿、磁铁矿。

5.5.3.2　选矿工艺

碾子沟矿已建有选矿厂，选矿工艺为：重选—磁选—酸洗联合流程。获得的金红石精矿品位可达90%，但回收率较低，不到50%。

湖北地质试验研究所、长沙矿冶研究院及化工部矿产地质研究所曾对碾子沟金红矿进行过可选性试验，其工艺流程及选矿指标见表5－9。

表5－9　三个研究单位试验工艺流程及选矿指标

单　位	工艺流程	原矿品位(以TiO_2计)/%	精矿品位(以TiO_2计)/%	回收率/%
湖北地质试验研究所	重选—磁选—酸洗	2.5	94.75	75.31
长沙矿冶研究所	重选—磁选—电选—酸洗	1.86	93.13	75.05
化工部矿产地质研究所	重选—磁选—酸洗	2.08	95.28	76.93

试验结果表明，采用重选—磁选方案均能获得相似的指标。而生产指标与试验指标差距仍偏大。

5.5.4　陕西商南金红石矿

商南金红石矿现已建小型选矿厂，金红石回收率为40%左右。由于回收率低，所以未能正常生产。

5.5.4.1　*矿石性质*

商南金红石矿中主要金属矿物有金红石、钛赤铁矿、钛铁矿、榍石、方铅矿、黄铁矿、磁黄铁矿、褐铁矿等。脉石矿物主要有角闪石、黑云母、长石、方解石、绿泥石、透闪石、磷灰石等。金红石粒度为0.15~0.03 mm，大于0.05 mm及小于0.03 mm粒级的金红石量占20%。金红石单矿物中含TiO_2 97.83%，含Fe_2O_3 1.35%。

5.5.4.2　*选矿工艺*

选矿原则流程如图5－8所示。矿石经两段磨矿、两段重选得粗精矿，该粗精矿经过磁选选出含铁的磁性矿物。非磁产品经酸

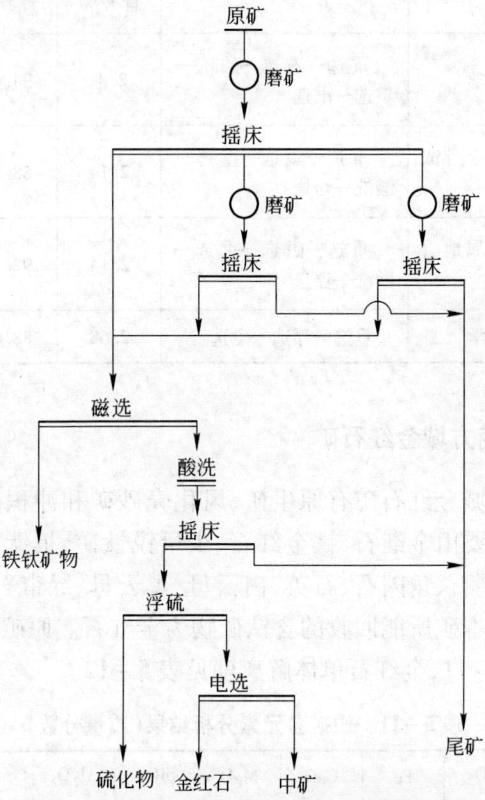

图5－8　商南金红石矿选矿原则流程

洗后用摇床选，摇床精矿经过浮选脱除硫化矿后，再通过电选获得金红石精矿。由于矿石性质复杂及用电选选金红石时因粒度太细而电选效果不够理想等原因，金红石的生产回收率较低。

昆明理工大学、陕西地质局西安测试中心、西北有色金属地质研究所、武汉科技大学分别对该矿进行选矿工艺研究，其研究结果见表5－10。

表5－10 各单位选矿试验工艺及指标

单位	工艺	原矿品位（以TiO_2计）/%	精矿品位（以TiO_2计）/%	回收率/%
昆明理工大学	重选—磁选—酸洗—重选—电选	2.4	94.06	65
陕西地矿局测试中心	重选—磁选—重选—酸洗—焙烧	2.14	88.86	49.73
西北有色金属地质研究所	重选—磁选—重选—酸洗—浮选	2.14	92.71	38.14
武汉科技大学	重选—浮选—磁选	2.68	88.08	47.57

5.5.5 河南方城金红石矿

河南方城金红石矿有原生矿、风化壳砂矿和冲积砂矿3种类型。该矿主要由金红石、铁金红石、少量锐钛矿、板钛矿、钛铁矿、钛磁铁矿、榍石、角闪石、石英、白云母、黑云母、绿帘石、绿泥石等矿物组成。本矿所能回收的含钛矿物为金红石。原矿多元素分析结果见表5－11，金红石单体解离度见表5－12。

表5－11 原矿多元素分析结果（质量分数） （%）

元素	TiO_2	Fe	CaO	MgO	SiO_2	Al_2O_3	S	P
含量	3.29	8.58	6.21	4.66	47.13	9.15	0.019	0.29

表 5-12 金红石单体解离度

粒度/mm	>0.28	0.28 ~ 0.18	0.18 ~ 0.1	0.1 ~ 0.074	0.074 ~ 0.037	0.037 ~ 0.019	0.019 ~ 0.010
解离度/%	0	3.06	11.89	27.64	64.02	76.08	88.46

金红石的嵌布粒度较细，一般为0.037 ~0.074 mm。但磨矿后在0.074 ~0.037 mm 粒级，金红石单体解离度仅为64%，只有在小于0.019 mm 时，解离度才达到88%。可见金红石的粒度非常细。

矿石中几种重要矿物的物理参数见表 5-13。

表 5-13 几种重要矿物的物理参数

矿 物	密度/$g \cdot cm^{-3}$	比磁化系数/$cm^3 \cdot g^{-1}$	导电性
金红石	4.20	1.45×10^{-6}	良导体
钛铁矿	4.72	267.48×10^{-6}	导 体
榍 石	3.29	49.07×10^{-6}	非导体
赤铁矿	5.10	176×10^{-6}	导 体
褐铁矿	4.17	165×10^{-6}	导 体
角闪石	2.90	24.6×10^{-6}	非导体
绿帘石	2.60	14.19×10^{-6}	非导体
石 英	2.65	0.2×10^{-6}	非导体
黑云母	2.70	53.68×10^{-6}	非导体
白云母	2.76	2.96×10^{-6}	非导体

从表 5-13 可以看出，钛铁矿、褐铁矿、赤铁矿、榍石、黑云母、角闪石、绿泥石等矿物具有磁性，金红石不具磁性。可以通过磁选法将其分开。

昆明理工大学曾采用重选—磁选—电选工艺流程对该矿样进行试验。试验的原则流程如图 5-9 所示。

矿石经两段磨矿、两段重选得粗精矿，粗精矿经弱磁选和强磁选除掉磁性矿物，非磁部分经酸洗，再重选和电选获得金红石精矿，该精矿含 $TiO_2$92.16%，回收率为65.26%。

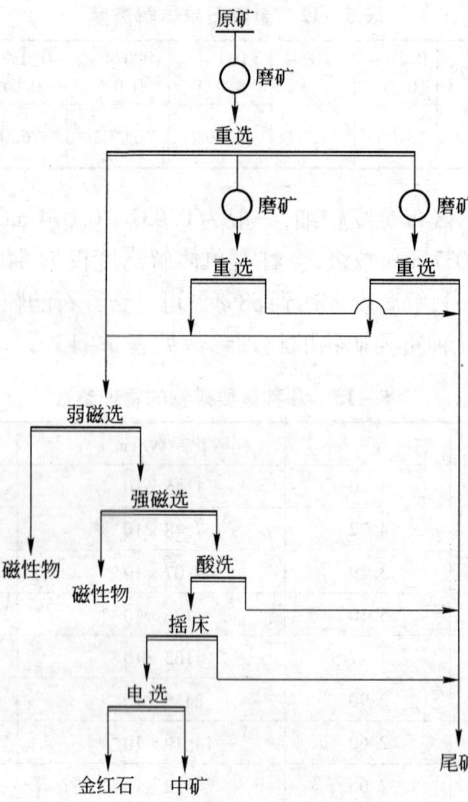

图5-9 方城金红石矿选矿原则流程

东北大学和江西石城钽铌矿对方城金红石矿也进行了试验。江西石城钽铌矿采用的工艺为磁选—重选—酸洗流程,东北大学采用擦洗磨矿—重选抛尾—浮选—磁选—酸洗的联合工艺。三个单位的选矿试验结果见表5-14。

表5-14 三个单位的选矿试验结果

单 位	工艺流程	原矿品位(以 TiO_2 计)/%	精矿品位(以 TiO_2 计)/%	回收率/%
昆明理工大学	重选—磁选—酸洗—电选	2.09	92.16	65.26

续表 5－14

单　位	工艺流程	原矿品位（以 TiO_2 计）/%	精矿品位（以 TiO_2 计）/%	回收率/%
江西石城钽铌矿	弱磁—强磁—重选—酸洗	3.59	92.04	71.02
东北大学	重选—浮选—磁选—酸洗	2.20	90.80	62.13

5.5.6　河南西峡金红石矿

西峡金红石矿矿物组成比较复杂，主要含钛矿物为金红石，其次为钛铁矿、榍石。该矿属细粒嵌布金红石矿，金红石粒度大于0.09 mm 的占3.07%，0.05～0.09 mm 粒级的占37.93%，0.032～0.05 mm 粒级的占55.52%，小于0.032 mm 粒级的占3.47%。原矿含 $TiO_2$3.76%，其中钛金属的72.9%含在金红石中。主要脉石矿物为角闪石、黑云母。从金红石与脉石矿物嵌布状态看，金红石基本上呈细粒均匀嵌布，多为单体，属易分离型。

河南地矿局地质调查四队对西峡金红石矿进行了选矿试验研究。试验采用重选—磁选—酸洗联合流程，金红石矿原矿品位为4.84%，获得含 $TiO_2$93%的金红石精矿，回收率为61.82%。地矿部郑州矿产综合利用研究所也进行了多方案对比试验，采用磁选—重选—酸洗工艺，可使金红石回收率大于66%。

5.5.7　四川会东新山金红石矿

会东新山金红石矿为一特大型原生矿床，已探明 D 级储量1700 万 t。原矿平均含 $TiO_2$4.17%，矿体巨厚，出露地表，覆盖层薄，适于露天开采。

原矿中主要含钛矿物为金红石、锐钛矿、钛铁矿和榍石等。脉石矿物主要为绢云母、绿泥石、石英、黑云母等。金红石嵌布粒度微细；金红石在矿石中分布极不均匀，被绢云母、绿泥石包裹，与褐铁矿化、碳酸盐化、硅化的矿石中氧化铁、碳酸盐呈包裹连生关系，属较难选矿石。

昆明理工大学采用不同的选矿流程对该矿进行了选矿试验。根据该矿石中金红石的嵌布粒度细的特性，采用了多段磨矿，用助磨剂抑制或减少颗粒的团聚，从而改善了磨矿效果。采用离子波型摇床、12 kV 超高压悬浮电选机等设备处理微细粒物料。采用重选—磁选—浮选—电选流程选金红石，其精矿含 TiO_2 为 83.73%，回收率为 40.19%。

5.5.8　澳大利亚纳勒库帕选矿厂

澳大利亚纳勒库帕（Narecoopa）选矿厂位于澳大利亚金岛，是一海滨砂矿，1969 年投产。矿床含重矿物约 50%，有用矿物主要为锆英石和金红石，其次是白钛石、钛铁矿、磁铁矿、石榴石和锡石。湿选厂流程如图 5－10 所示。

采出的原矿进入粗选厂预先筛分（4 mm），筛上产物丢弃，筛下产物给至 32 台福特型螺旋选矿机粗选，中矿再经 12 台螺旋选矿机再选。两次螺旋选矿机精矿用砂泵扬送至 3 台吉尔型磁选机磁选，磁性产物即为钛铁矿精矿，非磁性产物经过 Uinatex 喷射冲击箱擦洗，再给入 8 台摇床选别。摇床精矿为锡精矿，次精矿为含锆英石、金红石的粗精矿。摇床中矿返至本摇床作业，尾矿至中矿再选的螺旋选矿机。

粗精矿采用高压电选、强磁选及风力摇床干选联合流程精选，获得锆英石和金红石精矿。干选厂流程如图 5－11 所示。

5.5.9　澳大利亚昆士兰钛矿公司采选厂

昆士兰钛矿公司在英斯基普波因特（Inskip Point）地区经营 2 个采矿厂，其中一个较大的选厂处理能力为 600 t/h。

采用采砂船开采。原矿首先经筛分除渣后入缓冲矿仓，然后送入 8 台圆锥选矿机粗选丢弃尾矿，粗选中矿用 4 台圆锥选矿机再选丢弃尾矿，再选中矿返回 4 台圆锥选矿机再选。粗选精矿及中矿再选精矿再经 2 次精选获得粗精矿。粗精矿运至设在雷恩堡海滨公司所属的干选厂精选。在精选中获得金红石、锆英石和独居石产品。

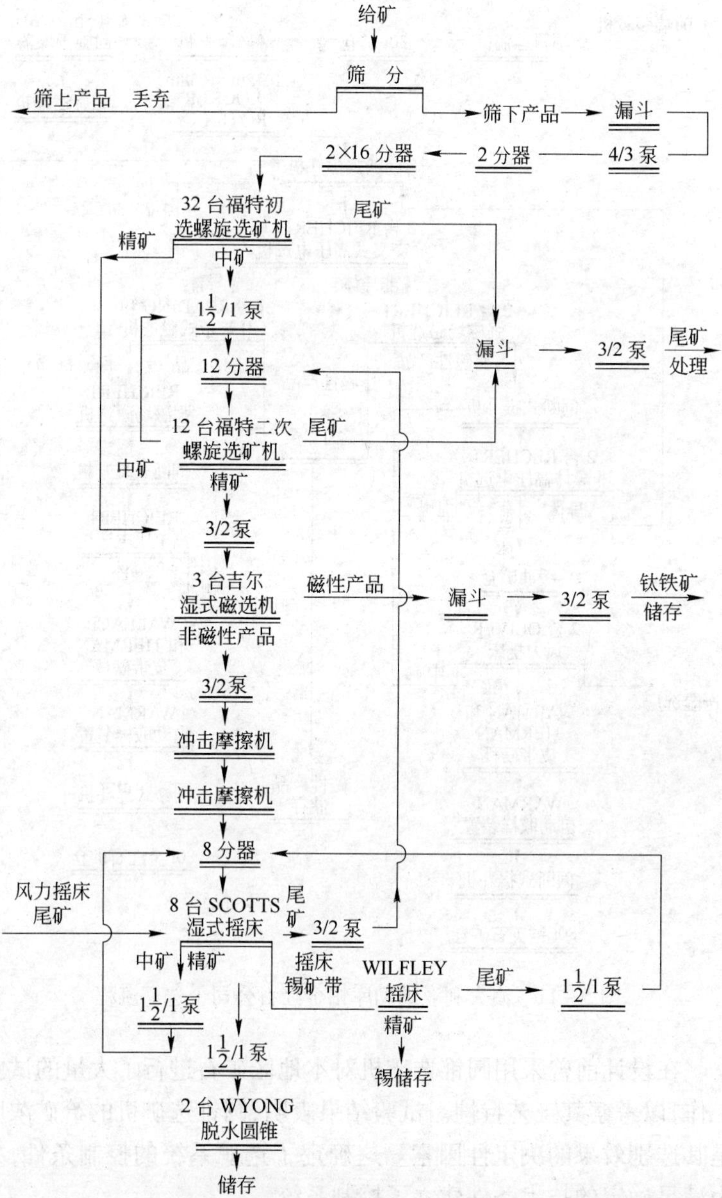

图 5-10 澳大利亚纳勒库帕金红石公司湿选厂流程

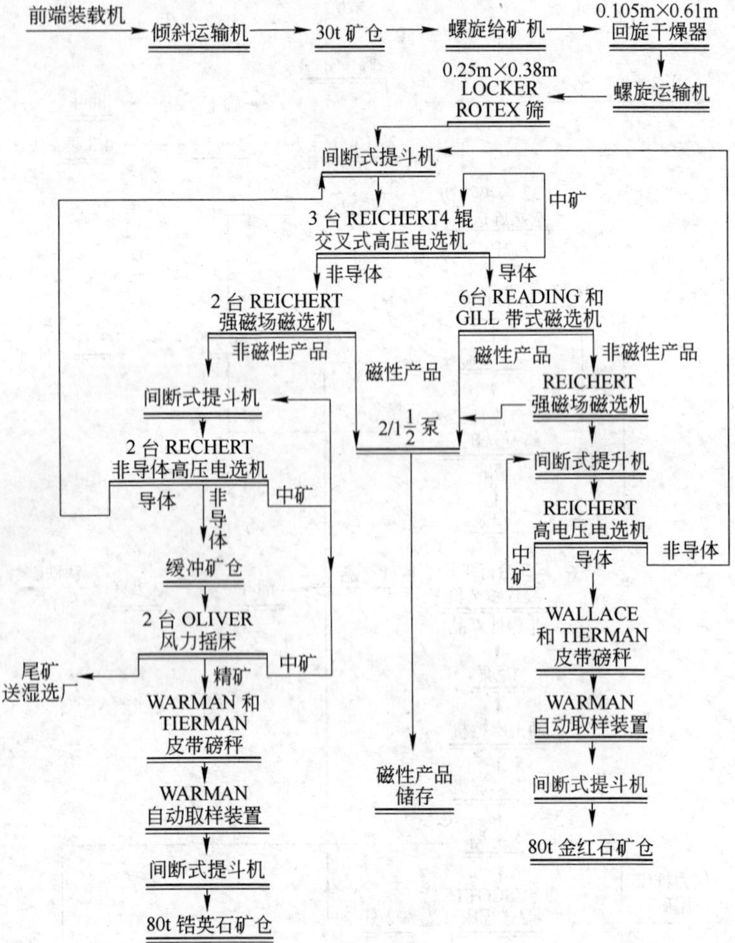

图 5－11　澳大利亚纳勒库帕金红石公司干选厂流程

在设计前曾采用圆锥选矿机对本地区矿石进行了大量的试验工作，以考察其工艺特性。试验结果表明，圆锥选矿机的给矿浓度是其选别效果的决定性因素。这确定了选矿系统的控制条件，并为满足确定的技术条件建立了控制系统。

图 5－12 所示为采选厂采用的工艺流程。该厂原矿给矿和最

终尾矿的排出采用了控速砂泵，从而使粗选圆锥选矿机的给矿速度恒定，以适应原矿的采出品位和二次循环负荷的变化。

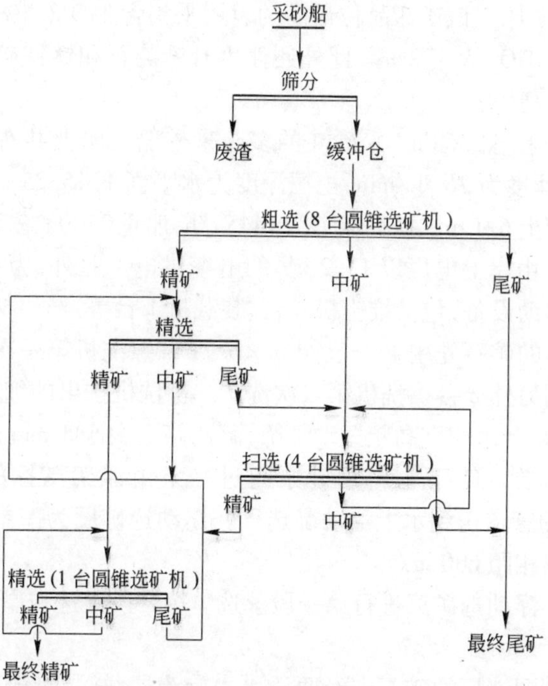

图5－12　澳大利亚昆士兰钛矿公司采选厂工艺流程

为在原矿品位变化时能使选矿过程在最佳条件下进行，在选矿循环中对矿浆浓度进行了连续测定、记录及控制，同时将矿浆流量与浓度两因素结合在一起进行。所有记录器、控制器与砂泵电机操作台都安装在一个中央控制室内，使全厂操作基本上由控制室控制。在所有仪表选择上，均从实际效果出发，如浓度测定采用压差变送器，并采用操作简单、适应性强的气动控制仪表。在流量控制上采用电磁流量计。

5.5.10　塞拉利昂金红石公司采选厂

该矿山位于西非塞拉利昂首都弗里顿东南270 km处，靠近莫扬巴和邦地区的谢布罗岛附近的大西洋海岸,可开采利用的金红石矿床较多。开采的是储量最大、品位最高的莫格维摩(Mogbowemo)矿床。该矿床品位最高的表层平均含 $TiO_2$2.5%,整个矿层平均含 TiO_2 大于2%。此外还伴生有锆英石和钛铁矿,因量少尚未开采利用。

采矿采用0.68 m^3 采砂斗的多斗采砂船。船上共有68个料斗,挖掘速度为26斗/min,挖掘深度为水平面下15.25 m,并可挖及水平面上6.1 m。挖掘能力为1445 t/h,船重2700 t,安装功率为4200 kW,由岸上电厂以13.2 kV的电缆供电。此外,为采矿还备有一些辅助设备,包括推土机4台、装载机1台等。

采出的矿石先用1台5.74 m×6.71 m擦洗机第一次洗矿,然后再给到另外2台擦洗机第二次洗矿。擦洗机排出的细粒部分分别送到16台德瑞克高频振动细筛筛分,筛上大于1 mm的物料作为尾矿排除。筛下物料用砂泵通过一条由浮架支撑的直径为610 mm的管道送到水上浮动湿选厂。浮动选矿厂为一单独浮船,与采砂船相距600 m。

水上浮动选矿厂进行第一段湿选。第二段湿选在岸上选矿厂进行。

送到湿选厂的矿石先经两段水力旋流器脱泥,旋流器沉砂粒度为1~0.063 mm,品位为 $TiO_2$2%~4%,干矿量为580 t/h,经20台圆锥选矿机选别,精矿品位提高到48%~51%(以 TiO_2 计)。精矿量为34.5 t/h,用1台Zimpro高压泵,通过管径 ϕ7.62 cm管送到岸上储矿场,储矿场可存摇床给矿1万t。

岸上选矿厂设备包括4台8室水力分级机。首先将第一段湿选精矿给入分级机分级,然后给入8台摇床,摇床精矿品位提高到含 $TiO_2$70%左右,重矿物含量为95%。重矿物组成是金红石、假金红石、锆英石、钛铁矿、独居石、石榴石及少量石英。

摇床精矿经过滤、干燥后干选。

进入干选流程的矿石,先经几段卡普科(Corpco)高压辊式电选机电选,使非导体(锆英石、石英、独居石和石榴石)与大部分导体(金红石与钛铁矿)分离。然后经几段筛分及感应辊式磁选机分出金红石与钛铁矿。由于锆英石与金红石分离困难,1980 年在流程中配置了 8 台 MOL 板式电选机。

干选厂处理矿石 18.7 t/h,金红石精矿产量 13.2 t/h,精矿中含 $TiO_2$96%,ZrO_2 和 Fe_2O_3 的含量小于 1%。

塞拉利昂年产 10 万 t 金红石精矿的选矿生产流程如图5-13所示。

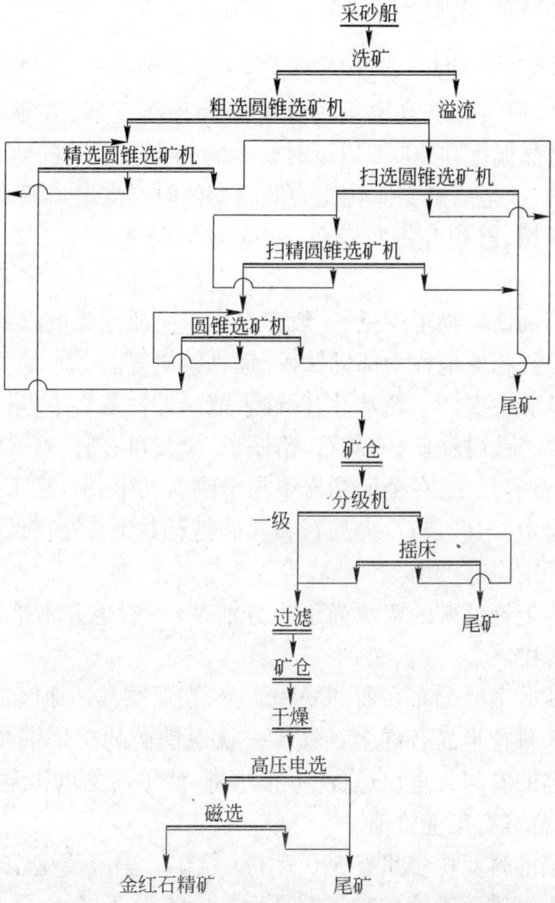

图 5-13 塞拉利昂金红石公司选矿厂精选流程

6 钙钛矿的选矿和高炉渣的综合利用

6.1 钙钛矿性质和资源

钙钛矿($CaTiO_3$)含 $TiO_2$58.9%,假等轴晶系。900℃以上为等轴晶系,但实际在高温下钙钛矿结构稍有变形,故应为单斜晶系。当结晶温度在600℃以下时转变为斜方晶系的同质多象变体或八面体,这是高温变体转变为低温变体时产生聚片双晶的结果。颜色为灰黑、红褐和橙黄等色,硬度为5.5,密度为4.2 g/cm^3,非磁性。

纯的钙钛矿物很少见,一般存在大量类质同象混入物,如稀土元素、铌等,相应地称为铈钙钛矿、铌钙钛矿等。

钙钛矿主要产于超基性、碱性岩或碱性伟晶岩中,呈副矿物出现。主要与钛磁铁矿、磷灰石、铬铁矿、金云母、斜锆石、烧绿石、霞石、石榴石等共生,在金伯利岩中与金刚石共生。也产于变质的不纯石灰岩中,与硅灰石、尖晶石和斜硅钙石共生。在富钛的高炉渣中和赤泥中也有产出。

世界上钙钛矿的资源尚不十分清楚,一般也并不把钙钛矿列入钛资源中。

钙钛矿主要分布在前苏联和北美,在亚欧其他地区也有分布。前苏联的科拉半岛有许多钙钛矿—钛磁铁矿的矿化带和矿床,其中最著名的有阿夫里坎达、沃里雅尔维、沙尔马戈尔和谢布尔雅夫尔矿床,都具有工业价值。

美国的科罗拉多州有590万t钙钛矿。美国德克(Teck)公司经营的万考维尔钙钛矿矿床储量为3.9亿t。Teck公司自1990年以来已完成了半工业试验、初步可行性研究、环境工程研究等一系列工作,生产了含 TiO_2 50% ~55% 的钛精矿,最终将建一个 10 万 t/a 的硫酸法钛白厂。

我国攀西地区钒钛磁铁矿中也含有少量钙钛矿,但含量低,矿物共生关系复杂。

钙钛矿和榍石同为钛铁矿次生矿物,两者不同程度地交代粒状钛铁矿,钙钛矿含量一般小于 1%。具有利用价值的是攀钢高炉渣中的钙钛矿,TiO_2 含量在 21% ~25% 不等,主要以钙钛矿形式存在。以攀钢年产 300 万 t 钢计,每年产生的高炉渣中含有 60 万 t TiO_2。在堆存的炉渣中,TiO_2 的量已达到 1000 万 t 之多。这是一个很大的资源,目前尚无法利用。

6.2 钙钛矿的选矿

6.2.1 天然钙钛矿的选矿

由于天然钙钛矿资源较少,有关选矿研究的资料也较少。研究工作进行得比较多的是前苏联和美国。

6.2.1.1 前苏联科拉半岛天然钙钛矿的选矿研究

前苏联科拉半岛天然钙钛矿中,研究程度最深的是阿夫里坎达矿床。阿夫里坎达矿床的矿石中,钙钛矿含量为 10%~36%,钛磁铁矿为 20%~30%,原矿平均含 TiO_2 14%~16%、Fe 17%~18%、$(Nb,Ta)_2O_5$ 0.17%~0.25%、RE 0.47%~0.64%。钙钛矿中平均含 TiO_2 55%、RE 2.1%~7.08%、$(Nb,Ta)_2O_5$ 4.04%~4.17%。钙钛矿密度为 4.04 ~4.17 g/cm^3。钛磁铁矿磁性强。脉石矿物主要有辉石、橄榄石、角闪石、方解石、蛭石和霞石。

矿石中的钛磁铁矿可以通过磁选将其分离出来。钙钛矿通过浮选法选出,但由于矿石中有较多钙矿物方解石,在钙钛矿浮选前必须先把方解石选出来,以减少对后续作业的干扰。

设计的选别流程原为磁选—重选流程,后改为磁选—浮选流程。其选矿流程如图 6-1 所示。

原矿先用磁选法选出钛磁铁矿,磁选尾矿再用脂肪类捕收剂浮选方解石，槽内产品经洗涤脱药后用 HM-50（羟肪酸类）捕收剂进行钙钛矿浮选。后来的研究表明，可简化工艺，即直接浮选钙钛矿。直接浮选钙钛矿可以获得含 TiO_2 48.4%、回收率为 83.2% 的钙钛矿精矿。

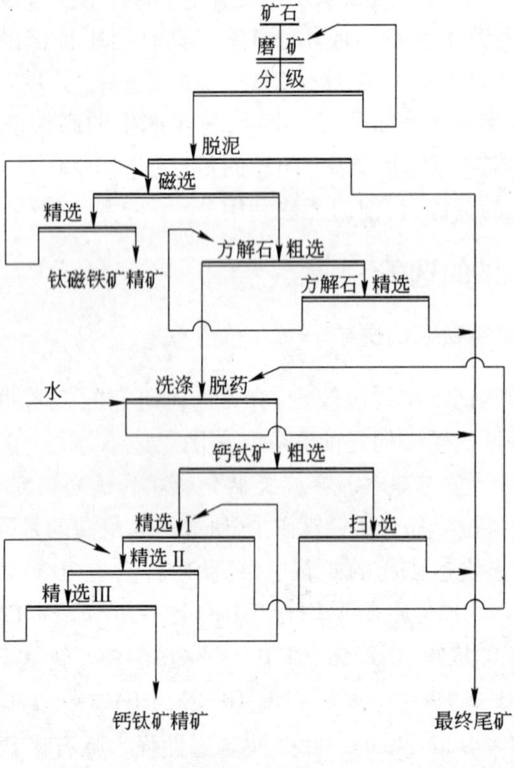

图 6－1　前苏联阿夫里坎达矿钙钛矿—钛磁铁矿选矿流程

6.2.1.2　美国科罗拉多钙钛矿选矿

美国 S. 布拉托维奇等研究了科罗拉多钙钛矿的选矿。矿石中有方解石、云母、氧化铁、白云母和石英。试验进行了以下几个方面的研究：

(1) 脱除方解石和磁铁矿。方解石和磁铁矿会干扰钙钛矿的浮选，需要用弱磁选除去磁铁矿，用脂肪酸浮选出方解石。方解石浮选时对钙钛矿的抑制剂的选择很重要，试验所用的三种抑制剂的抑制作用强弱为：苛性玉米淀粉 > 糊精 > 古尔胶。

(2) 捕收剂种类对钙钛矿浮选的影响。曾用油酸、塔尔油、磷酸酯和改性磷酸酯作捕收剂，试验结果证明，用脂肪醇酯硫酸盐改性的磷酸酯浮选钙钛矿效果最好。

(3) 矿浆预处理的影响。试验表明，对矿浆进行酸处理可以提高钙钛矿的精矿品位，即使用改性的磷酸酯作捕收剂，预处理也是十分必要的。

(4) 抑制剂的影响。研究了氟化硅、草酸、柠檬酸等对脉石的抑制作用，其中草酸的抑制效果最好。精矿中的 TiO_2 超过 55%。

在此基础上进行了半工业试验，选矿的原则流程如图 6-2 所示。

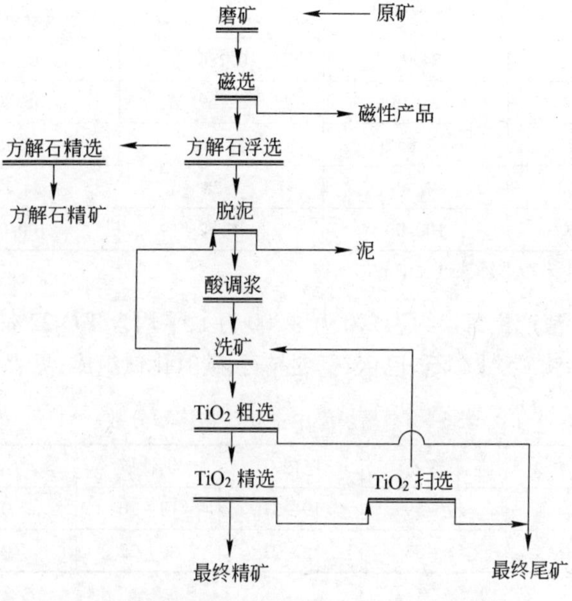

图 6-2 美国科罗拉多钙钛矿选别简化流程

连续进行了 65 h 的半工业试验获得了含 $TiO_2$54.1%、回收率为 82.5% 的钙钛矿精矿。

我国到目前还未发现天然的钙钛矿矿床,因此这方面的研究工作开展得较少。在海滨砂矿中往往存在一定数量的钙钛矿,但仅是作为杂质成分从金红石中分离出去的。

6.2.2　高钛渣——人造钙钛矿的选矿

人造钙钛矿主要是磁铁矿中的 TiO_2 经高炉冶炼后而形成的钙钛矿,我国的攀钢和承钢都有这类钙钛矿产出。

攀枝花的钒钛磁铁矿中的 TiO_2 有53%进入铁精矿中,高炉冶炼后,全部钛几乎进入渣相,渣中含 $TiO_2$22%~25%。进入钛精矿的 TiO_2 占原矿中 TiO_2 的12.19%,在选钛尾矿中约损失 $TiO_2$34%。攀枝花钒钛磁铁矿中钛的走向概况见表6-1。

表6-1　攀枝花钒钛磁铁矿中的钛走向

产　品	产率/%	品位(以 TiO_2 计)/%	金属分布率/%
生　铁	24.76	0.186	0.44
高炉渣	24.19	22.69	53.20
钛精矿	2.65	47.48	12.19
尾　矿	48.40	7.28	34.17
原　矿	100.00	10.32	100.00

注:表中未考虑炼铁过程中的加入物。

高炉渣产量每年约为270万~300万t,平均含 $TiO_2$22%~23%,主要由钙钛矿、钛辉石、巴依石、尖晶石、碳氮化钛组成,见表6-2。

表6-2　高炉渣中主要矿物体积分数　　(%)

矿　物	钛辉石	巴依石	钙钛矿	尖晶石
上　渣	57~59	19~31	18~20	0.8
下　渣	51~53	13~21	20~22	0.8

高炉渣中的钙钛矿与天然钙钛矿有很大差异。高炉渣多为多孔状构造,局部呈微孔状构造,一般呈自形、半自形结晶,大部分为十字状、雪花状、树枝状,晶柱细小,约为0.005~0.02 mm,钙钛矿

一般均匀分布在硅铝酸盐矿物形成的基底上，并常与尖晶石、富钛透辉石连生，甚至包裹在其中。

攀钢高炉渣中的钛主要赋存在钙钛矿、攀钛透辉石、富钛透辉石和尖晶石中，钙钛矿中的 TiO_2 占50%左右。

6.2.2.1　*高炉渣改性—选矿分离法*

对炉渣中钙钛矿的选矿比较有效的方法是对矿石进行全面的改性，使某些离子选择性的附在矿物表面或者从矿物表面解析，矿物表面的离子分布与脉石表面的离子分布的差异变大，从而增大钙钛矿与脉石的可浮选性差异。另一方面，可以改善钙钛矿与炉渣基体间的界面特征，使钙钛矿具有较为清洁的解理面。

东北大学进行了长期而系统的改性研究，测量了高炉渣的熔化温度、降温速度、渣碱度对钙钛矿结晶行为的影响，采用适当的热处理条件和添加一些辅助剂，有效控制结晶过程，使钙钛矿的结晶粒度明显变大，由微细的树枝状晶体变为粗大的等轴晶，解离状况也有改善，而且热处理还可促进渣中钛更多地进入钙钛矿相，由原来的50%增加至80%。这为有效地回收钛创造了有利的条件。

在炉渣改性的基础上进行了选矿试验研究。首先将炉渣磨矿至小于0.15 mm，然后分别进行了重选和浮选两个方案试验。

重选试验方案是将磨矿产品进行分级，各级分别进行摇床重选，得到的综合指标为：精矿含 $TiO_2$35.2%，回收率为68.2%。

浮选方案是在 pH 值为6的条件下，以羟肪酸为捕收剂，氟硅酸钠为抑制剂，进行1次粗选、1次扫选和3次精选，开路试验的指标为：精矿含 TiO_2 为38.92%，回收率为29.29%。而未经改性的炉渣浮选精矿品位最多不超过27%。

昆明理工大学在高炉渣表面改性的研究方面进行了很多研究工作。经表面改性后的高炉渣在浮选中确实呈现了良好的捕收性能。但距离工业化还有很大差距，还需要做许多优化工作，需要解决许多实际问题。

6.2.2.2　高炉渣冶金处理方案

长沙矿冶研究院等单位针对高炉渣进行了多方案的小型试验，包括碳（氮）化—选矿、碳（氮）化—氯化、碳（氮）化—酸浸—氯化等方案。

A　碳（氮）化—选矿与碳（氮）化—氯化试验

原料为太和钒钛铁精矿进行高炉冶炼得到的高炉渣，渣中含 $TiO_2$24.49%、$V_2O_5$0.28%、TFe7.25%。渣中矿物粒度为：钙钛矿 3～26 μm，巴依石 24～64 μm，钛辉石 3～50 μm。

曾使用碳管炉、中频感应炉和电弧炉进行碳化，结果表明电弧炉内碳化结果较好。

设备采用工业用的电弧炉。给料为：2 kg 高炉渣（未除铁）、400 g 石墨粉、200 g 硅酸钠。

将炉料混匀后置于石墨坩埚内，放入电弧炉内升温、碳化，为保持足够的还原气氛，石墨粉需稍过量。电弧炉最高温度为1500℃，保温 3 h。

电弧炉碳化挥发结果见表 6－3。

表 6－3　电弧炉碳（氮）化挥发结果　　（%）

产　品	产　率	TiO_2 含量（质量分数）	回收率（以 TiO_2 计）
挥发产物	65.00	13.95	37.04
粗碳（氮）化钛	35.00	43.47	62.92
合　计	100.00	24.49	100.00

由结果可以看出，挥发后的粗碳（氮）化钛产率为 35%，含 TiO_2 为 43.47%。

根据粗碳（氮）化钛的物料特性，可以采用重选法把脉石分离出去。

粗碳（氮）化钛经细磨至小于 0.074 mm 的占 90%，用弱磁选除铁后进行摇床精选，可获得含 $TiO_2$68% 的碳（氮）化钛精矿，作业回收率为 60%，试验结果见表 6－4。

表 6-4　粗碳(氮)化钛摇床精选结果　(%)

产　品	产　率	品位(以 TiO_2 计)	回收率
摇床精矿	38.47	68.00	60.18
摇床中矿	39.53	38.34	35.77
摇床尾矿	22.00	8.06	4.05
给　矿	100.00	43.47	100.00

用电弧炉碳(氮)化得到的粗碳(氮)化钛($TiO_2$43.47%)3 g,入卧式管状电炉,于1100℃通氯气氯化 2 h,(氯气流量为 10 mL/min)。钛、钒都挥发干净(氯化渣中 TiO_2 和 V_2O_5 均为痕迹),挥发量为 50%,说明粗碳(氮)化钛容易氯化并具有较好的选择性。高炉渣碳(氮)化—氯化工艺流程如图 6-3 所示。

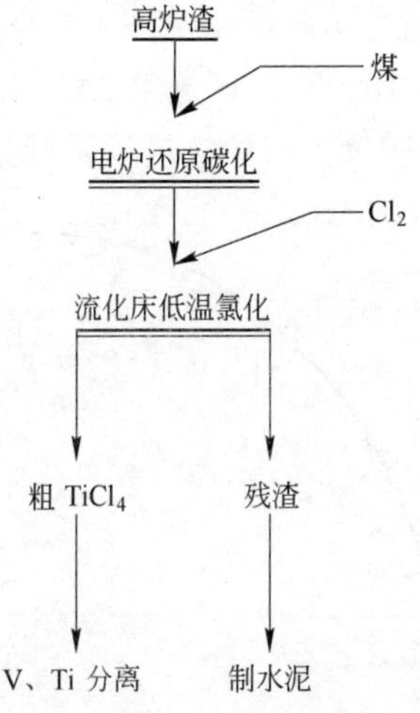

图 6-3　碳(氮)化—氯化工艺

B　硫酸化—氯化法研究

由于高炉渣中含有大量钙、镁氧化物,在氯化过程中钙和镁的氧化物形成低熔点高沸点的氯化物,形成的熔融盐阻碍了物料与氯气的进一步接触,同时也产生严重的结炉现象,以致氯化过程无法进行。

如果将炉渣中的钙、镁先转化为硫酸盐，硫酸盐在高温下是较稳定的化合物，然后再氯化，氯化过程可顺利进行。

试验的试料为攀枝花矿的高炉渣，其中含 TiO_2 25%、TFe 8%、CaO 25.5%、MgO 6%。添加剂为硫酸和烟煤，破碎到小于 0.147 mm(100 目)，还有氯气和糊精。

将除铁后的高炉渣与适量硫酸混合，再加适量水，调成半流态，在 100～200℃温度下烘干。烘干物料同一定量的煤粉混合，用 5% 的糊精团球干燥，在 800℃以下的还原气氛中焙烧 2 h，所得焙球作为氯化的原料，然后通入氯气氯化。

硫酸所起的作用是明显的，随着硫酸的用量加大，氧化钛的氯化挥发率几乎呈直线上升。当浓硫酸用量达到 10% 时，挥发率接近 80%；浓硫酸用量达 20% 时，挥发率达 90% 以上。硫酸用量对氯化过程的影响如图 6－4 所示。图 6－4 的试验条件为：硫酸化温度 800℃；氯化温度 1000℃；Cl_2 流量 200 mL/min；氯化时间 1 h。这里硫酸用量用硫酸质量占高炉渣量的质量分数来表示。

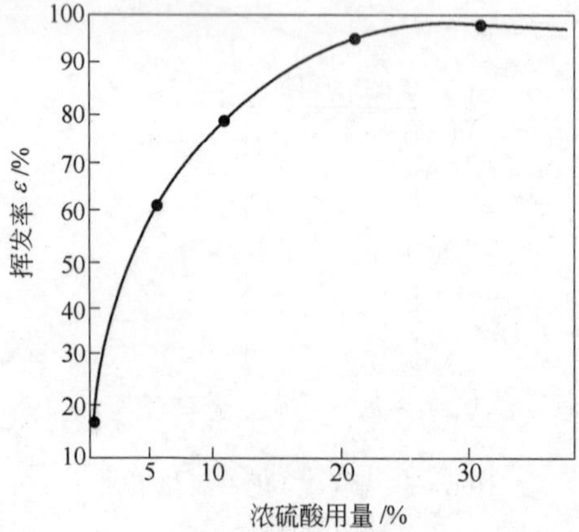

图 6－4　硫酸用量对氯化过程的影响

氯化物料需预先团球焦化，以得到具有多孔的、有一定机械强度的球团。硫酸化过程是伴随焦化过程同时进行的，由图 6－5 可以看出，硫酸化温度明显影响氯化过程。当温度高于 800℃时，氯化挥发率急剧下降,说明硫酸化温度必须控制在800℃以下。图6-5的试验条件为:H_2SO_4 的质量分数20%;烟煤的质量分数20%;氯化温度1000℃;Cl_2 流量200 mL/min。

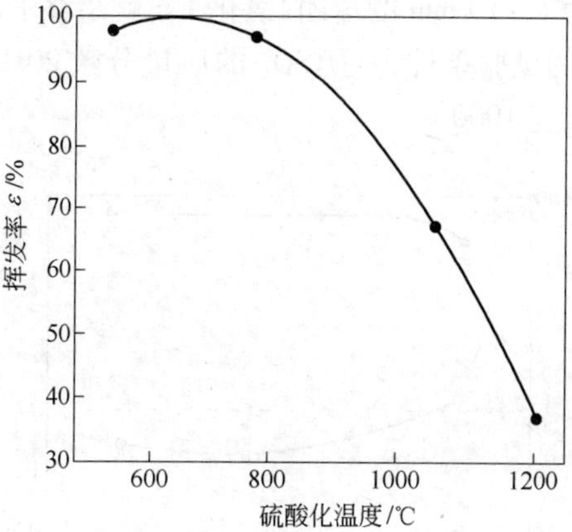

图6-5 硫酸化温度对氯化过程的影响

钛的氧化物氯化需要较高的温度,高炉渣经硫酸化处理后仍不能改变以氧化物存在的状态。从图6-6可以看出,当温度低于800℃时,氯化过程很缓慢,钛的挥发率仅50%,高于800℃后,氯化猛烈地进行,在800~1000℃,炉渣中的钛几乎全部挥发。继续

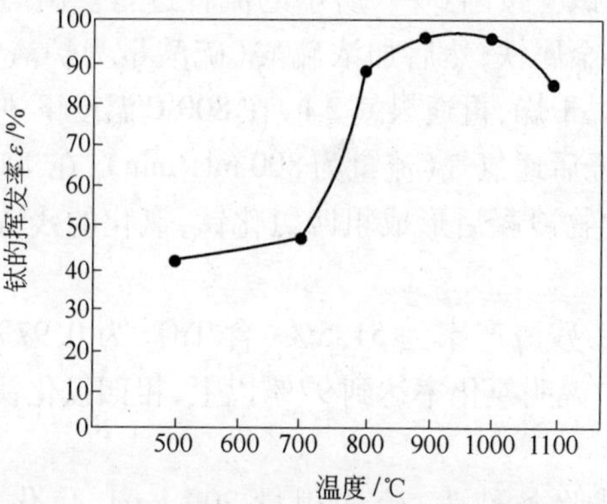

图6-6 温度对氯化过程的影响

升温,氯化挥发率反而下降。图 6 - 6 的试验条件为:H_2SO_4 的质量分数 20%;烟煤的质量分数 20%;硫酸化温度 800℃;Cl_2 流量 200 mL/min;氯化时间 1 h。

对直径为 5 ~ 10 mm 的球团,氯化 1 h 就足够了,如图 6 - 7 所示。图 6 - 7 的试验条件为:H_2SO_4 的质量分数 20%;硫酸化温度 800℃;氯化温度 1000℃。

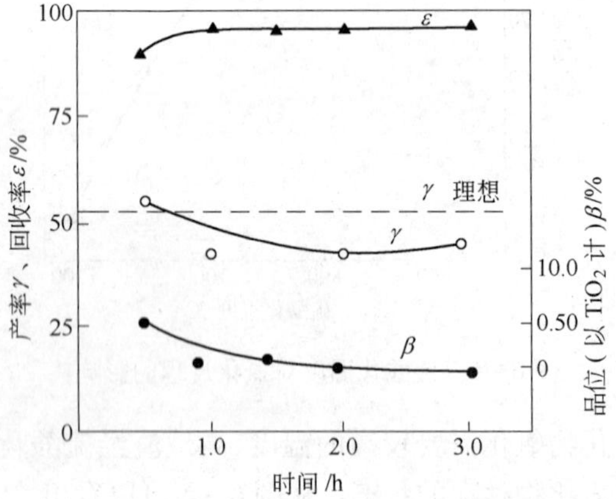

图 6 - 7　氯化时间对其过程的影响

综合条件试验按图 6 - 8 所示的流程进行。高炉渣经磨矿后用磁选法选出金属铁,然后加浓硫酸(硫酸量为炉渣量的 20%),在室温下团球、干燥,再通煤气 2 h,在 800℃温度下进行硫酸化焙烧,硫酸化焙烧后通氯气(流量为 800 mL/min),在 900 ~ 1000℃下氯化 5 h,氯化物冷凝后形成粗四氯化钛,氯化的残渣水浸得到残渣,可制水泥。

试验结果:残渣产率为 51.5%,含 TiO_2 为 0.97%,渣中金属率为 1.37%。说明氯化率达到 97% 以上,粗四氯化钛的纯度达到 83% 以上。

合适的试验条件为:硫酸用量 200 kg/t,焦化温度不超过 800℃,氯化温度为 900 ~ 1000℃。

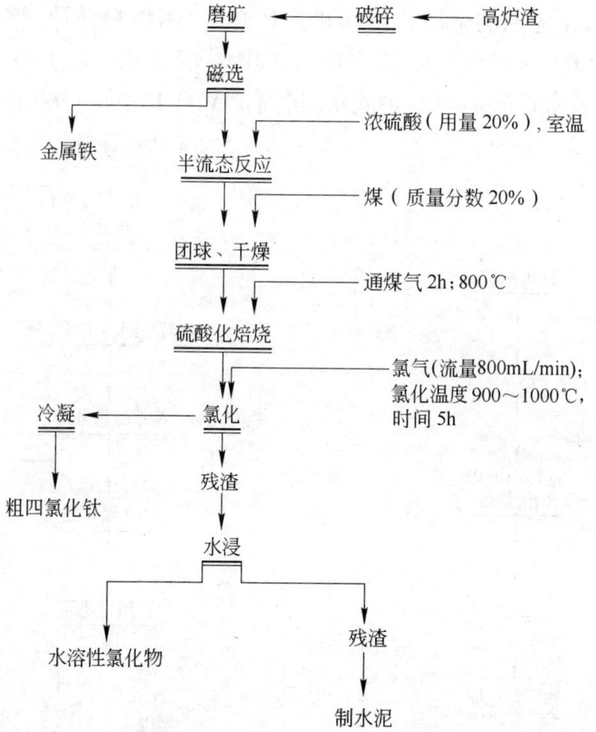

图6-8 硫酸化—氯化试验流程

6.3 钒钛磁铁矿冶炼新工艺的研究

攀枝花钒钛铁精矿用高炉冶炼,高炉渣含 TiO_2 仅24%,难以直接利用,为了利用铁精矿中的钛,很多单位进行了冶炼新工艺的研究,主要的冶炼方案有两种:

(1) 先提钒的冶炼流程。先提钒冶炼工艺的特点是,在球团直接还原之前先提钒,可以获得高档 V_2O_5,钒的回收率为80%,钛渣含 TiO_2 不小于50%,可供制取钛白,钛的回收率约80%,铁的回收率90%,铁水可供炼钢用。其工艺流程如图6-9所示。

(2) 后提钒的冶炼流程。攀钢401厂进行的试验工艺流程如图6-10所示。预还原温度为1000~1050℃,金属转化率为65%

~75%,预还原的金属化球团进入矿热炉,用焦粉还原、熔分得到含 $TiO_2$60% ~65% 的钛渣和含 C 2.01%、V 0.43 %、Ti 0.12% 的铁水。铁水增碳后在转炉吹钒,得到含 $V_2O_5$12% ~13% 的钒渣。

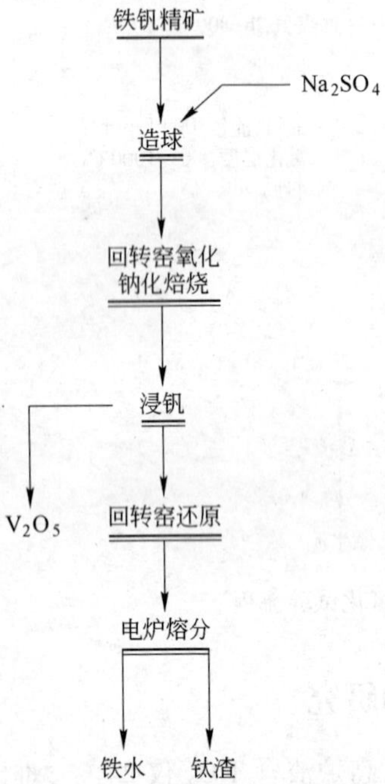

图 6-9 先提钒的冶炼流程

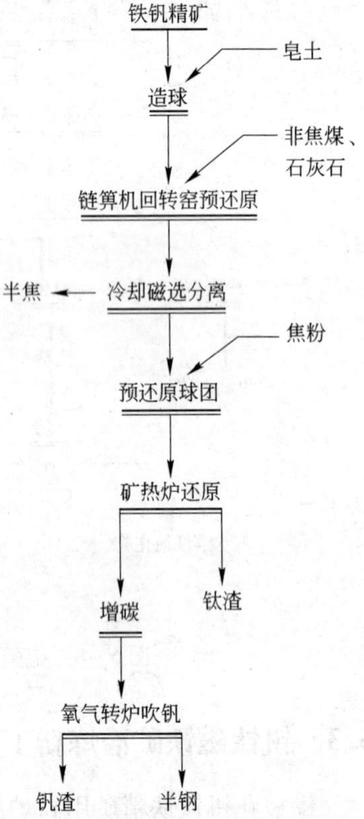

图 6-10 后提钒的冶炼工艺流程

除上述方法外,国内相关单位还进行了其他工艺流程的试验研究工作,如竖炉气体还原、流态化还原、加碳球还原方法等,进行了不同规模的试验,以获得金属化球团,然后再经电炉熔炼得钒钛渣和铁。

7 微细粒钛矿物选矿的新技术

7.1 微细粒钛矿物的常规浮选行为和回收方法

对微细钛粒矿物,突出的问题是质量变小及比表面积增大,这两种性质对常规浮选的不利影响如图 7-1 所示。

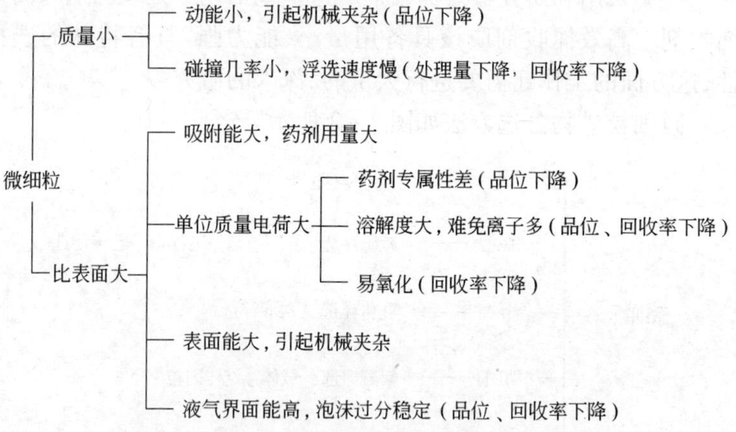

图 7-1 微细粒物料对常规浮选的不利影响

为了克服这些不利影响,自 20 世纪 60 年代以来陆续出现了许多有关微细粒矿物处理的方法及研究文章。概括起来主要进行了以下几方面的工作:

(1) 增大微细粒物料粒度。方法是使微细粒子联合、合并成较粗颗粒,或者使矿粒的形状大小发生改变,以适应常规浮选和其他选别方法。如絮凝、团聚、负载等各种微细粒分选工艺都属于增大粒度的范围。近些年来这些工艺有了很大发展,例如,团聚浮选、载体浮选、选择性絮凝分离等工艺,有一些已在生产中应用。

（2）利用微泡浮选。该方法是将气泡尺寸变小，或使气泡形状和生成方式都产生改变，以适应微细粒级的浮选特性。目前该方法在水处理方面的应用已经比较成熟，因为水处理纯粹是固液分离技术，对有用矿物的分选，除了固液分离以外，还有固固分离，这就使过程复杂化。目前产生微泡方法包括三大类型，即“碎气”、“溶气”及生物化学产生气体的“制气”，在选矿及环保等部门又具体细分为电解、减压真空等一系列方法。由于这些方法存在某些难度，因此大部分仍停留在实验室阶段。

（3）采用和研究特效捕收剂。这里包括化学处理药剂和高效捕收剂。高效捕收剂应该具备用量小、能力强、具有特殊的选择性，这方面的工作还需要进行大量的、深入的研究。

微细粒矿物分选方法如图 7 – 2 所示。

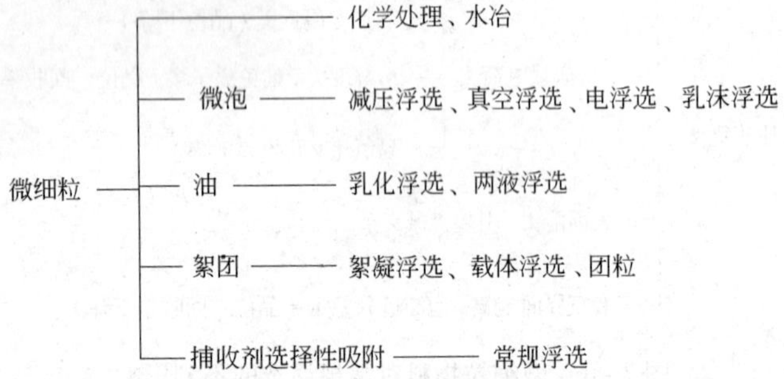

图 7 – 2　微细粒矿物分选方法

7.2　微细粒钛矿物的回收新技术

7.2.1　微细粒钛铁矿自载体浮选

矿物微粒具有质量小、比表面大、比表面能高等特点。微细粒矿物有较高的药剂吸附能力，吸附选择性差，矿粒间容易互凝而形成非选择性团聚，微粒与气泡间的碰撞效率及黏着效率降低，气泡运载量下降，也会产生气泡的“装甲”现象。这些原因将严重影响微细粒矿物的正常浮选，造成浮选速度慢，选择性差，回收率低。

载体浮选，又称背负浮选，利用团聚原理使微粒矿物在较粗的易浮矿物表面黏附形成密集覆盖，以粗粒矿物为载体与气泡附着，一起浮起。

为了研究不同粒级钛铁矿的浮选特性，将攀枝花选钛厂的钛铁矿和钛辉石、斜长石分别制成 0 ~ 20 μm、20 ~ 40 μm 和 80 ~ 160 μm 各级，用水杨羟肟酸作捕收剂，各粒级的浮选速率如图7 - 3所示。

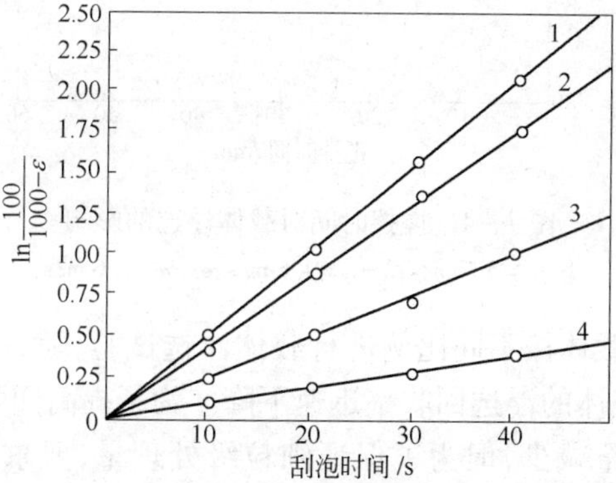

图 7 - 3　各粒级钛铁矿的浮选速率

1—40 ~ 80 μm；2—80 ~ 160 μm；3—20 ~ 40 μm；4—0 ~ 20 μm

由图 7 - 3 可知，40 ~ 80 μm 粒级钛铁矿的浮选速度最快，是最易浮粒级，而 0 ~ 20 μm 粒级钛铁矿浮选速度最慢。

董宏军等用苯乙烯膦酸作捕收剂，用 40 ~ 80 μm 粒级钛铁矿为载体来浮选 0 ~ 20 μm 的微细粒钛铁矿。在各种搅拌速度 n 下，搅拌时间对回收率的影响如图 7 - 4 所示。

结果表明，搅拌速度，即搅拌强度越大，回收率越高。延长搅拌时间对提高回收率有利，搅拌超过 30 min 回收率无明显增加。所以选择搅拌速度为 5.7 m/s ，搅拌时间为 30 min 作为操作条件。

高搅拌速度有两个作用，一个是提高矿粒动能，克服粒间的静电斥力，使微细粒能够到达并附着于载体表面；另一个是增大矿浆的紊流程度，提高矿粒间的碰撞几率，从而加快细粒载体团聚体的生成速度。但不能过快，搅拌速度过快也会使细粒与载体的团聚体解体。

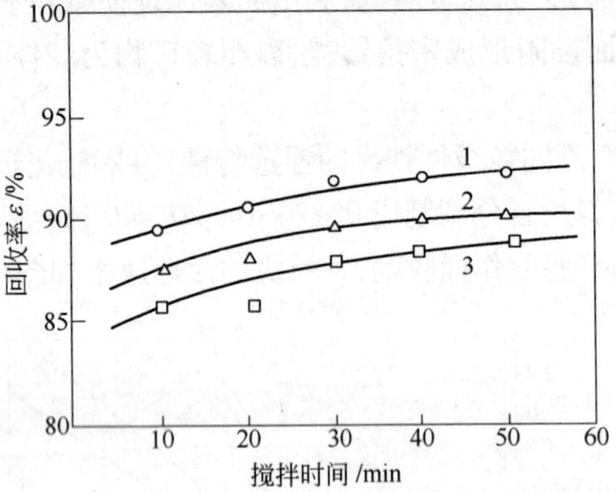

图 7-4 搅拌时间对载体浮选的影响

1—n=5.7 m/s；2—n=4.6 m/s；3—n=3.6 m/s

细粒与载体按不同比例进行载体浮选试验，随着细粒级含量的增加，自载体的浮选回收率迅速下降。为了提高回收率，要求细粒级含量尽量减少，但为了保证细粒级处理量，要求含量应尽量多，兼顾两者，载体与被载细粒之比为 2∶3 较为适宜。细泥含量对载体浮选的影响如图 7-5 所示。

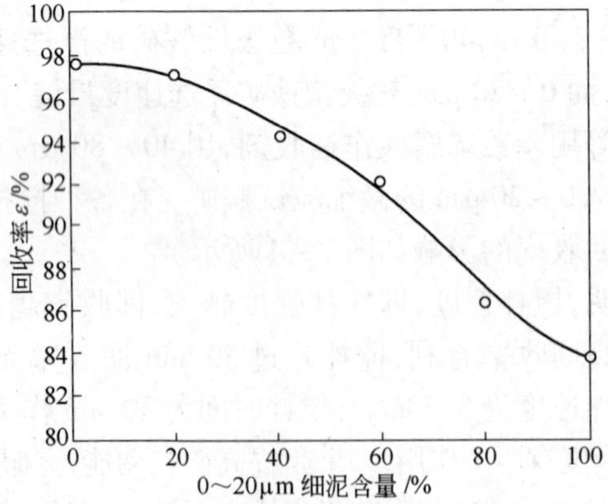

图 7-5 细泥含量对载体浮选的影响

自载体浮选的 pH 值变化对选别指标的影响如图 7-6 所示，可以看出自载体的回收率随矿浆 pH 值的变化规律与常规浮选相同，大小介于常规浮选时载体与细粒的回收率之间。

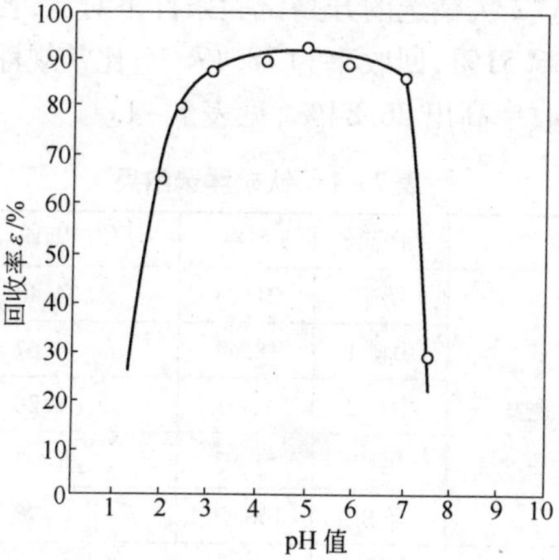

图 7-6 pH 值变化对载体浮选的影响

载体浮选捕收剂用量与回收率的关系如图 7-7 所示。可以

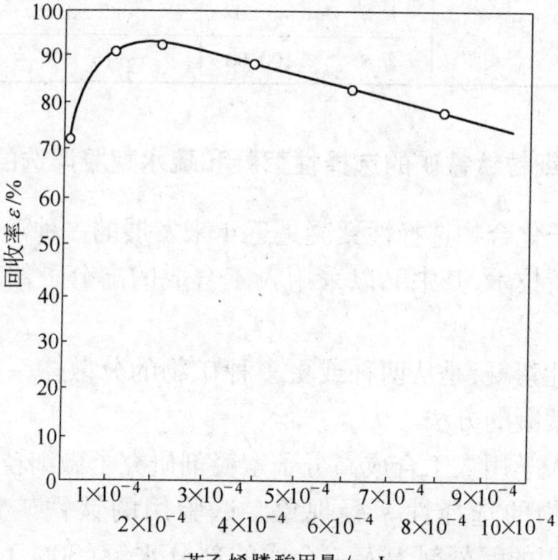

图 7-7 苯乙烯膦酸的用量对载体浮选的影响

看出:药剂用量为 2×10^{-4} mol/L 时,载体浮选回收率最高。

以苯乙烯膦酸为捕收剂来载体浮选攀枝花细泥的微细粒钛铁矿,结果表明,自载体的钛浮选效果优于常规浮选的结果,在1次粗选、2次扫选、2次精选的开路试验条件下对比,自载体浮选的精矿含 TiO_2 为36.51%,回收率为78.17%,比常规浮选精矿品位高出2.11%,回收率高出26.84%,见表7-1。

表7-1 钛矿浮选结果 (%)

工艺条件	产品	产率	品位(以 TiO_2 计)	回收率
苯乙烯膦酸浮选	精矿	21.23	34.40	51.33
	中矿1	18.44	13.67	17.71
	中矿2	8.40	18.20	10.74
	尾矿	51.93	5.54	20.22
	给矿	100.00	14.23	100.00
苯乙烯膦酸自载体浮选	精矿	32.35	36.51	78.17
	中矿1	15.03	6.57	6.53
	中矿2	9.11	11.27	6.80
	尾矿	43.51	2.93	8.50
	给矿	100.00	15.11	100.00

7.2.2 微细粒钛铁矿的选择性絮凝和疏水絮凝浮选的研究

高分子化合物选择性絮凝是近年来发展的一种浮选微细粒矿粒的重要新技术,其中又以采用人工合成的高分子絮凝剂最引人注意。

选择性絮凝,是从两种或更多种矿物的分散体系中使一种矿物凝聚和絮凝的方法。

中南大学用人工合成高分子絮凝剂研究了微细粒钛铁矿和长石的混合物的选择性絮凝现象。试验用的钛铁矿粒度为小于20 μm,所用的絮凝剂为人工合成的部分水解(30%)聚丙烯酰胺及带羟肟酸官能团改性型聚丙烯酰胺。研究结果表明,两种絮凝剂均能在较宽的 pH 值区间(6~9)有效絮凝钛铁矿,用量为 20~30 g/t。通过絮凝微细粒钛铁矿,钛精矿品位可达 47.05%~48.14%,回收率为 84.9%~88.7%。

研究还发现,长链高分子通过其活性官能团与钛铁矿表面的原子、离子形成共价键、配位键和氢键。矿物表面电性研究表明,在阴离子絮凝剂体系中矿物的 ζ 电位与絮凝行为密切相关,常见的金属离子(Ca^{2+}、Mg^{2+}、Fe^{3+})对钛铁矿的絮凝行为没有明显影响。

在钛铁矿絮凝较佳条件下,长石也出现絮凝现象。其原因是因长石晶格中杂质离子引起絮凝。氟化物可在一定程度上抑制长石絮凝,又不对钛铁矿产生抗絮凝作用。

试验还发现,高分子絮凝剂与捕收剂联合使用,显著地改善了钛铁矿—长石絮凝过程的选择性,其中以氧化石蜡皂的效果最为明显。其机理可能是,捕收剂选择性优先化学吸附于钛铁矿表面,形成疏水性覆盖膜,脂肪酸分子烃链相互穿插桥连,未被氧化的高级烷烃与脂肪酸分子烃链缔合,增强了矿物表面的疏水性,从而使钛铁矿粒子产生疏水性絮凝。而长石粒子则基本上不与氧化石蜡皂作用,在体系中处于分散状态,因而为高分子絮凝剂选择性絮凝创造了条件,随后添加絮凝剂吸附于钛铁矿表面的剩余空位,其烃链与捕收剂分子形成疏水性缔合或者大部分絮凝剂在外层与氧化石蜡皂分子缔合,只有少量高分子吸附在钛铁矿表面,烃链缔合导致体系自由能降低,这样一种联合作用强化了絮凝过程,提高了选择性。

黄利明等进行了钛铁矿与长石的混合物絮凝试验。试验所用试料:钛铁矿取自攀枝花选钛厂,钛铁矿含 TiO_2 50.12%,长石取自长沙矿石粉厂,矿样含 Na_2O 10.83%、K_2O 0.13%,钛铁矿粒度为小于 20 μm 的占 92%,长石粒度为小于 32 μm。絮凝剂为 30% 水解度聚丙烯酰胺(HPAM30),相对分子质量为 6×10^6。捕收剂有油酸钠、十二胺、十二烷基硫酸钠、氧化石蜡皂、苄基胂酸、羟肟酸。纯矿物絮凝采用测量絮团沉降产率的方法评定。试验方法是:2 g 矿样置于 150 mL 烧杯中,用 25 mL 蒸馏水在 pH 值为 7~

7.5 时搅拌 15 min,然后稀释至 100 mL,再依次加入氟化钠、捕收剂、HPAM30,分别搅拌 5 min,移至量筒并稀释至 130 mL,再用虹吸管抽吸掉 100 mL,将沉淀物和悬浮物分别烧干、称重,计算产率。试验结果:图 7－8 ~ 图 7－12 所示分别为钛铁矿与长石单矿物絮凝时不同捕收剂的影响。

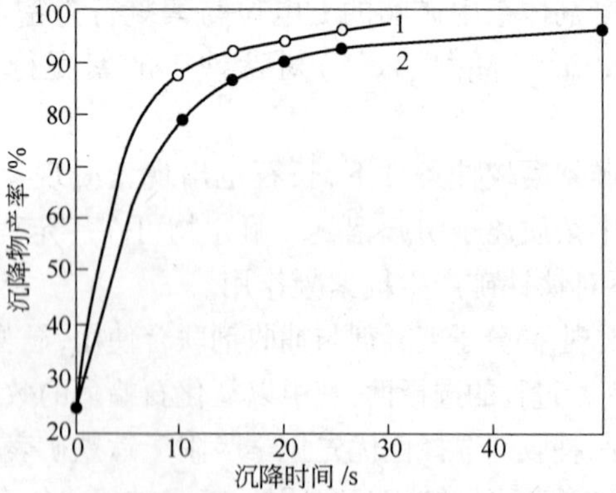

图 7－8　钛铁矿絮团沉降产率与沉降时间关系

1—油酸钠 500 g/t;2—不加油酸钠

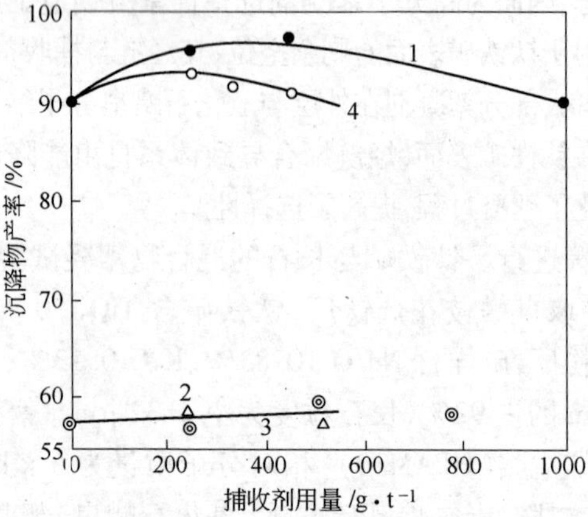

图 7－9　油酸钠和氧化石蜡皂对钛铁矿、长石絮凝的影响

1—油酸钠、钛铁矿;2—油酸钠、长石;3—氧化石蜡皂、长石;4—氧化石蜡皂、钛铁矿

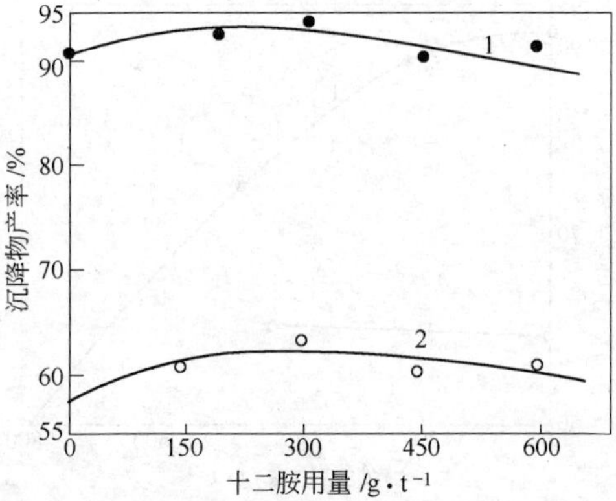

图 7-10 十二胺对钛铁矿、长石絮凝的影响

1—钛铁矿;2—长石

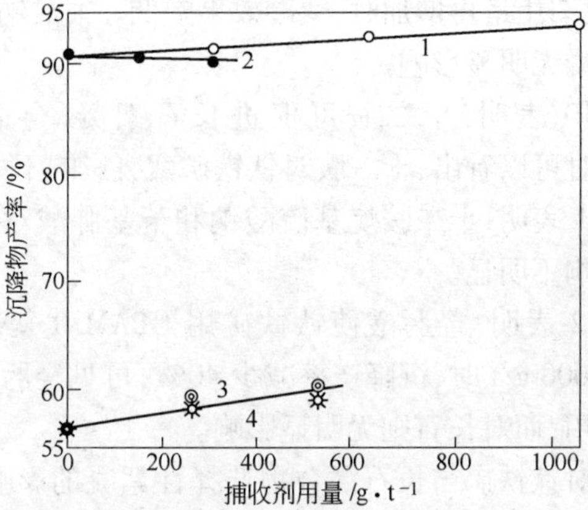

图 7-11 十二烷基硫酸钠和苄基胂酸对钛铁矿、长石的影响

1—钛铁矿、十二烷基硫酸钠;2—钛铁矿、苄基胂酸;

3—长石、苄基胂酸;4—长石、十二烷基硫酸钠

图 7-8 表明,对钛铁矿来说,用 HPAM30 作絮凝剂,加入油酸钠时,沉降产率大于未加油酸钠时。

图 7-9 表明,用 HPAM30 为絮凝剂时,少量油酸钠和氧化石蜡皂可增强钛铁矿的絮凝作用。其最佳用量分别为 500 g/t 和

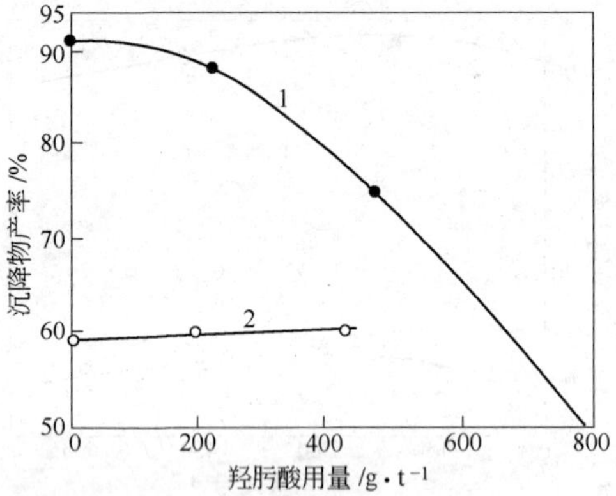

图 7－12　羟肟酸对钛铁矿、长石絮凝的影响

1—钛铁矿;2—长石

250 g/t,捕收剂用量再增加时,絮凝效果降低。油酸钠和氧化石蜡皂对长石絮凝无明显影响。

图 7－10 表明,十二胺可促进长石絮凝,合适的用量为 300 g/t。同时可以看出,十二胺对钛铁矿絮凝影响不如长石明显。

图 7－11 表明,十二胺烷基硫酸钠和苄基胂酸对钛铁矿与长石的絮凝影响不明显。

图 7－12 表明,羟肟酸使钛铁矿用 HPAM30 絮凝时产率降低,当加入 1000 g/t 时,沉降产率减少 40%,可见羟肟酸对钛铁矿有抗絮凝作用,而对长石则无明显影响。

捕收剂对钛铁矿与长石混合物选择性絮凝的影响如图7－13所示。

试验方法是将钛铁矿与长石按 1:1 混合,药剂作用后用絮凝分离装置进行一次分选,检测分选效果采用分选效率法计算。

$$E=\frac{\beta-X}{\beta_{max}-X}\times\varepsilon \tag{7-1}$$

式中　β——精矿品位,%;

X——原矿品位,%;

β_{max}——单矿物品位,%。

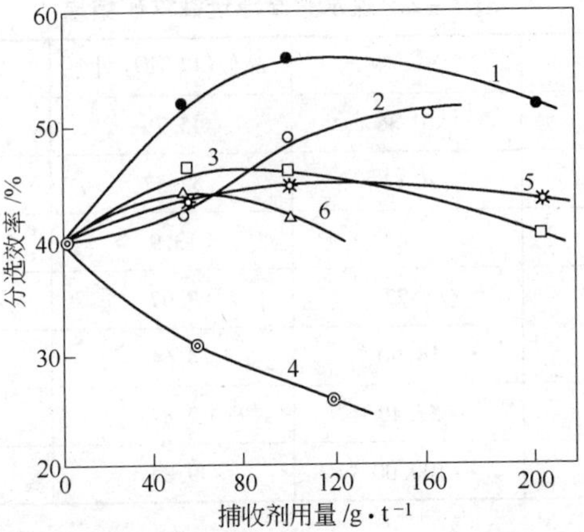

图7-13 捕收剂对钛铁矿与长石混合物选择性絮凝的影响

1—氧化石蜡皂；2—苄基胂酸；3—油酸钠；4—十二烷基硫酸钠；5—十二胺；6—羟肟酸

可见添加少量氧化石蜡皂可显著提高该体系的絮凝选择性。当氧化石蜡皂用量为200 g/t时，分选效率提高了16%，并达到最大值。添加十二胺使该体系絮凝选择性显著下降，当用量为240 g/t时，分选效率下降了13.7%。油酸钠、十二烷基硫酸钠、羟肟酸、苄基胂酸对该体系絮凝的选择性影响不显著。

上述试验结果表明，氧化石蜡皂与HPAM30联合使用是较好的选择絮凝分离药剂制度。

疏水性絮凝是指悬浮于水中的疏水性颗粒，由于相互之间的疏水作用而互相吸引凝成团的现象，疏水性絮团是通过加捕收剂和中性油来实现的。

崔吉让等人用攀枝花选钛厂分级脱泥作业的矿泥作试料来进行疏水性絮凝浮选试验，试料中小于0.02 mm的含量达77%。

钛铁矿疏水絮凝浮选流程为1次粗选、4次精选，用硫酸调节pH值为4，加氟硅酸钠4 kg/t、苄基胂酸4 kg/t、非极性油6 kg/t、乙基醚醇40 g/t，机械搅拌17 min，搅拌强度为2600 r/min，疏水絮凝浮选钛铁矿结果见表7-2。

表 7－2　疏水絮凝浮选钛铁矿结果　　(%)

产　品	产　率	品位(以 TiO_2 计)	回收率
精　矿	10.86	45.79	50.48
中矿 1	4.14	32.37	13.61
中矿 2	4.43	13.9	6.23
中矿 3	8.27	7.07	5.94
中矿 4	14.90	4.64	7.01
尾　矿	57.40	2.87	16.73
给　矿	100.00	9.84	100.00

由表 7－2 可以看出，应用疏水絮凝浮选方法可以使钛精矿品位达到 45.79%，回收率为 50.52%。

微细粒钛铁矿物疏水化是疏水絮凝浮选的前提，通过对表面活性剂的试验，确定加入钛铁矿中的表面活性剂为苄基胂酸。图 7－14 所示为苄基胂酸用量与钛铁矿分选指标的关系。

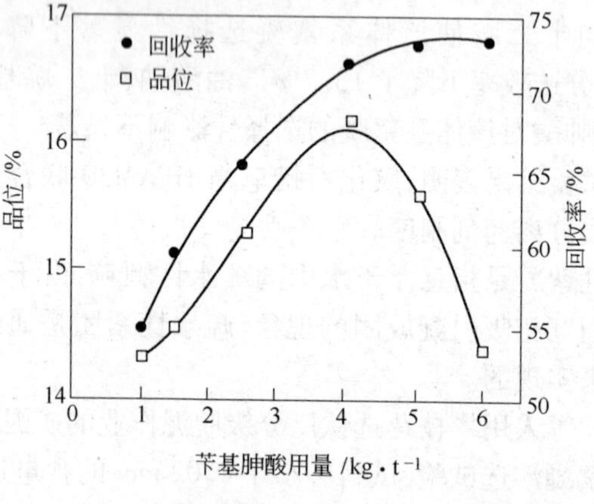

图 7－14　苄基胂酸用量与钛铁矿分选指标的关系

随着苄基胂酸用量的增加，回收率开始迅速上升，当药剂量增大到 4.0 kg/t 以后，回收率趋于稳定，精矿品位则开始上升直到急剧下降。这是由于药剂过量,表面活性剂选择性变差的原因。

非极性油的乳化液在低用量范围内对絮凝的强化作用主要是增强颗粒表面的疏水性和形成桥连,以增加聚团抗破裂能力。同时还指出,所形成的聚团粒度分布均匀,一般为 30 ~ 50 μm 之间,正好处于浮选的最佳选别粒度范围。

图 7 – 15 所示为非极性油用量与钛铁矿分选指标的关系。

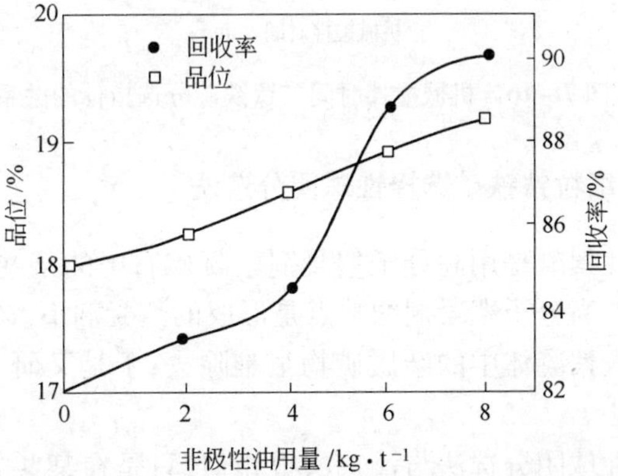

图 7 – 15 非极性油用量与钛铁矿分选指标的关系

随着非极性油乳化液加入量的增加,精矿品位平稳上升,回收率也快速增加,最后稳定。

在搅拌强度为 2600 r/min 条件下,机械搅拌时间与钛铁矿分选指标的关系如图 7 – 16 所示。

随着搅拌时间的增加,分选指标迅速提高,最后稳定,搅拌时间为 17 min 时最佳。

若使选择性絮凝和疏水絮凝浮选在生产中应用,还需要进行很多研究工作,其中包括钛铁矿的絮凝理论、经济适用的絮凝剂及实际矿泥的絮凝效果等。只有解决这些问题,才能使这些新技术实现工程化。

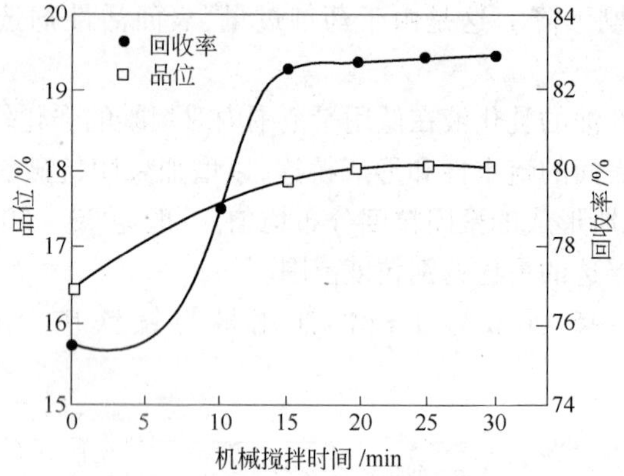

图 7－16 机械搅拌时间与钛铁矿分选指标的关系

7.2.3 微细粒钛铁矿选择性球团分选法

选择性絮凝是用高分子絮凝剂絮凝矿石中的某些矿物,然后脱泥浮选。高分子絮凝剂的缺点是形成的絮凝剂不致密、体积大,特别是进入絮凝体中的杂质矿物很难除去,于是又研究了选择性球团分选法。

选择性球团分选法与浮选法很相似,只是在某些方面做了改进,即细磨矿石,使矿物单体解离,用调整剂与捕收剂处理矿浆,使某些矿物选择性疏水,然后添加黏性油,这种油与疏水矿物表面相近,并覆盖在它的上面,油润湿了疏水的颗粒,而亲水的固体仍留在水相中。在机械压挤作用下,覆盖了油的颗粒互相黏着,形成絮凝体或球团,最后用物理方法将它们与分散的颗粒分开。

在球团分选法中,不是应用高分子絮凝剂,而是用了"桥键"液体,它们一般是疏水的黏性石油产品。选择性球团分选法形成的絮凝体比较大,如果再次破碎,它很容易恢复原来的形状,为了获得坚固的高强度的球形絮凝体,可以应用高强度搅拌,使絮凝体和容器壁或絮凝体彼此之间碰撞,压挤并变形。试验证明,高速搅拌分选效果好,用剪切搅拌分选效果更好。

试验还研究了捕收剂和桥键液体的比例对钛铁矿分选的影

响。在试验中，桥键液体的重量不变，随着捕收剂的用量增加，絮凝体中 MgO 的杂质含量降低，当捕收剂占总量的 20% 时，MgO 含量最低。

所用的桥键液体可以为原石油、煤焦油、沥青焦油、煤油、轻油等。

分离方法可以用筛分和水洗法分离絮凝的球团和分散颗粒。当球团粒度比较大时，应用筛分法较好；当球团粒度较小时，可以用上升水流冲洗，以除去分散的颗粒，但是该法耗水量较大。

H. M. Smith 等人进行了从钛铁矿精矿中除钙、镁杂质的试验研究。用钛铁矿制造人造金红石工艺，在钛铁矿流态化过程中，碳存在时，矿石中的钙和镁形成不挥发的氯化物。在反应温度(700 ~ 1000℃)下，这些氯化物是黏的物质，它们会堵塞流态化床。原料中 MgO 和 CaO 的理想含量为 5% 以下。

有些钛铁矿中含有的细分散的钙镁杂质，用常规的分选方法难以除掉它们。

有人曾用加拿大魁北克地区钛铁矿混合精矿进行了选择性球团分选试验。混合精矿含 TiO_2 31.6%、Fe_2O_3 57.2%、MgO 2.61%、CaO 1.96%、Al_2O_3 1.61%，其中脉石矿物主要为含钛辉石、黑云母和绿泥石。将混合精矿磨至小于 0.038 mm(400 目)，然后添加捕收剂油酸，脉石抑制剂 Na_2SiO_3、H_2SO_4(pH 值为 4 ~ 5)，负载液体煤油及烃类溶剂(Varsol)搅拌 15 min，矿浆浓度为 22%，最后用筛分法分出絮凝的钛铁矿精矿。最终精矿含 MgO 1.1%、CaO 0.15%、SiO_2 0.4%，TiO_2 回收率为 87.2%。镁的去除率没有钙高，这可能是由于部分镁以类质同象形式或固溶体状态存在于钛铁矿晶格中。这种钛精矿适于在流态化床中氯化，在氯化过程中，油可以作为碳质还原剂应用。

7.2.4 金红石絮凝新药剂的研究

G. Rinelli 等研究了金红石絮凝的新药剂，使用的絮凝剂不是高分子化合物，而是丹宁酸和安替比林。试验所用试料为纯的金红石、赤铁矿和石英。所用丹宁酸及安替比林为化学纯试剂。金红石及石英用瓷球在球磨机中磨至小于 15 μm，磨完后的矿物用去离子水合成矿浆储存。将含 1 g 矿物的矿浆加入 100 mL 量筒中，用去离子水稀释至 80 mL，加入硫酸调 pH 值，加入 5% 的丹宁酸水溶液，搅拌约 5 min，然后加水至 100 mL，再加入安替比林水溶液，进一步搅拌 30 s，使悬浮液静沉。在固定时间内，用多色光源及光度计测定透光率，以评价絮凝效率。

（1）药剂浓度对金红石沉降的影响，在 pH = 1.6 时，固定丹宁酸用量为 1.2 g/L 不变，进行安替比林用量试验，证明安替比林用量为 2 g/L 时絮凝效果最好。经过条件试验进一步证明，丹宁酸和安替比林用量分别为 1.2 g/L 和 2.4 g/L 时，金红石有最大的絮凝效果。

（2）丹宁酸和安替比林对金红石、石英及赤铁矿的絮凝能力。试验证明，单加入丹宁酸时对三种矿物均不产生絮凝作用。当单宁酸与安替比林混合加入时，金红石产生强烈絮凝，而赤铁矿及石英絮凝效果不明显，金红石 3 min 内完全沉降，而石英和赤铁矿最大的沉降效果只发生在 15 min 以后。

（3）pH 值对金红石、赤铁矿、石英的絮凝影响。试验证明，在 pH 值小于 2 的情况下，用选择性絮凝的办法有可能从体系中分离出金红石。

（4）丹宁酸与安替比林的用量比对三种矿物絮凝的影响。固定丹宁酸用量为 2.4 g/L 时，当丹宁酸与安替比林用量比为 0.5 ~ 10 时，金红石和赤铁矿的絮凝效果均不变，对石英而言，当比值大于 5 时，石英则完全不见絮凝。对赤铁矿及石英，在最初 3 min 内，在任何丹宁酸与安替比林的比值下，都未显示絮凝作用，10 min以后，金红石、赤铁矿几乎在任何比值下几乎完全絮凝，但石英在安替比林用量降至丹宁酸用量的 1/5 以下时仍保持完全分散状态，证明丹宁酸对石英有一定分散作用。

选择性絮凝金红石/石英的最佳条件为：pH = 1.6；丹宁酸浓度为 2.4 g/L；丹宁酸与安替比林比值为 5。

选择性絮凝金红石/赤铁矿的最佳条件为：pH = 1.6；丹宁酸浓度为 2.4 g/L；丹宁酸与安替比林比值为 0.5。

选择性絮凝是对三种矿物的二元及三元的混合物进行的，试验所用矿物总量为 4 g。首先用 30 mL 水和丹宁酸一起搅拌，再加入安替比林并补加水使矿浆中的固体含量从 1% 变化至 10%，然后倒入直径为 4 cm、高为 60 cm 的分离柱中，水由分离柱底部引入，其流量变化范围为 20 ~ 80m L/min。含脉石的溢流由分离柱顶部溢出，而絮凝物由分离柱底部取出。

金红石/石英体系分离的试验条件为：pH = 1.6；丹宁酸浓度为 2.4 g/L；丹宁酸与安替比林比值为 5。进行了不同分离浓度与水流速度试验，结果见表 7 – 3。

表 7 – 3 金红石/石英混合物选择性试验结果

浓度/%	水流速度 /mL · min^{-1}	混合物品位/%		絮凝物品位/%		回收率/%
		金红石	石英	金红石	石英	金红石
1	20	38.5	61.5	61.6	38.4	98.1
2	20			61.3	38.7	91.0
5	20			65.5	34.5	94.8
10	20			52.0	48.0	77.3
5	80			74.0	26	64.9
10	80			62.4	37.6	63.3
5	20			75.9	24.1	67.2

试验结果表明，在此分离条件下可以得到较高的金红石回收率，但采用低流速逆流冲洗时，其絮凝物品位不超过 65%，如果要提高金红石品位就需要用较高的冲水流速，然而较弱的絮凝体被部分地破坏，一部分金红石将被溢流带出。在此情况下，絮凝物的品位虽然能达到 74%，但回收率仅有 65%。

表 7 – 4 为在上述试验的基础上进行的金红石/石英和金红石/赤铁矿选择性絮凝结果。采用条件为：固体浓度 5%，水流速度 50 mL/min，丹宁酸浓度为 2.4 g/L，丹宁酸与安替比林之比为

0.5。在此条件下可得到较坚实的絮凝物,在中等冲洗水流速下,可得到品位为72%的金红石,回收率为83%。对金红石/赤铁矿的分离,由于铁矿物的密度高,这种做法受到阻碍,金红石的回收率仅有67%。

表7-4 金红石/石英和金红石/赤铁矿混合物选择性絮凝试验结果

原混合物品位/%				絮凝物含金红石/%	金红石回收率/%
1	金红石	石英		72.7	83.1
	38.5	61.5			
2	TiO_2	Fe_2O_3	SiO_2	67.5	67.9
	38.5	50	11.5		

金红石/赤铁矿/石英混合物选择性絮凝试验结果见表7-5。采用条件为:固体浓度5%,水流速度50 mL/min,丹宁酸与安替比林之比为0.5。絮凝物中金红石品位为70.7%,回收率为81%。

表7-5 金红石/赤铁矿/石英混合物选择性絮凝试验结果

原混合物品位/%			絮凝物品位/%			回收率/%		
TiO_2	SiO_2	Fe_2O_3	TiO_2	SiO_2	Fe_2O_3	TiO_2	SiO_2	Fe_2O_3
15.2	74.8	10.0	70.7	24.0	5.3	81.2	5.6	9.3

从上面论述可知,该药剂是具有较大灵活性的絮凝复合物。当分离不同矿物时,可调节两种药剂浓度的比值或者应用不同的逆流冲洗技术来获得最佳的结果。

7.2.5 用异相凝结法分离亚微米级的颗粒混合物

冈田达裕等用巴西黏土矿作原料,用异相凝结法进行了分离其中的金红石的试验。

巴西黏土矿资源丰富,黏土矿中含微量的呈细粒嵌布的金红石($TiO_2$1%~2%),期待着用物理方法回收其中的氧化钛资源,但由于黏土中的二氧化钛是呈细粒嵌布,为亚微米级颗粒,虽然采用过重选、离心选、磁选和过滤等方法,但是目前还没有一种有效的分离方法。

巴西黏土矿中主要成分为三水铝矿($Al_2O_3 \cdot 3H_2O$)、二氧化钛、高岭土。试验采用人工混合物料、二氧化钛(平均粒度为0.3 μm)、三水铝矿(平均粒度为10 μm)作为试料。用698根塑料(聚四氟乙烯)纤维管(直径为0.974 mm,长度为250 mm)和555个玻璃球(直径为3.37 mm)作为载体。在试验中,让试料以一定流速通过充填有载体的管(管内径为30 mm,高度为300 mm),测定附着在载体上的试料重量。水流速度可以调节。

将试料放入500 mL的纯净水中搅拌,经调整pH值和超声波分散后,使试料悬浮液按一定流速通过管。收集流出的液体并分析其中的二氧化钛和$Al(OH)_3$含量,当载体和附着料的Zeta电位符号相同而且电位较大时,两者互相分散。因此可以让pH值调至0.8的脱附水流过管,以回收附着在载体上的物料。

7.2.5.1 单独一种颗粒的附着试验

以塑料纤维管为附着载体,让含有二氧化钛和三水铝矿的悬浮液分别流过管筒,在固体浓度为60 mg/L、流速为1.8 ~2 mm/s、电解质NaCl浓度为0.01 mol/L条件下,获得的试验结果如图7-17所示。

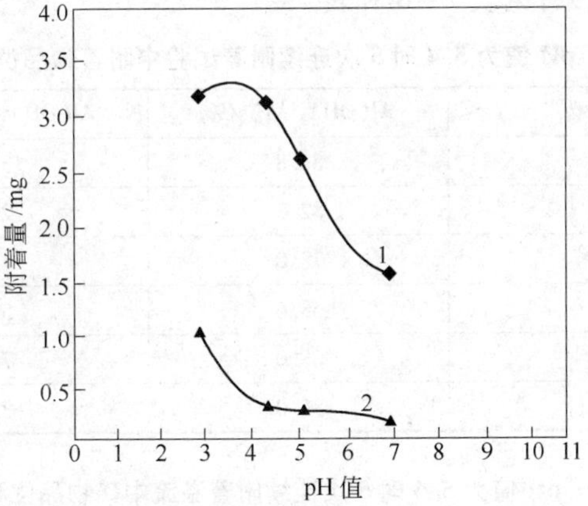

图7-17 固体附着量与pH值关系

1—$Al(OH)_3$;2—TiO_2

在 pH 值为 3.6 ~6.5 范围内，二氧化钛和三水铝矿与塑料管间均发生吸引力作用，它们附着在载体上，吸引力开始起作用时，它们之间的距离随 pH 值增大而变小，因此，可以认为 pH 值越小，二氧化钛与三水铝矿与塑料纤维管间的附着力作用范围也就越大，能获得更大的附着量。

试验表明，三水铝矿的附着距离比二氧化钛要大，更容易附着在载体上。pH 值越大，附着量越小，并且在任何 pH 值下，三水铝矿的附着量都大于二氧化钛。最佳的 pH 值为 5.4。

7.2.5.2　混合物的附着试验

将二氧化钛与三水铝矿的混合物料（质量比为 1∶1）给入以塑料纤维管为载体的管内进行分离试验，固体浓度为 60 mg/L，pH 值为 5.4，一次吸附后，让溢流再次返回管中流过，这样反复进行 5 次之后，将 5 次回收的附着物合并在一起，附着物中含 $Al(OH)_3$ 为 76.5%，回收率为 42.7%，溢流中含 $TiO_2$57.7%，回收率为 83.6%。结果表明，附着物的 $Al(OH)_3$ 品位较高，但溢流中的 TiO_2 品位变化不大。这说明塑料纤维管不是良好的载体。用同样的物料及同样的方法进行了玻璃球为载体的试验，取得了比较好的分离结果，见表 7 – 6 和表 7 – 7 。

表 7 – 6　pH 值为 5.4 时 5 次连续附着试验中附着物品位和回收率

次　数	$Al(OH)_3$ 品位/%	$Al(OH)_3$ 回收率/%
1	86.8	35.8
2	82.3	20.7
3	78.0	13.0
4	68.6	5.49
5	68.0	7.08
总　计	81.0	83.1

表 7 – 7　pH 值为 5.4 时 5 次连续附着溢流中矿物品位和回收率

产　品	TiO_2 品位/%	TiO_2 回收率/%
溢　流	88.1	78.2

结果表明,用玻璃球作载体,二氧化钛作为流出产品,二氧化钛的品位和回收率均较高。

用平均粒度为 10 μm 的三水铝矿与平均粒度为 0.3 μm 的二氧化钛的混合物所进行的附着量测定试验得到如下结论:

(1) 在层流区流动时,颗粒粒径越大,能够接近附着载体的范围越大,因此,有更多的颗粒能接近附着载体。

(2) 当附着载体的 Zeta 电位符号和颗粒的 Zeta 电位符号相反时,颗粒与载体产生强烈的吸引力作用,使颗粒更容易附着。

(3) 虽然粗粒的 Zeta 电位与载体的 Zeta 电位符号相同,但由于电解质的存在,能使粗粒钛铁矿与载体之间的斥力有极小值,粗颗粒也能附着在载体上。

(4) 用玻璃球作附着载体时,由于颗粒与玻璃球接触几率增大,所以提高了附着产品的回收率。

7.3 国内外钛选矿的新技术及发展动向

钛的选矿主要指钛铁矿的选矿和金红石的选矿,由于钛铁矿和金红石不管是在原生矿中还是砂矿中,都与其他一些含钛矿物及一些含铁矿物共生在一起,因而采用的选矿工艺总的趋势是采用多种选矿方法的联合工艺。

范先锋等人利用微波能预处理钛铁矿。其机理研究表明,微波能加速了钛铁矿表面亚铁离子在其表面的吸附,从而大幅度提高了钛铁矿的浮选回收率。通过在钛铁矿浮选时添加 $Pb(NO_3)_2$ 作活化剂,钛铁矿浮选回收率由 65% 提高到 83%。矿物表面电位研究表明:铅离子选择性的吸附于钛铁矿的双电层(Helmholzt)中,加强了硫酸根离子在钛铁矿表面的吸附作用,从而活化了钛铁矿。

朱俊士等对微细粒级钛铁矿的自载体浮选进行了研究。以苯乙烯膦酸为捕收剂浮选攀枝花细泥,自载体浮选效果优于常规浮选结果。在 1 次粗选、2 次扫选、2 次精选的开路浮选流程对比中,自载体浮选获得的钛精矿含 $TiO_2$36.51%,回收率为 78.17%,比常规浮选钛精矿品位高2.11%，回收率高26.84%。

絮凝分选试验结果表明，氧化石蜡皂与HPAM30联合使用是较好的选择性絮凝分离的药剂。

余文杰等采用磁选柱分选攀枝花矿的含钛磁铁矿。结果表明，对钛铁矿预磁后，用磁选柱分离比不用预磁的精矿品位、产率和回收率都有显著提高。

S. 布拉托维奇对复合的钙钛矿、钛铁矿和金红石的可浮选性进行了研究。在浮选这三种矿物的过程中，pH值、浮选前矿浆预处理和捕收剂种类对它们的浮选影响最大，同时还研究改性的脂类捕收剂的作用，脂肪醇硫酸盐改性的磷酸酯可很好地浮选钙钛矿，石油磺酸盐改性的磷酸酯可很好地浮选钛铁矿，磷酸酯和琥珀酰胺盐的混合物对金红石最有效。

国外金红石选矿工艺研究多集中在连续电选、高梯度磁选、磁流体选矿等方面。

C. E. Jordan等报道了一种连续电选机。这种实验室电选机包括1个转鼓电极和1个距离3 mm丝网电极。含金红石10%和石英的混合矿样经两段电选，可以得到含$TiO_2$92%、回收率为86%的金红石精矿。

A. A. Hayes等研究了预热处理对金红石和锆英石电选效果的影响。实验室研究表明，热处理温度、时间和气氛组成对金红石的导电性有显著影响，随着金红石的导电性的提高，金红石的分选效率也大大提高。金红石的导电性与其晶格表面缺陷密切相关。

G. Blendulf等介绍了处理粗精矿的钛铁矿焙砂给料的不同选矿工艺，雷廷(Reading)湿式高梯度磁选机被用来从金红石和锆英石精矿中脱除一些低含量杂质矿物，已从实验室试验走向工艺试验。

Liu Qingxia等研究了高梯度磁选中磁性药剂对金红石和石英的选择性吸附。结果表明，当pH值不小于3.5时，磁性药剂只吸附于金红石。作者还研究了磁性的参数和磁性药剂的用量。

磁流体是一种新型的磁性材料，既具有磁特性，又兼有流动性。用磁流体的磁性可以实现矿物的筛选和分离。M. S. Walker 介绍了一种新的选矿方法，根据矿物密度不同使其精确分离，类似于重介质旋流器选矿，只是它的有效密度是具有较稀的低黏度磁流体产生的。一种大型的实验室分选设备一段作业从金红石和锆英石混合物中可选出含 $TiO_2$90%、回收率为 90% 的金红石精矿。

T. Kojovic 等研究了磁流体分选在砂矿选矿中的应用。该分选机可用于非磁性矿物的重选和顺磁性矿物的磁重选。它可以有效地分离石英和其他重矿物、蓝晶石和锆石、独居石和锆英石、金红石和锆英石。

在浮选方面，V. Bertini 等合成的 3,4 - 亚甲基 - 苄基丙烯酸酯和丙烯酸共聚物可很好地通过控制 pH 值使金红石和钛铁矿生成稳定和便于分离的絮团，而不会使它们与脉石矿物絮凝。

国外还特别注重废渣废料中金红石的回收。

T. R. Boulos 等研究了电弧熔渣废料中金红石、锰铁的回收。先将电弧熔渣废料与水调至固液比为 2:1 浸湿、擦洗，再用 0.074 mm (200 目)筛分级，除去大部分细渣形成的碳酸盐和有机黏结剂。金红石全部分布在 0.3 ~ 0.074 mm 粒级，然而一部分锰铁却损失在小于 0.074 mm 的粒级中。0.3 ~ 0.074 mm 粒级用摇床重选可以得到含 TiO_2 66.25%、产率为 87.7% ~ 91% 的混合精矿，在 1.7T 磁场下磁选，可从含 TiO_2 43.8%、Mn 28.75%、SiO_2 24.7% 的给料中得到含 Mn 89% 和含 SiO_2 8% 的锰铁精矿，并得到含 TiO_2 94% 和含 SiO_2 3.8% 的金红石/钛铁矿精矿。

Chachula Francis 等研究了从海滨砂矿中得到的金红石精矿进一步提纯的技术，该金红石精矿含 TiO_2 75.5%、Fe_2O_3 18.7%、Al_2O_3 1.03%、SiO_2 1.94%，其中锐钛型金红石含量为 10% ~ 17%，其余为各种形式的钛铁矿。磁选可以将精矿中的铁除去，但 SiO_2 却从 1.94% 升至 6.1%。再经反浮选除去 SiO_2，金红石品位提高到87% ~89%,可以作为制取氯化钛颜料的原料。

有人用电动矿物处理机(EMP)可以从重矿物沉淀物中提取金红石和锆英石。EMP 工艺是在目前应用静电技术分离金红石和锆英石不总是有效的情况下开发的。采用 EMP 工艺进行试验,已证明该工艺有效,并且减少了分选步骤。这可能成为将来的研究方向和发展趋势。

参考文献

[1] 王向东,等. 钛的基本性质、应用及我国钛工业概况[J]. 钛工业进展,2004(1):6~8.

[2] 庾晋,等,金属钛的性能、发展和应用[J]. 南方金属. 2004(1):17~31.

[3] 莫畏,等. 钛冶金[M]. 北京:冶金工业出版社,1998:127~131.

[4] 胡克俊,等. 攀枝花钛资源经济价值分析[J]. 矿业投资,2008(1):36~42.

[5] 邓国珠. 世界钛资源及其开发利用现状[J]. 钛工业进展,2002(5):9~12.

[6] 王向东,等. 2007 年我国钛矿的进出口情况[J]. 钛工业进展,2008(4):1~5.

[7] 王淀佐,等. 资源加工学[M]. 北京:科学出版社,2005:132~197.

[8] 杨学宽. yT-CF 型细泥摇床[J]. 云锡科技,1995(1):39~46.

[9] 吴诚材. GL-2B 型 ϕ600 mm 螺旋选矿机在攀枝花五万吨选钛厂的应用研究[J]. 矿产综合利用,1994(4):28~31.

[10] 郑必胜,等. 高梯度磁分离器中填料的研究[J]. 华南理工大学学报,1998(10):34~35.

[11] 朱俊士. 中国钒钛磁铁矿选矿[M]. 北京:冶金工业出版社,1996:217~341.

[12] 朱建光,等. 利用协同效应最佳点配制钛铁矿捕收剂[J]. 有色金属,2002(4):39~41.

[13] 谢泽君. XT 新型浮钛捕收剂工业试验[J]. 矿产综合利用,2004(8):22~26.

[14] 谢建国,等. 新型捕收剂 ROB 浮选微细粒钛铁矿的试验研究[J]. 矿冶工程,2002(2):47~50.

[15] 贺志明,等. 金红石和钛铁矿的浮选性能研究[J]. 稀有金属,1993(4):250~254.

[16] 傅文章. 氧化石蜡皂中羰基物和醇类对浮选的影响[J]. 矿产综合利用,1990(1):1~4.

[17] 朱建光. 浮选金红石用的捕收剂和调整剂[J]. 国外金属矿选矿,2008(2):3~5.

[18] 许新邦. 磁—浮流程回收攀钢微细粒钛铁矿的试验研究[J]. 矿冶工程,2001(2):37~40.

[19] 《矿产资源综合利用手册》编辑委员会. 矿产资源综合利用手册[M]. 北京:科学出版社,2000:336~363.

[20] 董洪飞. 澳大利亚海滨砂矿采选工艺及设备考查[J]. 海南矿冶,1998(1):49~51.

[21] 张进. 180 m^3/h 链斗式采砂船[J]. 船舶,1991(3):5~7.

[22] 李学锋. 沙老钛矿船采工艺的试验研究[J]. 矿业研究与开发,1998(4):17~24.

[23] 敖慧玲. SLOn 立环式脉动高梯度磁选机在承德黑山选钛厂的应用[J]. 江西有

色金属,2005(4):43 ~ 45.

[24] 王兆元. 从太和铁矿选铁尾矿中回收钛铁矿的工业试验研究[J]. 江西有色金属,2004(3):16 ~ 18.

[25] 王广瑞. 黑山铁矿选钛工艺改造方案探讨[J]. 承钢技术,2002:3 ~ 4.

[26] 刘惠敏. 攀西钒钛磁铁矿的综合利用及其工艺流程[J]. 四川冶金,1990.

[27] 王文焕. 兴宁霞岚风化壳型钒钛磁铁矿矿床的认识与再评价[J]. 广东地质,1999(4):22 ~ 29.

[28] 刘付毓. 金红石的选矿工艺[J]. 广东有色金属,1997(4):14 ~ 17.

[29] 赵军伟,等. 原生金红石选矿研究现状[J]. 矿产保护与利用,2007(1):44 ~ 49.

[30] 王占岐. 海滨砂矿中金红石的综合利用研究[J]. 中国地质大学学报,1998(6):624 ~ 632.

[31] 冯树高. 枣阳金红石选矿工艺流程评述[J]. 工程设计与研究,1991,72:8 ~ 12.

[32] 吴贤,等. 我国大型原生金红石矿的选矿工艺[J]. 稀有金属快报,2006(8).

[33] 高利坤,等. 河南方城金红石矿选矿试验研究[J]. 矿产综合利用,2003(3):3 ~ 6.

[34] 贺成红. 钙钛矿资源分布及选矿概况[J]. 国外金属矿选矿,2002(5):16 ~ 19.

[35] 马俊伟,等. 用重选或浮选法从改性炉渣中分离钛的研究[J]. 有色金属,2000(2):26 ~ 30.

[36] 梁经冬. 浮选理论与选冶实践[M]. 北京:冶金工业出版社,1995:503 ~ 513.

[37] 董宏军,等. 微细粒钛铁矿载体浮选的研究[J]. 矿冶工程,1992(6).

[38] 冈田达裕,等. 用异相凝结法分离亚微米级颗粒混合物[J]. 国外金属矿选矿,2007,7:17 ~ 22.

[39] 杨绍利,盛继孚. 钛铁矿熔炼钛渣与生铁技术[M]. 北京:冶金工业出版社,2006.